高等职业教育教材

分析仪器结构及维护

金党琴 周 慧 主编 龚爱琴 副主编

·北京·

内容简介

本书是以工作过程系统化的理念为编写指导，以典型项目任务为依托，以常用的分析仪器为对象编写的活页式教材，介绍了紫外-可见分光光度计、原子吸收光谱仪、红外光谱仪、气相色谱仪、液相色谱仪等仪器的性能、工作原理、基本结构、使用方法、使用注意事项、维护保养、故障分析和排除等知识。全书分为六个项目，内容丰富，结构紧凑，图文并茂，通俗易懂，符合认知规律。项目中各个任务的内容选择均来自生产实践，具有较强实用性和科学性。每个项目都以二维码的形式链接各种资源，读者用手机扫描书中的二维码，就可以观看仪器的结构或原理的动画，以及仪器的使用与维护视频，便于学生对重点、难点知识的掌握，可进行在线测试。

本书可作为高职高专分析检验技术专业师生的教材，也可作为相关专业或有关企事业单位分析人员的培训教材或参考书，对从事企业生产、分析操作人员和相关工程技术人员来说也具有一定的参考价值。

图书在版编目（CIP）数据

分析仪器结构及维护/金党琴，周慧主编；龚爱琴副主编. —北京：化学工业出版社，2022.11（2024.8重印）
ISBN 978-7-122-42192-0

Ⅰ.①分… Ⅱ.①金…②周…③龚… Ⅲ.①分析仪器-结构②分析仪器-维修 Ⅳ.①TH83

中国版本图书馆 CIP 数据核字（2022）第 171671 号

责任编辑：刘心怡　　　　　　　　　　　　文字编辑：邢苗苗　刘　璐
责任校对：王　静　　　　　　　　　　　　装帧设计：关　飞

出版发行：化学工业出版社（北京市东城区青年湖南街 13 号　邮政编码 100011）
印　　装：中煤（北京）印务有限公司
787mm×1092mm　1/16　印张 17　字数 412 千字　2024 年 8 月北京第 1 版第 2 次印刷

购书咨询：010-64518888　　　　　　　　　　售后服务：010-64518899
网　　址：http://www.cip.com.cn

凡购买本书，如有缺损质量问题，本社销售中心负责调换。

定　价：49.80元　　　　　　　　　　　　　　　　　　　　　版权所有　违者必究

前言

本教材各项目按照校企合作开发、新型活页式教材思路进行编写，以学生为本，配套开发在线开放课程、教案、课件、知识点习题、现场视频、现场实物照片等信息化资源，使教材更加情景化、动态化、形象化，形成立体化教材，使教材具备动态、共享的课程教材资源库，配套设置了相应的课程思政元素。

本教材由六个项目组成，分别是分析仪器设备结构及维护概述、紫外-可见分光光度计、原子吸收光谱仪、红外光谱仪、气相色谱仪、液相色谱仪。除了介绍常见分析仪器设备的工作原理及结构外，还以这些项目为载体，分别介绍了光学、色谱常见仪器的使用与维护，同时根据分析仪器设备的不同特点介绍了常见故障处理方法。书中还设计了 8 个操作训练帮助读者加强对理论知识的理解，在每个项目中通过"练一练测一测"使读者能检查自身学习效果，其答案通过扫描二维码可方便快捷地查阅。在教材编排上，每个项目的首页都设计了项目引导，方便读者快速浏览本项目的主要内容。项目下有任务描述、任务提示、任务实施以及任务检查与评价，任务描述可以引领读者抓住学习目标和重点难点，任务提示可以引领读者明确学习方法、学习内容、使用工具等，任务实施可以引领读者学习具体内容，任务检查与评价检查读者对任务的学习效果。本教材可作为高职高专分析检验技术专业的通用教材，也可供从事分析检验工作的人员参考。

本教材在编写过程中得到扬州工业职业技术学院、江苏瑞祥化工有限公司、邦其（江苏）检测有限公司等单位的大力支持，扬州工业职业技术学院金党琴、周慧、龚爱琴、吴美妍、徐嘉琪参与了编写，江苏瑞祥化工有限公司的赵欢欢参与了编写与微课制作，邦其（江苏）检测有限公司的陈珉参与了相关微课制作。本书由扬州工业职业技术学院丁邦东主审。在此一并表示衷心感谢。

编者

2022 年 5 月

目录

项目一　分析仪器设备结构及维护概述 / 001

任务一　认识分析仪器设备 003
  一、仪器分析方法 003
  二、分析仪器特点 004
  三、分析仪器的分类和组成 005
  四、分析仪器的主要性能参数 006
【任务检查与评价】 009

任务二　分析仪器设备维护保养 011
  一、分析仪器的日常维护 011
  二、分析仪器的发展趋势 011
【任务检查与评价】 013
【练一练测一测】 014

项目二　紫外-可见分光光度计 / 016

任务一　认识紫外-可见分光光度计的基本结构 018
  一、紫外-可见分光光度计的工作原理 018
  二、紫外-可见分光光度计的结构 019
  三、紫外-可见分光光度计的分类 020
  四、常用紫外-可见分光光度计型号及主要技术指标 022
【任务检查与评价】 024

任务二　UV-754C 型紫外-可见分光光度计的使用与维护 026
  一、UV-754C 型紫外-可见分光光度计的结构 026
  二、仪器使用方法 028
  三、仪器使用注意事项 029
  四、仪器的维护保养 029
  五、UV-754C 型紫外-可见分光光度计的常见故障排除 031
【任务检查与评价】 032

任务三　UV-1801 型紫外-可见分光光度计的使用与维护 034
  一、UV-1801 型紫外-可见分光光度计的结构 034

二、仪器的安装 ……………………………………………………………… 035
　　三、仪器使用方法 …………………………………………………………… 036
　　四、仪器使用注意事项 ……………………………………………………… 046
　　五、仪器常见故障排除 ……………………………………………………… 047
【任务检查与评价】……………………………………………………………… 049

操作1 **分光光度计的检定** ………………………………………………… 052
　　一、技术要求（方法原理）………………………………………………… 052
　　二、仪器与试剂 ……………………………………………………………… 052
　　三、检定步骤 ………………………………………………………………… 053
　　四、数据记录及检定结果 …………………………………………………… 054
　　五、操作注意事项 …………………………………………………………… 054
【任务检查与评价】……………………………………………………………… 055

操作2 **紫外-可见分光光度计的校正** ……………………………………… 058
　　一、技术要求（方法原理）………………………………………………… 058
　　二、仪器与试剂 ……………………………………………………………… 058
　　三、实验内容与操作步骤 …………………………………………………… 058
　　四、注意事项 ………………………………………………………………… 059
　　五、数据处理 ………………………………………………………………… 059
【任务检查与评价】……………………………………………………………… 061
【练一练测一测】………………………………………………………………… 063

项目三　原子吸收光谱仪 / 066

任务一 **了解原子吸收光谱仪** ……………………………………………… 068
　　一、原子吸收光谱仪的发展史 ……………………………………………… 068
　　二、原子吸收光谱仪的特点 ………………………………………………… 069
　　三、原子吸收光谱仪工作原理 ……………………………………………… 069
　　四、原子吸收光谱仪的类型 ………………………………………………… 070
【任务检查与评价】……………………………………………………………… 072

任务二 **认识原子吸收光谱仪的基本结构** ………………………………… 074
　　一、原子吸收光谱仪的结构 ………………………………………………… 074
　　二、常见的原子吸收光谱仪的型号及主要性能指标 ……………………… 081
【任务检查与评价】……………………………………………………………… 083

任务三 **TAS-990型原子吸收光谱仪的使用与维护** ……………………… 085
　　一、TAS-990型原子吸收光谱仪的结构及测定原理 ……………………… 085
　　二、TAS-990型原子吸收光谱仪的操作步骤 ……………………………… 086
　　三、原子吸收光谱仪最佳工作条件选择及优化 …………………………… 088
　　四、原子吸收光谱仪的维护 ………………………………………………… 089

【任务检查与评价】 091

任务四 原子吸收光谱仪的安装、维护与故障处理 094
一、原子吸收光谱仪的安装 094
二、原子吸收光谱仪的维护 095
三、原子吸收光谱仪常见故障的排除 097

【任务检查与评价】 100

操作3 原子吸收光谱仪的调试 103
一、技术要求（方法原理） 103
二、仪器与试剂 103
三、原子吸收光谱仪的检查与调整 103
四、注意事项 104

【任务检查与评价】 105

操作4 火焰原子化法测铜的检出限、精密度和线性误差检定 108
一、技术要求（方法原理） 108
二、仪器与试剂 108
三、检定步骤 108
四、实验数据记录 110
五、注意事项 110

【任务检查与评价】 111

【练一练测一测】 113

项目四 红外光谱仪 / 116

任务一 了解红外光谱仪 118
一、红外光谱仪的发展史 118
二、红外光谱仪的优缺点 118
三、红外光谱仪的工作原理 119

【任务检查与评价】 122

任务二 认识红外光谱仪的基本结构 124
一、红外光谱仪的结构 124
二、常用傅里叶变换红外光谱仪的性能和主要技术指标 127

【任务检查与评价】 129

任务三 WQF-520A型傅里叶变换红外光谱仪的使用与维护 131
一、WQF-520A型傅里叶变换红外光谱仪结构 131
二、WQF-520A型傅里叶变换红外光谱仪的使用方法 133
三、WQF-520A型傅里叶变换红外光谱仪的维护和保养 135
四、傅里叶变换红外光谱仪的常见故障及排除方法 136

【任务检查与评价】 137

任务四 FTIR-8400S 型傅里叶变换红外光谱仪的使用与维护 ························ 139
  一、FTIR-8400S 型傅里叶变换红外光谱仪的特点 ························ 139
  二、FTIR-8400S 型 FTIR 的使用 ························ 140
  三、红外试样的制备技术 ························ 144
  四、红外光谱仪辅助设备的使用 ························ 145
【任务检查与评价】 ························ 150

操作 5 液体、固体薄膜样品透射谱的测定 ························ 153
  一、技术要求（方法原理） ························ 153
  二、仪器与试剂 ························ 153
  三、实验内容与操作步骤 ························ 153
  四、注意事项 ························ 154
  五、数据处理 ························ 154
【任务检查与评价】 ························ 155

操作 6 红外吸收光谱测定 ························ 158
  一、技术要求（方法原理） ························ 158
  二、仪器与试剂 ························ 158
  三、实验内容与操作步骤 ························ 158
  四、注意事项 ························ 158
  五、数据处理 ························ 159
【任务检查与评价】 ························ 160
【练一练测一测】 ························ 162

项目五　气相色谱仪 / 164

任务一 认识气相色谱仪的基本结构 ························ 166
  一、气相色谱仪的结构和分类 ························ 166
  二、气相色谱系统 ························ 166
【任务检查与评价】 ························ 180

任务二 GC126 型气相色谱仪的使用及维护 ························ 182
  一、GC126 型气相色谱仪的使用方法 ························ 182
  二、气相色谱仪的维护 ························ 185
【任务检查与评价】 ························ 191

任务三 安捷伦 7890B 型气相色谱仪的使用及维护 ························ 193
  一、安捷伦 7890B 型气相色谱仪的使用 ························ 193
  二、系统日常维护保养程序 ························ 196
  三、注意事项 ························ 197
  四、维护与保养 ························ 197
  五、期间核查 ························ 197

六、气相色谱仪常见故障的排除 ……………………………………… 197
　【任务检查与评价】 ………………………………………………………… 207

操作 7 气相色谱仪的气路连接、安装和检漏 ……………………………… 210
　　一、技术要求（方法原理） ………………………………………………… 210
　　二、仪器与试剂 ……………………………………………………………… 210
　　三、实验内容与操作步骤 …………………………………………………… 210
　　四、注意事项 ………………………………………………………………… 211
　　五、数据处理 ………………………………………………………………… 211
　【任务检查与评价】 …………………………………………………………… 212
　【练一练测一测】 ……………………………………………………………… 214

项目六　液相色谱仪 / 216

任务一 认识液相色谱仪的基本结构 ………………………………………… 218
　　一、液相色谱仪的结构、原理及流程 ……………………………………… 218
　　二、液相色谱系统 …………………………………………………………… 219
　　三、常用液相色谱仪型号及主要技术指标 ………………………………… 225
　【任务检查与评价】 …………………………………………………………… 227

任务二 P230p 型液相色谱仪的使用及维护 ………………………………… 229
　　一、P230p 型液相色谱仪的安装与调试 …………………………………… 229
　　二、P230p 型液相色谱仪的维护 …………………………………………… 238
　【任务检查与评价】 …………………………………………………………… 239

任务三 Waters515 型液相色谱仪的使用及常见故障排除 ………………… 241
　　一、Waters515 型液相色谱仪的使用 ……………………………………… 241
　　二、液相色谱仪的常见故障排除 …………………………………………… 242
　【任务检查与评价】 …………………………………………………………… 247

操作 8 高效液相色谱仪的性能检查 ………………………………………… 250
　　一、技术要求（方法原理） ………………………………………………… 250
　　二、检定步骤 ………………………………………………………………… 250
　　三、验证结果分析和综合评价 ……………………………………………… 251
　　四、数据记录及检定结果 …………………………………………………… 251
　　五、操作注意事项 …………………………………………………………… 252
　【任务检查与评价】 …………………………………………………………… 253
　【练一练测一测】 ……………………………………………………………… 255

参考答案 ……………………………………………………………………… 260

参考文献 ……………………………………………………………………… 264

项目一
分析仪器设备结构及维护概述

【项目引导】

　　分析仪器是研究和检测物质的化学成分、结构和某些物理特性的仪器。随着仪器分析方法的广泛应用和发展，各种分析仪器在工业、农业科研、环境监测、医疗卫生以及资源勘探等几乎所有国民经济的领域中得到越来越多的应用。分析仪器是检验室的重要资源之一，是检验室出具准确数据的保证，是化工生产的眼睛。分析仪器是高科技产品，一般价格较高，使用者应熟悉它们的结构性能，为了确保检测数据的准确性，要对分析仪器进行周期检定、校准、期间核查，并做好分析仪器日常维护和保养等工作。

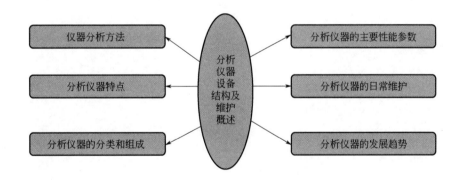

【想一想】

1. 常用分析仪器有哪些？仪器分析方法有哪些？
2. 分析仪器的特点是什么？组成和分类是什么？
3. 分析仪器的主要性能参数有哪些？这些参数在仪器性能校验时有何作用？
4. 分析仪器设备的日常维护原则是什么？发展趋势如何？
5. 对分析仪器设备维护工作者的要求是什么？

项目一 分析仪器设备结构及维护概述	姓名：	班级：
任务一 认识分析仪器设备	日期：	页码：

【任务描述】

通过对仪器分析方法的认知，掌握分析仪器的组成结构、性能参数以及维护保养等知识。

一、学习目标

1. 了解仪器分析方法和分析仪器的特点。
2. 掌握分析仪器的组成、分类和性能参数。
3. 了解分析仪器设备维护保养和发展趋势。

二、重点难点

分析仪器设备的组成结构以及性能参数。

三、参考学时

45min。

【任务实施】

任务一　认识分析仪器设备

物质分析包括定性分析、定量分析、结构分析和某些物理特性的分析。不同物质在各种物理和化学性质上都存在质的和量的差异，如颜色、气味、热导率、吸收光能的波长和磁性的不同等，分析仪器正是利用这些特点来完成定性分析和结构分析的。

一、仪器分析方法

仪器分析方法是使用较特殊仪器的分析方法，是以物质的物理或物理化学性质为基础的分析方法。仪器分析方法具有灵敏、快速、准确的特点，发展快，应用广。

习惯上，将仪器分析方法分为三类：光学分析法、电化学分析法和色谱分析法。

光学分析法是建立在物质与电磁辐射互相作用基础上的一类分析方法，包括原子发射光谱法、原子吸收光谱法、紫外-可见吸收光谱法、红外吸收光谱法、核磁共振波谱法和荧光光谱法等。

电化学分析法是建立在溶液电化学性质基础上的一类分析方法，包括电位分析法、库仑分析法、伏安分析法、极谱分析法以及电导分析法等。

色谱分析法是利用混合物中各组分不同的物理或化学性质来达到分离的目的。分离后的组分可以进行定性或定量分析，有时分离和测定同时进行，有时先分离后测定。色谱分析法包括气相色谱法和液相色谱法等。表1-1按方法原理对仪器分析方法进行了分类。

表1-1　仪器分析方法分类

分类		相应分析方法		
光学分析法	光谱法	原子光谱法	原子发射光谱法	
			原子吸收光谱法	火焰原子吸收法
				石墨炉原子吸收法
				石英炉原子化法
			原子荧光光谱法	
			X射线荧光光谱法	
		分子光谱法	紫外-可见吸收光谱法	
			红外吸收光谱法	
			分子荧光光谱法	
			分子磷光光谱法	
			光声光谱法	
			拉曼光谱法	
			化学发光法	
		核磁共振波谱法		
		电子顺磁共振波谱法		

续表

分类		相应分析方法	
光学分析法	非光谱法	折射法	
		干涉法	
		浊度法	
		旋光法	
		X射线衍射法	
		X射线荧光分析法	
		X射线光电子能谱	
		俄歇电子能谱	
		紫外光电子能谱	
		电子衍射法	
电化学分析法		电导分析法	
		电位分析法	
		电解分析法	
		库仑分析法	
		伏安分析法	
		极谱分析法	
色谱分析法		气相色谱法	
		高效液相色谱法	
		超临界流体色谱	
		薄层色谱分析法	
色谱分析法		纸色谱法	
		毛细管电泳法	
其他分析方法		质谱法（MS）	
		流动注射分析法	
	热分析法	热重分析法	
		差热分析法	
		差示扫描量热分析法	
	核分析方法	放射化学分析法	
		同位素稀释法	
	电子显微镜分析法	透射电子显微镜分析法	
		扫描电子显微镜分析法	
		电子探针显微分析法	

二、分析仪器特点

分析仪器主要具备以下几个特点：

（1）结构复杂　分析仪器大多是集光、机、电于一体的仪器，使用的器件种类繁多，仪器自动化程度高，各种功能强大，结构小型化。

（2）涉及领域广泛，技术先进　分析仪器始终紧跟各相关学科的前沿，涉及领域包括电子、机械、光学、计算机、材料、生物化学等。

（3）灵敏度高　分析仪器所需取样极少，有时仅需数微克，甚至可对样品进行无损分析，这对于活体组织、考古分析等都有重要意义。

（4）选择性好　分析仪器可同时进行多组分的测定，虽然部分分析仪器每次只能测定一种组分，但调整到适当条件后，其他组分的干扰通常都可避免。

（5）速度快　现代分析仪器广泛采用计算机技术，实现了检验操作自动化、结果自动记录、数据自动处理。样品经预处理后直接上机分析，仅需数秒或数分钟即可得出分析结果。而一些分析仪器如色谱仪、原子发射光谱仪和极谱仪等，可一次测试多种样品。

（6）适应性强，用途广　分析仪器种类繁多，测试的方法各不相同，故分析仪器的适应性很强。不仅可以定性分析，还可定量分析。

三、分析仪器的分类和组成

1. 分析仪器的分类

数十年来，分析仪器得到迅速的发展，现有分析仪器的型号、种类繁多，并且涉及的原理也不相同。根据其原理一般可将分析仪器分为八类，如表 1-2 所示。

表 1-2　分析仪器的分类

仪器类别	仪器品种
电化学仪器	酸度计（离子计）、电位滴定仪、电导仪、库仑计、极谱仪等
热学仪器	热导式分析仪、热化学分析仪、差热分析仪
磁式仪器	热磁式分析仪、核磁共振波谱仪、电子顺磁共振波谱仪等
光学仪器	紫外-可见分光光度计、红外光谱仪、原子吸收光谱仪、原子发射光谱仪、荧光计、磷光计等
机械仪器	X 射线式分析仪器、放射性同位素分析仪器、电子探针等
离子和电子光学式仪器	质谱仪、电子显微镜、电子能谱仪
色谱仪器	气相色谱仪、液相色谱仪
物理特性仪器	黏度计、密度计、水分测定仪、浊度仪、气敏式分析仪器等

2. 分析仪器的组成

尽管分析仪器品种型号繁多，但是由于所有分析仪器都是用来对物质结构和组成做定性和定量分析的，因此无论其工作原理如何、复杂程度如何，其基本部分组成不变，通常均由信号发生器、检测器、信号处理器和读出装置四个基本部分组成，如图 1-1 所示。

图 1-1　分析仪器的组成

(1) 信号发生器　信号发生器使样品产生信号，它可以是样品本身，例如酸度计信号就是溶液中的氢离子的活度。但是对于大多数仪器，信号发生器则比较复杂，例如紫外-可见分光光度计，信号发生器除样品外，还包括入射光源、单色器等。

(2) 检测器　检测器是将某种类型的信号转变为可测定的电信号的装置，检测器可分为电流源、电压源和可变阻抗检测器三种。例如，紫外-可见分光光度计中的光电倍增管是将光信号转变为电流信号的装置，离子选择性电极是将离子活度信号转变为电极电位信号的装置。

(3) 信号处理器和读出装置　信号处理器将微弱的电信号用电子元件组成的电路加以放大。读出装置将信号处理器放大的信号显示出来，它可以是表头或标尺、记录仪、数字单元、打印机或计算机工作软件等。较高档的仪器通常有功能齐全的工作站，通过计算机软件对整个检验过程进行程序控制操作和信号处理，自动化程度高。

常用分析仪器的基本组成见表1-3。

表1-3　常用分析仪器的基本组成

仪器	信号发生器	分析信号	检测器	输入信号	信号处理器	读出装置
离子计	样品	离子活度	离子选择性电极	电位	放大器	数字显示器
库仑计	样品、电源	电量	电极	电流	放大器	数字显示器
分光光度计	样品、光源	衰减光束	光电倍增管	电流	放大器	数字显示器、计算机
红外光谱仪	样品、光源	干涉光	光电倍增管	电流	放大器	工作站
气相色谱仪	样品	电阻或电流	热导或（氢）火焰等	电阻	放大器	工作站
液相色谱仪	样品	电阻或电流	光度计等	电流	放大器	工作站
化学发光仪	样品	相对光强	光电倍增管	电流	放大器	数字显示器

四、分析仪器的主要性能参数

分析仪器的性能指标可分为两类。

一类性能指标与分析仪器的工作条件有关，它表明了该分析仪器的工作范围和工作条件，如紫外-可见分光光度计的波长范围限定了仪器的工作波长范围，超出这一范围，仪器就不能正常工作。又如气相色谱仪的最高柱箱温度规定了气相色谱仪工作时柱箱温度不能超过这个最高温度。分析仪器的这一类性能指标对不同的分析仪器是不同的。

分析仪器的另一类性能指标与分析仪器的"响应值"有关，是不同类型分析仪器共同具有的性能指标，是同一类分析仪器进行比较的重要依据，是评价分析仪器基本性能的参数。这类性能指标有灵敏度、检出限、精密度、准确度、分辨率、稳定性和线性范围等。下面简单介绍其中一些指标。

1. 灵敏度

仪器或方法的灵敏度是指被测组分的量或浓度改变一个单位时分析信号的变化量。根据国际纯粹与应用化学联合会（IUPAC）的规定，灵敏度是指在浓度线性范围内校正曲线的斜率，各种方法的灵敏度可以通过测量一系列的标准溶液来求得。

随着灵敏度的提高，通常噪声也随之增大，而信噪比和分析方法的检出能力不一定会改善和提高。由于灵敏度未能考虑到测量噪声的影响，因此，现在已不用灵敏度来表征分析方法的最大检出能力,而推荐用检出限来表征。

2. 检出限

检出限是表征和评价分析仪器检测能力的一个基本指标。很显然,分析方法的灵敏度越高,检出限越低,分析方法的检测能力越好。

仪器检出限是指在规定的仪器条件下,当仪器处于稳定状态时,仪器本身存在着的噪声引起测量读数的漂移和波动。仪器检出限的水平可对同类仪器之间的信噪比、检测灵敏度、信号与噪声相区别的界限及分析方法进行测量所能达到的最低限度等方面提供依据。仪器的检出限的物理含义为:在一定的置信区间内能与仪器噪声相区别的最小检测信号对应的待测物质的量。通过配制一定浓度的稀溶液(通常 10~20 份)进行测量时,可用下式计算其检出限:

$$D_L = KS_0 \frac{C}{\overline{X}} \tag{1-1}$$

式中 C——样品含量值;
D_L——仪器的检出限;
K——置信因子,一般取 3;
S_0——样品测量读数的标准偏差;
$\overline{X}$——样品测量读数平均值。

3. 精密度

精密度是指相同条件下对同一样品进行多次平行测定,各平行结果之间的符合程度。精密度表示测定过程中随机误差的大小。在实际应用中,有时用重复性和再现性表示不同情况下分析结果的精密度。同一分析人员在同一条件下分析的精密度称为重复性,不同分析人员在各自条件下分析的精密度称为再现性。通常所说的精密度(S)是指重复性。

$$S = \sqrt{\frac{\sum_{i=1}^{n}(x_i - \overline{x})^2}{n-1}} \tag{1-2}$$

式中 x_i——单次测定值;
$\overline{x}$——几次测定结果的平均值;
n——测定次数。

4. 准确度

准确度是指在一定实验条件下多次测定的平均值与真值的符合程度,用来衡量仪器测量值接近真值的能力。在实际工作中,常用标准物质或标准方法进行对照试验确定准确度,或者用纯物质加标进行回收率试验估计准确度,加标回收率越接近100%,分析方法的准确度越高。

5. 线性范围

线性范围是指校正曲线(标准曲线)被测组分的量与响应信号成线性关系的范围。可以用仪器响应值或被测定量值的最大值与最小值之差来表示仪器的线性范围,也可以用两者之比来表示。例如气相色谱,热导检测器(TCD)线性范围>10^4,火焰离子化检测器(FID)线性范围为 1×10^6,就是用仪器测定量值的最大值与最小值之比来表示仪器的线性范围。线性范围越宽,仪器对样品的浓度测定适应性越强。

6. 分辨率

分辨率又称为分辨力或分辨本领,是指仪器能区分开最邻近所示值的能力。由于不同分析仪器所指的最邻近所示值可能有所不同,如光谱所指的是最邻近的波长值,色谱所指的是最邻近的两个峰,所以不同分析仪器的分辨率所指也有所不同。在实际工作中,通常是使用实际分辨率。如在色谱分析中,分辨率又称为分离度,是色谱柱在一定色谱条件下对混合物综合分离能力的指标,表征参数有分离度 R 等。

分析仪器的分辨率是可调的,仪器性能指标中给出的分辨率一般是指该仪器的最高分辨率。根据检验工作的要求,在实际检验工作中可以使用较低的分辨率,这样分析仪器的灵敏度一般会更好。

7. 稳定性

稳定性是指在规定的条件下,仪器保持其计量特性不变的能力。在检验分析仪器的稳定性时,主要是指分析仪器响应值随时间变化的特性,稳定性可用噪声和漂移两个参数来表示。

噪声是由于未知的偶然因素所引起的分析信号随机波动。噪声会干扰有用分析信号的检测。在样品含量(浓度)为零时产生的噪声称为基线噪声。

漂移是指分析信号朝某一个方向缓慢变化的现象。基线朝一个方向变化称为基线漂移。

【思考与交流】

1. 分析仪器一般由哪几个部分组成?各组成部分的作用是什么?
2. 分析仪器有哪些特点?
3. 评价分析仪器基本性能的参数主要有哪些?这些参数如何评价分析仪器的基本性能?

项目一	分析仪器设备结构及维护概述	姓名：	班级：
任务一	认识分析仪器设备	日期：	页码：

【任务检查与评价】

1. 检查

工作任务	任务内容	完成时长
仪器分析方法		
分析仪器的特点		
分析仪器的组成		
分析仪器的分类		
分析仪器的性能参数		

2. 评价

项目	序号	检验内容	配分	评分标准	自评	互评	得分
计划	1	制订是否符合规范、合理	10	一处不符合扣 0.5 分			
实施	1	仪器分析方法	10	一处错误扣 1 分			
	2	分析仪器的特点	15	一处错误扣 1 分			
	3	分析仪器的组成	15	一处错误扣 1 分			
	4	分析仪器的分类	15	一处错误扣 1 分			
	5	分析仪器的性能参数	15	一处错误扣 1 分			
职业素养	1	团结协作 自主学习、主动思考 遵守课堂纪律	10	违规 1 次扣 5 分			
安全文明及 5S[①] 管理	1		5	违章扣分			
创新性	1		5	加分项			
检查人					总分		

[①] 指管理、整顿、清扫、清洁、素养。

项目一　分析仪器设备结构及维护概述	姓名：	班级：
任务二　分析仪器设备维护保养	日期：	页码：

【任务描述】

通过对分析仪器设备日常维护注意事项的学习，掌握分析仪器设备日常维护知识，以及了解分析仪器设备的发展趋势。

一、学习目标

1. 了解分析仪器日常维护的意义。
2. 了解分析仪器的发展趋势。

二、重点难点

分析仪器设备的组成结构以及性能参数。

三、参考学时

45min。

【任务实施】

任务二　分析仪器设备维护保养

在检验方法和手段飞速发展的大背景下,检验工作自身的科学性、可靠性和有效性越来越倚重于分析仪器设备。如何确保实验室内的分析仪器设备始终处于合格的状态,是获得准确可靠质量数据的基础。分析仪器的维护和保养不仅能使仪器始终保持良好的运行状态,使检测结果科学、准确、可靠、及时,还能够延长仪器的使用寿命。

一、分析仪器的日常维护

分析仪器的日常维护主要有以下两个方面:一方面是分析仪器正常工作期间的定期检定或校验;另一方面是分析仪器由于某种原因短期或长期不使用时的日常维护。

检定是为评定计量器具的计量特性,确定其是否符合法定要求所进行的全部工作。按照《中华人民共和国计量法》,分析仪器只有通过有关部门的定期检定后,给出的数据才具有法律效力。

对那些由于某种原因而短期或长期不使用的分析仪器,做好分析仪器的日常维护是预防分析仪器发生事故的重要一环,除此之外,为预防分析仪器在工作中发生事故、损坏仪器,在使用分析仪器的过程中除了做好日常维护外,还要注意以下几点:

① 在分析仪器安装时,要注意为该仪器准备的电源、水、气、地线、实验台以及周围环境是否满足仪器说明书中提出的要求。

② 要注意分析仪器工作环境的温度和湿度是否符合说明书的规定,环境的温度过高或过低、湿度过大或过小时分析仪器都容易发生事故。

③ 每次做完实验,准备关机之前,应按说明书的规定将仪器的进样装置、样品经过的各种管路清洗干净后再关机。

④ 分析仪器工作时要严禁超量程、超负荷、超周期使用,要严禁分析仪器"带病"运行。

⑤ 在分析仪器工作过程中,要经常观察仪器的工作状态及各种运行参数的变化,如有异常,应立刻停机,在未查明原因前不要再开机,待查明原因后再作下一步处理。

⑥ 严禁违反操作规程的行为出现。

⑦ 大型、贵重的分析仪器一定要有专人负责,所有使用人员一定要经过专门的培训后方可使用。

⑧ 要建立分析仪器的工作档案,仪器负责人要将该仪器的日常维护、工作环境、工作状况、维修情况都详细记录下来,所有使用仪器人员都要详细填写使用记录。

⑨ 当分析仪器出现故障时,操作人员要及时向仪器负责人汇报,不要轻易动手进行维修。

二、分析仪器的发展趋势

由于生产发展技术的进步以及人类生活的改善,人们对分析仪器的要求越来越高。这是分析仪器得以不断发展的动力,从而满足人们在生产实践和认识自然过程中的迫切需求。人们对自然认识的不断深入，新技术、新材料的广泛应用，大大推动了分析仪器的改进、功能的改善。可以预见一个分析仪器蓬勃发展的时期已经到来。目前分析仪器的发展主要呈下列趋势。

1. 微机化

计算机技术作为20世纪最伟大的发明之一，由于其向分析仪器领域的全面渗透，使分析仪器的面貌发生了巨大的变化。特别是微型处理芯片的制造成功，使越来越多的分析仪器内部带有计算机系统，计算机已成为分析仪器必不可少的一部分。计算机技术的广泛应用，使得分析仪器在数据处理能力、数字图像处理功能等方面有了很大的提高。

2. 自动化

越来越多的分析仪器采取人机对话的方式，以键盘及显示屏代替控制按钮及数据显示器等。由分析工作者以计算机程序的方式直接输入操作指令，同时控制仪器并快速处理数据，并以不同的方式输出结果。分析工作中不可缺少的进样等过程在计算机控制下也可以自动进行。在一些较先进的生产单位，人工操作的方式将越来越少。

3. 智能化

计算机技术的发展和应用，将使分析仪器更趋智能化。许多分析仪器具有工作状态的自检、工作条件的设定以及仪器的安全启动等功能。从送样的数量，温度的过程监控，异常状态的报警，数据的采集和处理、计算，一直到动态阴极射线显像管（CRT）显示和最终曲线报表等均可实现智能化，并能对分析结果进行整理、推理、判断和分析等工作。

4. 微型化

分析仪器在逐渐实现微机化、自动化、智能化的同时，为了方便野外等离线分析工作，加快了分析仪器的小型化、微型化的进程。出现了不少便携式、微型化的分析仪器，功能更加完善，测定灵敏度更高。

【思考与交流】

1. 分析仪器的日常维护主要包括哪两个方面？
2. 分析仪器维护的注意事项包括哪些？
3. 分析仪器的发展趋势是什么？

项目一	分析仪器设备结构及维护概述	姓名：	班级：
任务二	分析仪器设备维护保养	日期：	页码：

【任务检查与评价】

1. 检查

工作任务	任务内容	完成时长
分析仪器日常维护		
分析仪器发展趋势		

2. 评价

项目	序号	检验内容	配分	评分标准	自评	互评	得分
计划	1	制订是否符合规范、合理	10	一处不符合扣 0.5 分			
实施	1	分析仪器日常维护	40	一处错误扣 1 分			
	2	分析仪器发展趋势	35	一处错误扣 1 分			
职业素养	1	团结协作 自主学习、主动思考 遵守课堂纪律	10	违规 1 次扣 5 分			
安全文明及 5S 管理	1		5	违章扣分			
创新性	1		5	加分项			
检查人					总分		

【知识拓展】

仪器仪表发展有悠久的历史。公元前1450年，古埃及就有绿石板影钟。至公元14世纪，用以表示时间的可靠的仪器是日晷或影钟。公元前600年至公元前525年，也有用棕榈叶和铅垂线记录夜间时间和特定天体的仪器。在中国江苏仪征出土了东汉中期的小型折叠铜质民间测影仪器。

公元1400年前，古埃及记录较短时间的仪器叫水钟，水钟内有刻度，下有小孔，整个水钟用雪花石膏做成瓶状。在古希腊古罗马有当时世界上唯一的机械计时仪——水仪。通过水的传递计量时间，记录的是不断流动的概念而不是连续相等的时间，非常不精确。中国北宋时期的苏颂和韩公廉于1088年制作的天文计时器——水运仪象台，集观测、演示和报时为一身。

到了现代，X射线、γ射线先后被德国科学家伦琴、法国科学家P.V.维拉德发现，因其具有超强穿透力这一特性，使仪器的功能与概念被进一步推向更深的领域，如X射线机、线宽检测仪等仪器，就是采用了X射线、γ射线的超强穿透力而研发出的先进检测仪器设备。

20世纪初，电子技术的发展使各类电子仪器快速产生，如普及全球的电子计算机，便是从这一时代开始崛起的。同时，随着工业化程度的不断提高，各行各业的电子仪器如雨后春笋般地出现，如计量、分析、生物、天文、汽车、电力、石油、化工仪器等。

【项目小结】

分析仪器是研究和检测物质的化学成分、结构和某些物理特性的仪器，广泛应用于工业生产过程监控、环境保护、生物化学和医疗、空间探索以及军事等领域，是现代科学研究中一种重要的技术手段。分析仪器的维护和保养能使仪器保持良好的运行状态并延长仪器的使用寿命。本项目中介绍了仪器分析方法，分析仪器的特点、分类、组成、性能指标以及日常维护和发展趋势。学习内容归纳如下：

1．仪器分析方法的原理。
2．分析仪器的特点、分类和组成。
3．分析仪器的性能指标。
4．分析仪器的日常维护和发展趋势。

【练一练测一测】

一、单项选择题

1．红外光谱仪的分析信号是（　　　）。
　　A．电量　　　　B．干涉光　　　　C．电阻或电流　　　D．离子活度
2．（　　）是指被测组分的量或浓度改变一个单位时分析信号的变化量。
　　A．准确度　　　B．精密度　　　　C．灵敏度　　　　D．检出限

3．（　　　）是指在一定实验条件下多次测定的平均值与真值相符合的程度。
  A．准确度　　　　　B．精密度　　　　　C．灵敏度　　　　　D．检出限
4．光电倍增管是将（　　　）转变成易于测定和处理的（　　　）信号。
  A．光　电压　　　　B．光　电流　　　　C．热　电压　　　　D．热　电流
5．检出限和仪器的噪声直接相关，（　　　）噪声可以改善检出限。
  A．降低　　　　　　B．增大　　　　　　C．提高　　　　　　D．放大

二、填空题

1．习惯上，将仪器分析分为_____、_____和_____三类。
2．分析仪器通常均由_____、_____、_____和_____四个基本部分组成。
3．分析仪器的性能指标可以分为_____和_____两类。
4．分析仪器的日常维护主要包括_____和_____两个方面。
5．分析仪器主要呈现_____、_____、_____和_____四方面的发展趋势。

项目二
紫外-可见分光光度计

【项目引导】

紫外-可见分光光度计又称紫外-可见吸收光谱仪,是利用产生的单色光通过样品时被吸收形成吸收光谱并加以测量的仪器。紫外-可见分光光度计是基于紫外-可见分光光度法原理,利用物质分子对紫外-可见光谱区的辐射吸收来进行分析的一种分析仪器。由于各种物质具有各自不同的分子、原子和不同的分子空间结构,其吸收光能量的情况也就不会相同,因此,每种物质就有其特有的、固定的吸收光谱曲线,可根据吸收光谱上的某些特征波长处吸光度的高低判别或测定该物质的含量,这就是分光光度法定性和定量分析的基础。紫外-可见分光光度计是一种应用很广的分析仪器,其应用领域涉及制药、医疗卫生、化学化工、环保、地质、机械、冶金、石油、食品、生物、材料、计量科学、农业、林业、渔业等。

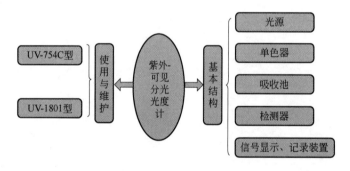

【想一想】

1. 紫外-可见分光光度计的工作原理是什么?
2. 肉制品中亚硝酸盐的含量,可以用什么仪器完成测定?
3. 紫外-可见分光光度法测定苯甲酸实验中,仪器可能会出现哪些问题?
4. 紫外-可见分光光度计吸收池的材质分哪几种?如何选择不同材质的吸收池?
5. 紫外-可见分光光度计主要由哪些部分组成?

项目二　紫外-可见分光光度计

任务一　认识紫外-可见分光光度计的基本结构

姓名：　　　　　班级：

日期：　　　　　页码：

【任务描述】

通过对紫外-可见分光光度法原理的理解，复习紫外-可见分光光度法的应用，掌握紫外-可见分光光度计的组成结构、性能参数等知识。

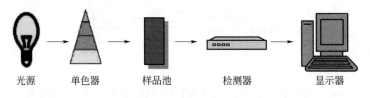

紫外-可见分光光度计结构

一、学习目标

1．掌握紫外-可见分光光度计的结构。

2．了解紫外-可见分光光度计的工作原理。

3．了解紫外-可见分光光度计的分类和主要性能技术指标。

二、重点难点

紫外-可见分光光度计结构。

三、参考学时

45min。

> 【任务实施】

◆ 引导问题：描述紫外-可见分光光度计上的各个部件名称。

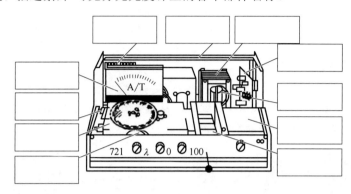

任务一　认识紫外-可见分光光度计的基本结构

1852 年，比尔（Beer）参考了布格（Bouguer）在 1729 年和朗伯（Lambert）在 1760 年所发表的文章，提出了分光光度的基本定律，即液层厚度相等时，颜色的强度与呈色溶液的浓度成比例，从而奠定了分光光度法的理论基础，这就是著名的朗伯-比尔（Lambert-Beer）定律。1854 年，杜包斯克（Duboscq）和奈斯勒（Nessler）等将此理论应用于定量分析化学领域，并且设计了第一台比色计。到 1918 年，美国国家标准局制成了第一台紫外-可见分光光度计。此后，紫外-可见分光光度计不断改进，又出现能自动记录、自动打印、数字显示、微机控制等各种类型的仪器，使光度法的灵敏度和准确度不断提高，其应用范围也不断扩大。

一、紫外-可见分光光度计的工作原理

紫外-可见分光光度法是在 190～800nm 波长范围内测定物质的吸光度，用于鉴别真伪、杂质检查和定量测定等。从吸收光谱中，可以确定最大吸收波长 λ_{max} 和最小吸收波长 λ_{min}。该法广泛应用于水和废水监测、农产品和食品分析、植物生化分析等领域。

分光光度分析是根据物质的吸收光谱，研究物质的成分、结构和物质间相互作用的有效手段。当光穿过被测物质溶液时，物质对光的吸收程度随光的波长不同而变化。因此，通过测定物质在不同波长处的吸光度，并绘制其吸光度与波长的关系图即得被测物质的吸收光谱，其是带状光谱。物质的吸收光谱具有与其结构相关的特征性，因此，可以通过特定波长范围内样品的光谱与对照光谱或对照品光谱的比较，或通过确定最大吸收波长，或通过测量两个特定波长处的吸收比值而鉴别物质。

朗伯-比尔定律是紫外-可见分光光度计定量分析的依据和基础。当一束平行单色光垂直通过某一均匀非散射的吸光物质时，其吸光度 A 与吸光物质的浓度 c 及吸收层厚度 b 成正比。即 $A=\varepsilon bc$，（A 为吸光度，ε 为摩尔吸光系数，b 为液池厚度，

c 为溶液浓度）。用于定量分析时，在最大吸收波长处测量一定浓度样品溶液的吸光度，并与一定浓度的对照溶液的吸光度进行比较或采用吸收系数法求出样品溶液的浓度。

紫外-可见分光光度计操作简便、检测灵敏度高、选择性好、准确度高、分析成本低、速度快，广泛应用于生物研究、药物分析、制药、教学研究、环保、食品卫生、临床检验、卫生防疫等领域。

二、紫外-可见分光光度计的结构

目前，各种商品型号的紫外-可见分光光度计种类很多，但就其结构来讲，都是由分光计和光度计组成，具体包括光源、单色器（分光元件）、吸收池、检测器和信号显示系统（记录装置）五个部分，其结构示意如图2-1所示。

光源 → 单色器 → 吸收池 → 检测器 → 信号显示系统(记录装置)

图 2-1　紫外-可见分光光度计的结构示意

光源产生的复合光通过单色器时被色散为单色光，当一定波长的单色光通过吸收池中被测溶液时，一部分被溶液所吸收，其余的透过溶液到达检测器并被转换为电信号，从而被显示或记录下来。

常见型号及仪器结构

1. 光源

光源是提供符合要求的入射光的装置，有热辐射光源和气体放电光源两类。热辐射光源用于可见光区，一般为钨灯和卤钨灯，波长范围为380～1000nm；气体放电光源用于紫外线区，一般为氢灯和氘灯，连续波长范围为185～375nm。

2. 单色器

单色器是用以产生高纯度单色光束的装置，其功能是将光源产生的复合光色散为单色光和分出所需的单色光束，它是分光光度计的"心脏"部分。单色器由入射狭缝、出射狭缝、透镜系统和色散元件（棱镜或光栅）组成，见图2-2。其中色散元件是关键部件，是棱镜或反射光栅或两者的组合，它能将连续光谱色散成为单色光。狭缝和透镜系统主要是用来控制光的方向，调节光的强度和分出所需要的单色光，狭缝对单色器的分辨率起重要作用，它对单色光的纯度在一定范围内起着调节作用。

单色器的构成及工作原理

（1）棱镜单色器　棱镜单色器利用不同波长的光在棱镜内折射率不同将复合光色散为单色光。棱镜色散作用的大小与棱镜制作材料及几何形状有关。常用的棱镜用玻璃或石英制成。可见分光光度计可以采用玻璃棱镜，但玻璃吸收紫外线，所以不适用于紫外线区。紫外-可见分光光度计采用石英棱镜，它适用于紫外、可见整个光谱区。棱镜单色器的结构如图2-2所示。

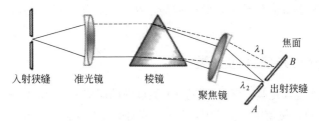

图 2-2　棱镜单色器结构示意

（2）光栅单色器　光栅作为色散元件具有不少独特的优点。光栅可定义为一系列等宽、等距离的平行狭缝。光栅的色散原理是以光的衍射现象和干涉现象为基础的。常用的光栅单色器为反射光栅单色器，它又分为平面反射光栅和凹面反射光栅两种，其中最常用的是平面反射光栅。光栅单色器的结构如图 2-3 所示。由于光栅单色器的分辨率比棱镜单色器分辨率高（可达±0.2nm），而且它可用的波长范围也比棱镜单色器宽，因此目前生产的紫外-可见分光光度计大多采用光栅作为色散元件。近年来，光栅的刻制复制技术在不断地改进，其质量也在不断提高，因而其应用日益广泛。

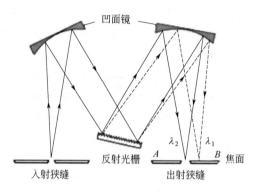

图 2-3　光栅单色器结构示意

3. 吸收池

吸收池又称比色皿，供盛放试液进行吸光度测量之用，其底及两侧为毛玻璃，另两面为光学透光面，为减少光的反射损失，吸收池的光学面必须完全垂直于光束方向。根据材质可分为玻璃吸收池和石英吸收池两种，前者用于可见光光区测定，后者用于紫外线区。紫外-可见分光光度计常用的吸收池规格有 0.5cm、1.0cm、2.0cm、3.0cm、5.0cm 等，使用时，根据实际需要选择。

4. 检测器

检测器，又称光电转换器，它是将光信号转变为电信号的装置，测量吸光度时，并非直接测量透过吸收池的光强度，而是将光强度转换为电流信号进行测试。常用的光电转换器有光电管或光电倍增管，后者较前者更灵敏，特别适用于检测较弱的辐射。光电倍增管是目前中、高档分光光度计中最常用的一种检测器。近年来还使用光导摄像管或光电二极管阵列作检测器。光电二极管阵列检测器是紫外-可见光度检测器的一个重要进展，它具有极快的扫描速度，可得到三维光谱图。

5. 信号显示系统

信号显示系统是将检测器输出的信号放大，并显示出来的装置。这部分装置发展较快。较高级的光度计，常备有微处理机、荧光屏显示和记录仪等，可将图谱、数据和操作条件都显示出来。

三、紫外-可见分光光度计的分类

紫外-可见分光光度计是基于紫外-可见分光光度法的原理工作的常规分析仪器。紫外-可见分光光度计按使用波长范围可分为可见分光光度计和紫外-可见分光光度计两类。前者的使用波长范围是400~780nm；后者的使用波长范围为200~1000nm。可见分光光度计只能用于测量有色溶液的吸光度，而紫外-可见分光光度计可测量在紫外、可见及近红外光区吸收物质的吸光度。根据光路设计的不同，紫外-可见分光光度计可以分为单光束分光光度计和双光束分光光度计，根据测量时提供的波长数又可分为单波长分光光度计和双波长分光光度计。

1. 单光束紫外-可见分光光度计

1945年美国贝克曼（Beckman）公司推出的世界第一台成熟的分光光度计，就是单光束分光光度计。单光束分光光度计只有一束单色光、一只比色皿、一只光电转换器。它是分光光度计中最简单的和应用最普遍的一种。通过交换参比和样品的位置，使其分别进入光路。在参比（溶剂）进入光路时，调零。然后将样品进入光路的信号和参比信号进行比较，就可在显示器上读出样品的透过率和吸光度。其工作原理如图2-4所示。这种分光光度计的特点是结构简单、价格便宜，主要适于做定量分析；其不足之处是测量结果受光源强度波动的影响较大，容易给定量结果带来较大的误差。国产的754型、WFD-SA型、WFZ800D型分光光度计等，以及国外的贝克曼DU型，岛津QC-50、QR-50，日立EPU-2A型，希尔格H700型、C-4型等都属于这种类型的仪器。

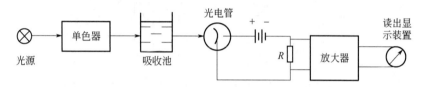

图2-4 单光束紫外-可见分光光度计的工作原理示意

2. 双光束紫外-可见分光光度计

双光束分光光度计的光路设计基本与单光束相似。差别在于双光束分光光度计的单色器的出射狭缝和样品室之间加了一个光束分裂器或斩光器，它的作用是以一定频率把一个光束交替分成两路。使一路经过参比溶液，另一路经过样品溶液，然后由一个检测器交替接收（或两个匹配检测器分别接收）参比信号和样品信号。接收的光信号转变成电信号后，由前置放大器放大，最后由显示系统显示透光度或吸光度。其工作原理如图2-5所示。双光束分光光度计的光源波动、杂散光、电噪声的影响都能部分抵消，但同时因为一束光被分成两束光，能量变低，产生了光的波动、杂散光、电噪声。其主要应用在待测溶液和参比溶液随时间变化，浓度也随之变化的实验中，起到随时跟踪、抵消因浓度的变化而给测试结果带来的影响

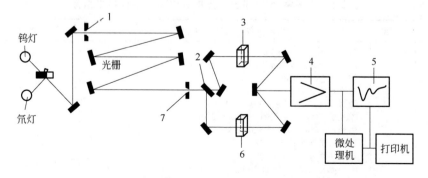

图2-5 双光束紫外-可见分光光度计的工作原理示意

1—入射狭缝；2—斩光器；3—参比池；4—检测器；5—记录仪；6—试样池；7—出射狭缝

的作用。双光束分光光度计种类很多,国产的如上海第三分析仪器厂的710型(自动记录)、730型(数字显示)、740型。国外有日本岛津公司的UV-260,Varian公司的DMS系列,Perkin-Elmer公司的3、15、17型,Beckman公司的DU60、70型等。

3. 双波长紫外-可见分光光度计

双波长紫外-可见分光光度计都采用两个单色器,其工作原理如图2-6所示。从同一个光源发出的光分成两束,分别经过两个单色器,得到两束具有不同波长(λ_1和λ_2)的单色光,利用斩光器使这两束光以一定的时间间隔交替地照射到同一个试样池。检测器交替地接收经过试样吸收后的这两束单色光,并把它们变成电信号,电信号经过处理后转化为它们之间的透光率差$\Delta\tau$或吸光度差ΔA,通过下列公式可计算出试样中待测物质的浓度。

$$\Delta A = A_{\lambda_1} - A_{\lambda_2} = (\varepsilon_{\lambda_1} - \varepsilon_{\lambda_2})bc \tag{2-1}$$

式中,ΔA为物质在λ_1波长下吸光度和物质在λ_2波长下吸光度的差值;A_{λ_1}为物质在λ_1波长下吸光度;A_{λ_2}为物质在λ_2波长下吸光度;ε_{λ_1}为待测物质在波长λ_1的摩尔吸光系数;ε_{λ_2}为待测物质在波长λ_2的摩尔吸光系数;b为液池厚度;c为待测物质的浓度。

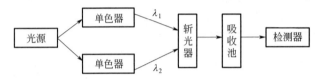

图2-6 双波长紫外-可见分光光度计工作原理示意

双波长分光光度计有很多优点。首先它不用参比溶液,只用一个待测溶液,完全扣除了背景噪声的干扰,也大大提高了测定的准确度,可用于微量成分的测定;其次可用于相互有干扰的多组分混合物中,不经分离可直接进行各组分的分析。对于生物材料、医药、食品等试样分析具有特殊重要的意义。Aminco-Bowman公司、日立公司和岛津公司等先后研制设计了各种类型的双波长分光光度计,如156型、365型、556型、557型、UV300型、UV-3000型等。

四、常用紫外-可见分光光度计型号及主要技术指标

目前常用的紫外-可见分光光度计很多,如751G型、756MC型、UV-2100型、UV-754C型和UV-1801型,下面我们主要介绍UV-754C型和UV-1801型紫外-可见分光光度计(表2-1)。

表2-1 常用紫外-可见分光光度计性能和主要技术指标

仪器型号	产地	仪器参数和测量参数	主要特点
UV-754C型	北京	波长范围:200~850nm 波长准确度:±2nm 波长重复性:1nm 光谱带宽:6nm 透射比(τ)测量范围:0.0~110.0% 吸光度(A)测量范围:0.000~3Au① 杂光:0.6%(τ)(在360nm处) 透射比准确度:±1.0% 透射比重复性:≤0.5%τ 暗电流稳定性:0.2%τ/3min 亮电流稳定性:0.5%τ/3min τ—A转换准确度:0.004(A)(在A=0.5处)	采用平面光栅作色散元件,具有较高的波长准确度;波长在200~850nm范围内连续可调 自动调0%τ、调100%τ 定量计算方式:用线性回归方程进行浓度自动计算,结果打印输出; 打印方式:自动、手动、定时

续表

仪器型号	产地	仪器参数和测量参数	主要特点
UV-1801 型	北京	波长范围：190～1100nm 光谱带宽：2.0nm（5nm、1nm 可选） 波长准确度：±0.5nm 波长重现性：≤0.2nm 透射比准确度：±0.3%τ（0～100%τ） 　　　　　　±0.002Au（0～0.5Au） 　　　　　　±0.004Au（0.5～1Au） 透射比重复性：≤0.15%τ 测光方式：透过率、吸光度、浓度、能量 光度范围：-0.3～3Au 杂散光：≤0.05%τ（220nm NaI 溶液，360nm $NaNO_2$） 基线平直度：±0.002Au 稳定性：≤0.002Au/h（500nm 预热后） 噪声：±0.001Au（500nm 预热后）	宽广的波长范围，可满足各个领域对波长范围的要求。2.5nm、2nm、1nm 三种光谱带宽出厂根据用户要求定制安装，可满足《中华人民共和国药典》对药品检测的严格要求。手动宽大四连池，可满足各种应用对宽大比色皿的特殊要求，最大样品池可达 100mm。改良优化的光路设计、大规模集成电路的设计，进口光源和接收器造就了高性能和高可靠性。具有波长扫描、时间扫描、多波长测定、定量分析、双波长、三波长、DNA 蛋白质测量等多种测量方法，可满足不同测量的要求 测量数据可通过打印机输出，具有 USB 接口。可断电保存测量参数和数据，方便用户使用。可通过 PC 控制实现更精确和灵活的测量要求

① Au 为 Absorbance unit，吸光度单位。

【思考与交流】

1. 紫外-可见分光光度计的工作原理是什么？主要有哪些类型？
2. 紫外-可见分光光度计一般由哪些部分组成？各部分的作用是什么？
3. 紫外-可见分光光度计有哪些分类？
4. UV-754C 型和 UV-1801 型紫外-可见分光光度计的主要技术指标有哪些？

项目二	紫外-可见分光光度计	姓名：	班级：
任务一	认识紫外-可见分光光度计的基本结构	日期：	页码：

【任务检查与评价】

1. 检查

工作任务	任务内容	完成时长
紫外-可见分光光度计的原理		
紫外-可见分光光度计的结构		
紫外-可见分光光度计的分类		
常用紫外-可见分光光度计型号		
常用紫外-可见分光光度计的主要技术指标		

2. 评价

项目		序号	检验内容	配分	评分标准	自评	互评	得分
计划		1	制订是否符合规范、合理	10	一处不符合扣0.5分			
实施	工作原理	1	紫外-可见分光光度计工作原理及其应用	10	一处错误扣1分			
	组成部分	1	光源类型及应用	5	一处错误扣1分			
		2	单色器结构	10	一处错误扣1分			
		3	吸收池	10	一处错误扣1分			
		4	检测器	10	一处错误扣1分			
		5	显示系统	5	一处错误扣1分			
	分类	1	仪器分类	10	一处错误扣1分			
	常见型号及主要技术指标	1	常见型号	5	一处错误扣1分			
		2	主要技术指标	10	一处错误扣1分			
职业素养		1	团结协作 自主学习、主动思考 遵守课堂纪律	10	违规1次扣5分			
安全文明及5S管理		1		5	违章扣分			
创新性		1		5	加分项			
检查人						总分		

项目二 紫外-可见分光光度计	姓名：	班级：
任务二 UV-754C型紫外-可见分光光度计的使用与维护	日期：	页码：

【任务描述】

通过对UV-754C型紫外-可见分光光度计的结构和仪器使用的学习，掌握UV-754C型紫外-可见分光光度计的维护和常见故障排除的方法。

一、学习目标

1. 熟悉UV-754C型紫外-可见分光光度计的结构。
2. 熟练使用UV-754C型紫外-可见分光光度计。
3. 掌握UV-754C型紫外-可见分光光度计的维护和故障排除方法。

二、重点难点

UV-754C型紫外-可见分光光度计的维护和故障排除。

三、参考学时

90min。

【任务实施】

◆ 引导问题：UV-754C 型紫外-可见分光光度计如何科学使用，提高仪器的使用效率？

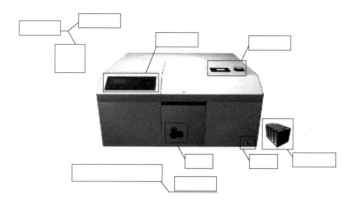

任务二　UV-754C 型紫外-可见分光光度计的使用与维护

一、UV-754C 型紫外-可见分光光度计的结构

1. 仪器简介

UV-754C 型紫外-可见分光光度计的外形和键盘分别如图 2-7 和图 2-8 所示。

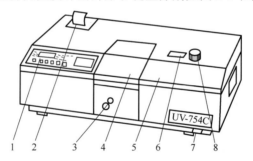

图 2-7　UV-754C 型紫外-可见分光光度计外形

1—操作键；2—打印纸；3—样品室拉杆；4—样品室盖；5—主机盖板；

6—波长显示窗；7—电源开关；8—波长旋钮

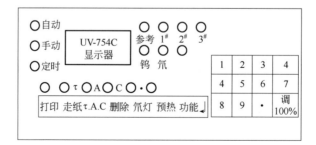

图 2-8　UV-754C 型紫外-可见分光光度计的显示器与键盘

如图 2-9 所示，UV-754C 型紫外-可见分光光度计具有卤钨灯（30W）和氘灯（2.5A）两种光源，分别适用于 360~850nm 和 200~360nm 波长范围。它采用平面光栅作色散元件，GD33 光电管作检测器。其测量显示系统装配了 8031 单片机，检测器输出的电信号经前置放大器放大，模/数转换器转换为数字信号，送往单片机进行数据处理。通过键盘输入命令，仪器便能自动调"0%τ"和调"100%τ"，输入标准溶液浓度数据，能建立浓度计算方程。在显示屏上能显示出透射比（τ%）、吸光度（A）及浓度 c 的数据，并可以由打印机打印出测量数据和分析结果。

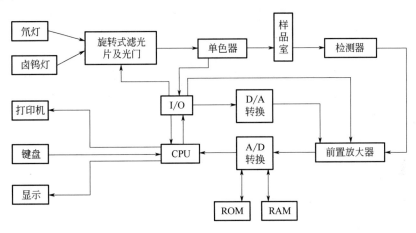

图 2-9　UV-754C 型紫外-可见分光光度计组成部件示意

2. 光路系统

UV-754C 型紫外-可见分光光度计的光学系统如图 2-10 所示。由光源发出的连续光谱经滤光片和聚光镜反射至单色器入射狭缝聚焦成像。光束通过入射狭缝经平面反射镜到准直镜，产生平行光射到光栅。在光栅上色散后，又经准直镜聚焦到出射狭缝上成一连续光谱。由出射狭缝射出一定波长的单色光，通过样品溶液射到光电管上，转换成电信号。

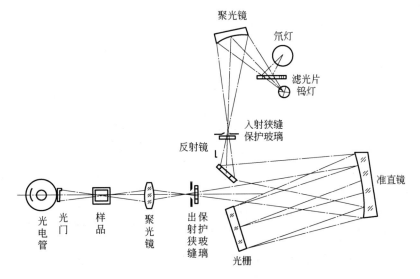

图 2-10　UV-754C 型紫外-可见分光光度计的光学系统

二、仪器使用方法

紫外-可见分光光度计的使用

1. 准备
① 样品室：检查样品室内无异物，使样品室处于关闭状态。
② 用空白溶液润洗比色皿。
③ 检查样品室拉杆处于全部推进位置。

2. 开机
打开电源开关，仪器进入预热状态。预热 20min。蜂鸣器"嘟"叫后，仪器进入工作状态，自动进入"τ"显示模式和自动打印状态。

3. 测试
（1）选择光源　电源开关打开后，钨灯即亮；若仪器需要在紫外线区（200～290nm）工作，则可轻按"氘灯"键点亮氘灯（若要关闭氘灯则再按一次"氘灯"键；若须关钨灯则按"功能"键→数字键"1"→回车键"⏎"即可熄灭）；若仪器需要在紫外线区（290～360nm）工作，则要同时点亮氘灯和钨灯。

（2）选择波长　调节波长旋钮，选择须用的单色光波长。

（3）调 $\tau\%=0.0$ 和 $\tau\%=100$

① 调 $\tau\%=0.0$。在仪器处于 τ 模式，且样品室盖开着时，按"调100%"键，使显示器显示"0.0"（即 $\tau=0.0$）。

② 根据测量所需的波长选择合适的吸收池（在 200～360nm 处测量应使用石英吸收池；在 360～850nm 处测量使用玻璃吸收池或石英吸收池）。用所要盛装的溶液润洗洁净的吸收池后，倒入相应的溶液，吸干吸收池外壁溶液，用擦镜纸擦亮透光面，依次放入吸收池架内，用弹簧夹固定好。

③ 调 $\tau\%=100.0$。盖上样品室盖，将参比溶液推入光路，按"调100%"键，使显示器显示为"100.0"（即 $\tau\%=100$）。待蜂鸣器"嘟"叫后，才可进行下面的操作。

（4）样品测试

① 透射比和吸光度的测量。待显示器显示为"100.0"且稳定后，将第一个试样溶液推入光路，轻按"τ.A.C"键使显示器显示吸光度 A（按"τ.A.C"键可使透射比 τ、吸光度 A 和浓度 c 值循环显示）。此时按"打印"键打印出该试样的数据。待第一个样品数据打印完后，再将第二、第三个样品分别推入光路进行测量。打印数据后，打开样品室盖。

② 直读浓度。确立浓度直线。将两个已知浓度的标准溶液（如 $c_1=3.00$、$c_2=6.00$）依次置于吸收池架内，按回车键，显示器显示"0001"后马上显示空白。此时将浓度为 c_1 的标准溶液推入光路，按数字键"3"→"."→"0"→"0"，显示器显示"3.00"，按回车键，则将 c_1、A_1 均存入 RAM。紧接着显示器显示"0002"后又出现空白。此时再将浓度为 c_2 的标准溶液推入光路，按数字键"6"→"."→"0"→"0"，显示器显示"6.00"，按回车键"⏎"，则将 c_2、A_2 均存入 RAM。计算机按 c_1、A_1、c_2、A_2 值确定浓度方程。之后待测试样均按该方程显示浓度值。

③ 数据打印。建立好浓度直线方程后，选择打印方式，打印数据。

a. 自动打印方式。依次按"功能"键→数字键"0"→数字键"1"，仪器进入自动打印状态，即每换一个样品位置，仪器自动打印一次。

b．手动打印方式。依次按"功能"键→数字键"0"→数字键"2"，仪器进入手动打印状态，即按"打印"键，则打印一次。

c．定时打印方式。依次按"功能"键→数字键"0"→数字键"3"，仪器进入定时打印状态，每分钟自动打印一次。

4. 关机

测量完毕，取出吸收池，清洗并晾干后入盒保存。关闭电源，拔下电源插头，在样品室内放入干燥剂，盖上样品室盖，罩上防尘罩。

三、仪器使用注意事项

① 仪器使用前需开机预热 30min。

② 比色皿使用时注意不要沾污或将比色皿的透光面磨损，应手持比色皿的毛面。

③ 待测液制备好后应尽快测量，避免有色物质分解，影响测量结果。

④ 测得的吸光度 A 最好控制在 0.2～0.8 之间，超过 1.0 时要做适当稀释。

⑤ 比色皿在盛装样品前，应用所盛装样品冲洗两次，测量结束后比色皿应用蒸馏水清洗干净后倒置晾干。若比色皿内有颜色挂壁，可用无水乙醇浸泡清洗。

⑥ 向比色皿中加样时，若样品流到比色皿外壁时，应以滤纸吸干，擦镜纸擦净后测量，切忌用滤纸擦拭，以免比色皿出现划痕。

⑦ 测定紫外波长时，需选用石英比色皿。

四、仪器的维护保养

1. 仪器的工作环境

① 仪器应安放在干燥的房间内，使用温度为 5～35℃，相对湿度不超过 85%。

② 仪器应放置在坚固平稳的工作台上，且避免强烈的振动或持续的振动。

③ 室内照明不宜太强，且应避免直射日光的照射。

④ 电扇不宜直接向仪器吹风，以防止光源灯因发光不稳定而影响仪器的正常使用。

⑤ 尽量远离高强度的磁场、电场及发生高频波的电气设备。

⑥ 供给仪器的电源电压为 AC220V±22V，频率为 50Hz±1Hz，并必须装有良好的接地线。推荐使用功率为 1000W 以上的电子交流稳压器或交流恒压稳压器，以加强仪器的抗干扰性能。

⑦ 避免在有硫化氢等腐蚀性气体的场所使用。

2. 日常维护和保养

（1）光源　光源寿命是有限的，为了延长光源使用寿命，在不使用仪器时不要开光源灯，应尽量减少开关次数。在短时间的工作间隔内可以不关灯。刚关闭的光源灯不能立即重新开启。仪器连续使用时间不应超过 3h。若需长时间使用，最好间歇 30min。如果光源灯亮度明显减弱或不稳定，应及时更换新灯。更换后要调节好灯丝位置，不要用手直接接触窗口或灯泡，避免油污沾附。若不小心接触过，要用无水乙醇擦拭。

（2）单色器　单色器是仪器的核心部分，装在密封盒内，不能拆开。选择波长时应平衡地转动，不可用力过猛。为防止色散元件受潮生霉，必须定期更换单色器盒干燥剂（硅胶）。若发现干燥剂变色，应立即更换。

（3）吸收池　必须正确使用吸收池，应特别注意保护吸收池的两个光学面。为此，必须做到以下几点：

① 测量时，吸收池内盛的液体量不要太满，以防止溶液溢出而浸入仪器内部。若发现吸收池架内有溶液遗留，应立即取出清洗，并用纸吸干。

② 拿取吸收池时，只能用手指接触两侧的毛玻璃，不可接触光学面。

③ 不能将光学面与硬物或脏物接触，只能用擦镜纸或丝绸擦拭光学面。

④ 凡含有腐蚀玻璃的物质（如 F^-、$SnCl_2$ 等）的溶液，不得长时间盛放在吸收池中。

⑤ 吸收池使用后应立即用水冲洗干净。有色物污染可以用 3mol/L HCl 和等体积乙醇的混合液浸泡洗涤。生物样品或其他在吸收池光学面上形成薄膜的物质要用适当的溶剂洗涤。

⑥ 不得在火焰或电炉上加热或烘烤吸收池。

（4）检测器　光电转换元件不能长时间曝光，且应避免强光照射或受潮积尘。

（5）其他

① 当仪器停止工作时，必须切断电源。

② 为了避免仪器积灰和沾污，在停止工作时，应盖上防尘罩。

③ 仪器若暂时不用要定期通电，每次不少于 20~30min，以保持整机呈干燥状态，并且维持电子元器件的性能。

3. 易损件的更换

（1）光源灯的更换——卤钨灯　当卤钨灯"灯壳"上出现严重发黑或烧毁时，要及时更换，更换方法如下：

① 把灯座上的两只固定螺钉旋松，取下已坏的灯泡。

② 戴上清洁的手套，换上新灯并旋紧两只固定的螺钉。

③ 用干净的纱布蘸无水乙醇，把灯壳上的手印擦净后通电。

④ 更换新灯后，重新调整钨灯，使钨灯能量全部进入单色器，得到明亮、正确的光斑。

（2）光源灯的更换——氘灯　氘灯的灯丝折断或漏气时，则不能起辉，此时必须更换新灯，更换方法如下：

① 先从接线架上旋松螺钉，取下三根导线，然后旋松氘灯部件固定架上的两只上下调节螺母，戴上清洁的手套取下氘灯，在原位置上换上新灯，把氘灯的出光孔对准反射镜的工作面，旋紧固定架上的调节螺母，紧固夹形件。

② 接上三根导线。

③ 用干净的纱布蘸无水乙醇，把灯壳上的手印擦净。

④ 按操作规程对氘灯进行调整。

（3）光电管的更换　在光源正常工作前提下，仪器在边缘波长工作时，狭缝的宽度开至很大（约 1mm）则证明此光电管必须进行更换，更换方法如下：

① 切断仪器工作电源。

② 取下放大器暗盒盖。

③ 开启盒盖，焊去连线，拔下放大器印刷电路板后，戴上清洁的薄棉手套（切勿以手触摸光电管、绝缘部分及 IC 高阻），在原位置上换上新的光电管。

④ 插上放大器印刷电路板，焊上连线后，用无水乙醇清除残余焊剂，盖上盒盖。更换打印纸时，先把打印盖板右侧的螺母旋下，就可把盖板翻起，取出印盒后部的把手件换上新纸，

打印纸两角剪去少许，塞入打印头后面空槽内，按走纸按钮，打印纸就能自动送出。

五、UV-754C 型紫外-可见分光光度计的常见故障排除

UV-754C 型紫外-可见分光光度计的常见故障排除方法见表 2-2。

表 2-2　UV-754C 型紫外-可见分光光度计的常见故障排除方法

故障	故障原因	排除方法
关上样品室，开启仪器（参照样品为空气），仪器显示为"0"	(1) 光源灯损坏 (2) 光源灯能量不够： 　a. 光源灯老化 　b. 工作电压低 (3) 光源灯位置不佳 (4) 截止滤光片位置偏移 (5) 凹面反射镜严重霉变 (6) 试样槽落位不正确 (7) 光电管灵敏度下降 (8) 自动光门继电器损坏或卡死 (9) 系统逻辑电路有故障 (10) +12V、±15V、±5V 电源板有问题 (11) 参样板样品一路无"0-1"电压变化 (12) 前置放大器 6BG6～6BG10 损坏	(1) 更换灯源时须注意调整它的方向（上下、左右） (2) 　a. 更换 　b. 检查并调整 U_W 到 10.5V (3) 注意从上下、左右方向等方面调整灯源 (4) 调整 λ=550nm 时，在凹面镜上为黄白相间的光斑即可 (5) 更换 (6) 重新落位 (7) 更换 (8) 该继电器线圈正常阻值为 700Ω，修复或更换之 (9) 逐一检查判断相关电路，重点检查 8155、V12、V13 等器件是否损坏 (10) 检查相关电源电路，发现电源板与插座接触不良，应及时清洁处理 (11) 逐一检查修复，重点检查光电耦合管、运放、8155 等器件 (12) 更换
盖上样品室盖（参比样品为空白），开启仪器，数显呈"OVE"	(1) 样品室内参比槽落位不正确 (2) 转接板中样品侧运放 5BG8 损坏 (3) 自动光门继电器损坏（或卡住），通常为开通，透光 (4) 自动光门继电器缺少 20V 工作电压 (5) ±15V、±12V、±5V 稳压电路板有故障 (6) 前置放大器中的 ICL7650 运放损坏 (7) 电路板、电缆线与插座接触不良 (8) 系统逻辑电路有故障 (9) 操作顺序不妥 (10) 样品室内比色器架安放位置不妥	(1) 重新落位 (2) 更换 (3) 修复或更换 (4) 检查排除故障 (5) 对应查找排除故障 (6) 更换 (7) 找出故障部位，清洁，插紧 (8) 结合资料寻找，排除故障 (9) 按说明书操作 (10) 重新安置
开启仪器后，在局部波段显示为 100%τ，其他为"0"	(1) 前置放大器中的 6BG6、3BG130C、Ce 击穿，所以 K_1 始终闭合，仪器始终处于灵敏度最低挡，使仪器在大多数波长范围内不出"100"而为"0" (2) 截止滤光片位置偏移 (3) 光电管质量变劣	(1) 更换 (2) 仔细调整截止滤光片位置 (3) 更换

【思考与交流】

1．UV-754C 型紫外-可见分光光度计有哪些特点？
2．UV-754C 型紫外-可见分光光度计如何正确使用？
3．UV-754C 型紫外-可见分光光度计一般故障有哪些？如何排除？

项目二　紫外-可见分光光度计

任务二　UV-754C型紫外-可见分光光度计的使用与维护

姓名：　　　　班级：

日期：　　　　页码：

【任务检查与评价】

1. 检查

工作任务	任务内容	完成时长
UV-754C型紫外-可见分光光度计的结构		
UV-754C型紫外-可见分光光度计的使用方法		
UV-754C型紫外-可见分光光度计的使用注意事项		
UV-754C型紫外-可见分光光度计的维护保养		
UV-754C型紫外-可见分光光度计的常见故障排除		

2. 评价

项目		序号	检验内容	配分	评分标准	自评	互评	得分
计划		1	制订是否符合规范、合理	10	一处不符合扣0.5分			
实施	组成部分	1	UV-754C型紫外-可见分光光度计的结构	10	一处错误扣1分			
	使用方法	1	准备	3	一处错误扣1分			
		2	开机	5	一处错误扣1分			
		3	测试	5	一处错误扣1分			
		4	关机	2	一处错误扣1分			
		5	注意事项	5	一处错误扣1分			
	维护保养	1	仪器的工作环境	5	一处错误扣1分			
		2	日常维护和保养	5	一处错误扣1分			
		3	易损件的更换	5	一处错误扣1分			
	常见故障排除	1	关上样品室，开启仪器，仪器显示为"0"	10	一处错误扣1分			
		2	盖上样品室盖，开启仪器，数显"OVE"	10	一处错误扣1分			
		3	开启仪器后，在局部波段显示为100%τ，其他为"0"	10	一处错误扣1分			
职业素养		1	团结协作 自主学习、主动思考 遵守课堂纪律	10	违规1次扣5分			
安全文明及5S管理		1		5	违章扣分			
创新性		1		5	加分项			
检查人					总分			

项目二　紫外-可见分光光度计	姓名：	班级：
任务三　UV-1801 型紫外-可见分光光度计的使用与维护	日期：	页码：

【任务描述】

通过对 UV-1801 型紫外-可见分光光度计的结构、安装及使用的学习，掌握 UV-1801 型紫外-可见分光光度计常见故障排除的方法。

一、学习目标

1. 掌握 UV-1801 型紫外-可见分光光度计的结构。
2. 熟练使用 UV-1801 型紫外-可见分光光度计。
3. 了解 UV-1801 型紫外-可见分光光度计的故障排除方法。

二、重点难点

UV-1801 型紫外-可见分光光度计的故障排除。

三、参考学时

90min。

【任务实施】

◆ 引导问题：UV-1801 型紫外-可见分光光度计如何科学使用，提高仪器的使用效率？

任务三　UV-1801 型紫外-可见分光光度计的使用与维护

一、UV-1801 型紫外-可见分光光度计的结构

北京瑞利分析仪器公司所产的 UV-1801 型紫外-可见分光光度计外形如图 2-11 所示。

UV-1801 型紫外-可见分光光度计由光源、单色器、样品室、检测系统、电机控制、液晶显示、键盘输入、电源、RS232 接口、打印接口等部分组成。仪器框图如图 2-12 所示，其光学系统如图 2-13 所示。

图 2-11　UV-1801 型紫外-可见分光光度计外形

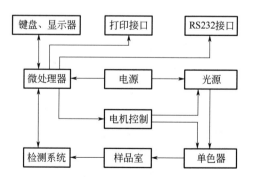

图 2-12　UV-1801 型紫外-可见分光光度计仪器框图

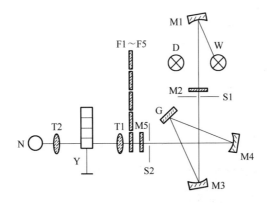

图 2-13　UV-1801 型紫外-可见分光光度计光学系统

D—氘灯；G—光栅；M1—聚光镜；M2、M5—保护片；M3、M4—准直镜；T1、T2—透镜；
F1～F5—滤色片；S1、S2—狭缝；W—钨灯；N—接收器；Y—样品池

二、仪器的安装

1. 安装条件

仪器需安装在满足下述各项条件的场所。

① 避开阳光直射的场所和有较大气流流动的场所。

② 请不要安放在有腐蚀性气体及灰尘多的场所。

③ 应避开有强烈振动和持续振动的场所。

④ 应远离发出磁场、电场和高频电磁波的电气装置。

⑤ 仪器应放在可承重的稳定水平台面上，仪器背部距墙壁至少 15cm，以保持有效的通风散热。

⑥ 避开高温高湿环境使用温度：室内温度 5～35℃；使用湿度：室内湿度≤85%。

⑦ 供电电源：AC 电压 220V±22V，频率 50Hz±1Hz，总功率约为 180W。要求供电系统为三相四线制接零保护系统。

⑧ 为保证仪器可靠地工作，要求电源电压稳定，有条件的用户可以使用净化稳压电源。

2. 安装方法

① 开箱后，将仪器放在工作台上。

② 连接外连线。

a. 将打印机接口线缆接到主机的相应插座。

b. 将主机、打印机电源线接到用户市电插座。

3. 安装后的检查

① 开启打印机电源（不打印就不开）。微型打印机插上电源线即可。

② 开启仪器电源（开关在仪器右侧面）。首先出现开机界面。显示厂名和仪器型号，然后钨灯点燃。再经 15s 左右。氘灯点燃，可听到声音。

③ 待屏幕出现提示后，按任意键（除 RESET 键外），仪器自动开始自检。自检结束后显示自检结果，正确时显示 OK。按任意键（除 RESET 键外）进入主菜单界面。出错时显示 ERR 及提示。用户可根据提示进行操作，若重新自检三次仍不通过，请通知生产厂家检查。

④ 每次开机自检后，根据测量时间和测量方式的不同，应先预热10～30min，再进行测量。一般波长扫描和时间扫描方式应预热稍长时间，对测量数据的重复性要求较高时也应预热稍长时间。

三、仪器使用方法

对于现代紫外-可见分光光度计来说，其功能通常以"软件"的形式显现。UV-1801紫外-可见分光光度计的一般使用方法如下。

图2-14 自检界面

（一）开机

打开仪器主机右侧电源开关稍等十几秒钟，在仪器的屏幕上出现一个提示"请按键"，如图2-14所示，说明仪器可以进行自检或连接计算机自检。

（二）仪器操作

1. 仪器所有操作不连接计算机

① 仪器操作不连接计算机，按仪器面板键盘上除"RESET"的其他任意键，仪器进行自检（大约2min）。蓝色液晶显示大屏幕上会出现如图2-15和图2-16所示的自检中和自检完成情况。

图2-15 自检中界面

图2-16 自检完成界面

② 按任意键进入如图2-17所示的仪器操作主菜单。

③ 光度测量。按数字键"1"进入"波长扫描"，按数字键"2"进入"光度测量"，按数字键"3"进入"定量分析"，……，按数字键"6"进入"系统设置"；按仪器面板上参数设置键"F1"进入"参数设置"；按面板上"F2"进行比色皿成套性测量。比色皿校正，一般看测定要求高低，如果不高的话，可以关着，如果需要则打开。

继续按"F2"进行后边的样品测定。要求每一个比色皿都要装上相同的溶液，以第一个做参比，按照面板提示进行操作，特别提醒的是比色皿的顺序和方向在测定的过程中都不能再改变。

其实其他的功能操作同上面的基本相似，只要按"上下"方向键可使手形指示图标到相应的位置，打开对应的标签，按照面板提示，选择或输入所需波长及其他参数，按"Enter"键进行编辑确认。

2. 仪器所有操作连接计算机

打开计算机桌面上的"UVSoftware",点击"设置"选择端口、输入仪器编号(序列号)进行计算机和仪器的测试连接。点击计算机屏幕左下方"初始化"按钮,仪器将进行反控自检。如图 2-18 所示,等自检五项内容全部显示"OK"后可选择对应的测试项目,利用仪器进行相关测试。

图 2-17　操作主菜单界面　　　　　　　　图 2-18　初始化界面

3. 紫外-可见分光光度计的联机操作

(1) 光谱扫描

① 单击工具栏菜单上的 ，便进入光谱扫描测量方式,如图 2-19 所示。所有图谱标签页用来显示所有图谱,其他测量图谱均用新增标签页来显示。

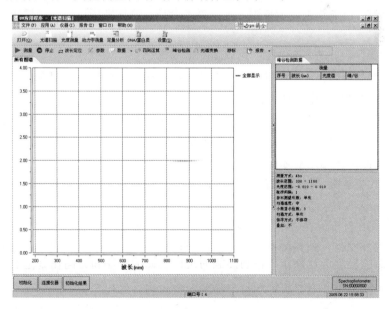

图 2-19　光谱扫描界面

② 进行参数设置。如图 2-20 所示,在光谱扫描参数设置界面单击工具栏菜单上的 参数

进行参数设置。

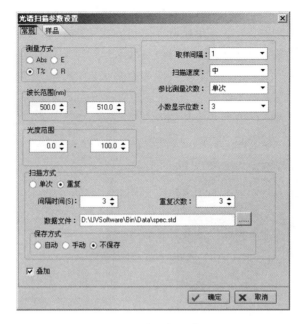

图 2-20 光谱扫描参数设置界面

a. 数据测量方式：可以进行 A（吸光度）、$\tau\%$（透过率）、E（能量）、R（反射，需要定制的反射架）四种测量。

b. 波长范围：扫描光谱的范围，设置波长最小值不得小于 190nm，波长最大值不得大于 1100nm。

c. 光度范围：扫描结果显示范围，若设置不合适，测量完毕可以在图谱上按鼠标右键定制坐标进行更改。

d. 取样间隔：扫描取样间隔。

e. 扫描速度：分为快、中、慢，速度越快，扫描图谱的细节部分显示比较粗糙，建议做精度要求比较的扫描采用中速或者慢速。

f. 参比测量方式：单次，在测量完毕之后，不更改任何参数，按"测量"继续测量，则直接测量样品，不需要测量参比；重复，在测量完毕之后，不更改任何参数，按"测量"继续测量，但需要测量参比之后才能测量样品。

g. 扫描方式：单次，则只扫描一次；重复扫描，按照设定时间间隔和设定的扫描次数进行重复扫描。

h. 保存方式：自动保存，在用户测量完毕后系统自动把数据保存到用户设置的文件，如果是重复扫描保存文件，则系统自动在文件名后加"_1，_2，…"，表示依次扫描的文件；手动保存，系统在扫描完毕后提示用户是否保存；不保存，测量完毕后系统不提示也不自动保存，如果用户需要保存测量数据则按界面的保存按钮进行保存。

i. 重叠：选择它将把多次测量的图谱自动叠加在所有图谱区域，在所有图谱标签页上进行显示，不选择在测量完毕后在所有图谱标签页右键选择图谱叠加按钮手动选择图谱进行叠加。

j. 数据文件：自动保存文件路径以及文件名。

k. 样品名称：测量样品名称。

③ 测量单击工具栏菜单上的 ▶测量，开始进行测量，提示请将参比拉入光路，将参比液放入样品池内，根据提示拉入参比，按"确定"按钮。参比测量完成，提示将样品拉入光路。根据提示，将参比液取出，放入样品液，点击"OK"按钮。测量完成，提示扫描完成，点击"OK"，此时界面出现测量结果和相应的图谱，如图 2-21 所示。重复性测量可以手动进行，在单次扫描完毕后，按工具栏菜单上的"测量"开始测量；也可以自动进行重复性测量，其他参数设置同单次扫描测量，如图 2-22 所示，在参数设置中的扫描方式选择重复测量，并设定每次测量间隔时间和重复测量次数。

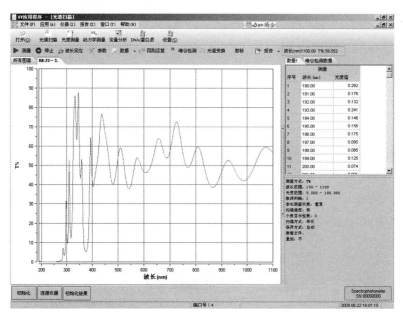

图 2-21　光谱图显示界面

图 2-22　重复测量设置界面

（2）光度测量

① 如图 2-23 所示，单击工具栏菜单上的 光度测量 便进入光度测量方式。

② 进行参数设置。单击工具栏菜单上的 参数 进行参数设置，如图 2-24 所示。在此可选择测量方式进入常规设置，用以设置吸光度和透过率，选择小数点位数和参比测量方式，可对波长设置进行修改。

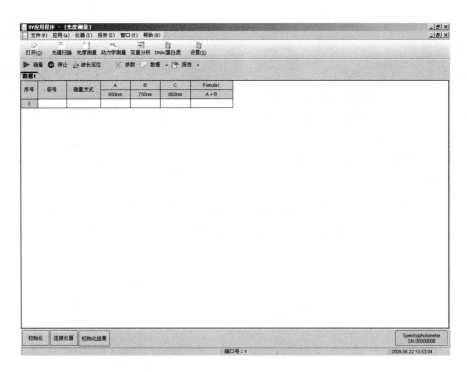

图 2-23 光度测量界面

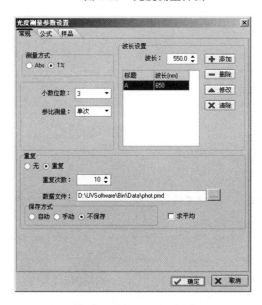

图 2-24 光度测量参数设置界面

③ 测量。单击工具栏菜单上的 ▶测量，开始进行测量，提示请将参比拉入光路，将参比液放入样品池内，根据提示，拉入参比，按"确定"按钮。参比测量完成，提示将样品拉入光路，根据提示，将参比液取出，放入样品液，点击"OK"按钮。测量完成，此时界面出现测量结果。

④ 附加功能。仪器还具有数据保存和导入、复制表格数据、报告打印、波长定位等附加功能。

（3）动力学测量

① 单击工具栏菜单上的 动力学测量，如图 2-25 所示，便进入动力学测量方式。

② 进行参数设置。单击工具栏菜单上的 参数，如图 2-26 所示，进行参数设置。

③ 测量。单击工具栏菜单上的 ▶ 测量，开始进行测量，提示请将参比拉入光路，将参比液放入样品池内，根据提示，拉入参比，点击"OK"按钮。参比测量完成，提示将样品拉入光路，根据提示，将参比液取出放入样品液，点击"OK"按钮。测量完成，提示扫描完成，按"OK"按钮，此时界面出现测量结果和相应的图谱并提示测量完成。重复性测量同光谱扫描，请参照光谱扫描设置。

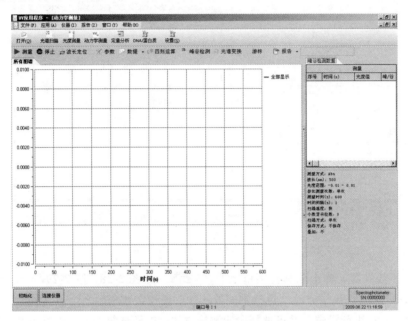

图 2-25　动力学测量界面

图 2-26　动力学测量参数设置界面

④ 附加功能 仪器还设置有图谱调整、游标、峰谷检测、光谱变换、四则运算、数据保存和导入、复制表格数据或者图谱、报告打印、波长定位等附加功能。

（4）定量分析

① 单击工具栏菜单上的 定量分析，如图 2-27 所示，便进入定量分析测量方式。

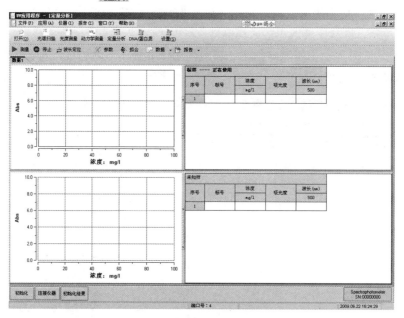

图 2-27　定量分析界面

② 进行参数设置。单击工具栏菜单上的 参数，如图 2-28，图 2-29 所示，进行参数设置，参数设置可对波长测量方法（包括单波长法、双波长系数倍率法、双波长等吸收点法、三波长法）、测量波长进行设置，并可选择参比测量方式，以及计算公式，测量方法（浓度法和系数法，系数法需要在系数设置中输入曲线拟合系数），零点插入（选择它，拟合曲线将过零点）。

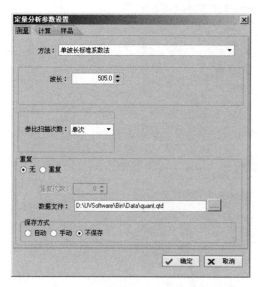

图 2-28　定量分析测量参数设置界面

图 2-29　定量分析计算参数设置界面

③ 建立标准曲线（浓度法）。选择标样测量，标样栏上方 标样 将变成 标样 ---- 正在使用；单击工具栏菜单上的 ▶ 测量，开始进行测量，提示请将参比拉入光路，将参比液放入样品池内，根据提示，拉入参比，点击"确定"按钮。参比测量完成，提示将样品拉入光路，根据提示，将参比液取出，放入标样样品液，点击"确定"按钮。标样测量完毕，在浓度栏内输入对应标样的浓度值，按 拟合，进行曲线拟合。界面上显示出以上测量参数所建立的曲线，并且显示拟合的相关系数和建立的曲线方程，如图 2-30 所示。如果拟合曲线因为个别参比测量结果不理想，可以在标样栏内点击右键，选择需要删除的标样，选择"删除"，系统提示选择是否删除该条数据，选择"是"，按"确定"删除该条数据；然后重新测量标样和拟合曲线。

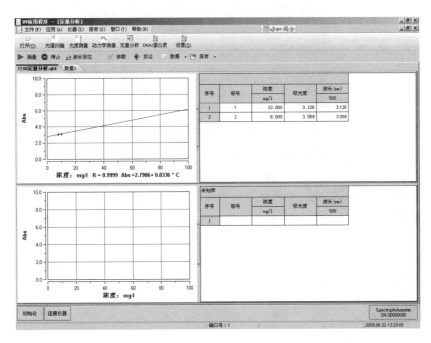

图 2-30 标准曲线测量界面

④ 测量浓度。未知样放入样品池内，鼠标光标点击界面右下方的"未知样"处，使 未知样 变成 未知样 ---- 正在使用，单击工具栏菜单上的 ▶ 测量，根据提示，放入未知样样品液，点击"OK"按钮进行测试。

⑤ 系数法。在测量方法一栏选择"系数法"，输入已知曲线的系数，如图 2-31 所示，其他参数设置方法同浓度法，按"确定"按钮确认以后，在测量界面会根据设定的曲线方程画出曲线；参数设置完毕，将未知样放入样品池内，鼠标光标点击界面右下方的"未知样"处，使 未知样 变成 未知样 ---- 正在使用，单击工具栏菜单上的 ▶ 测量，开始进行测量；其他测量步骤同浓度法。

⑥ 附加功能仪器附设有数据保存和导入、复制表格数据或者拟合曲线、报告打印、波长定位等功能。

（5）DNA 和蛋白质测量

① 单击工具栏菜单上的 DNA/蛋白质，如图 2-32 所示，便进入 DNA/蛋白质测量方式。

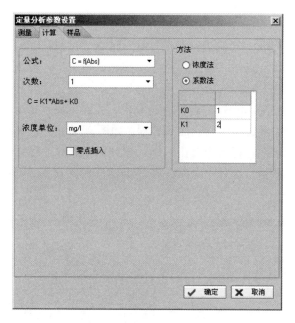

图 2-31 参数设置界面

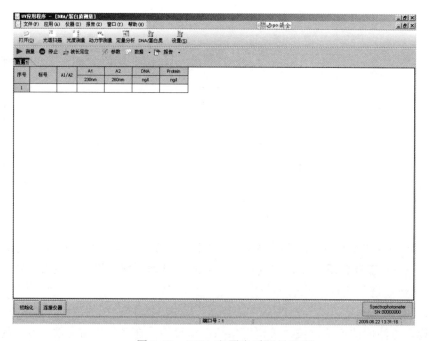

图 2-32 DNA 和蛋白质测量界面

② 进行参数设置。单击工具栏菜单上的 参数，进行参数设置，如图 2-33 所示。通常蛋白质测量方法有 A230/A260 和 A280/A260 两种方法（也可以自定义方法进行测量，设定相应波长和系数）。选择相应的方法，系数已经设定好，不需要设定。设置其他参数（浓度单位，小数显示位数，参比测量方式，重复测量，文件保存等参数）。

③ 测量。单击工具栏菜单上的 测量，开始进行测量，按提示将放入样品池内的参比液拉入光路，点击"OK"按钮。参比测量完成，提示将样品拉入光路，根据提示，将参比液

取出,放入样品液,点击"OK"按钮。测量完成,提示扫描完成,按"OK"按钮进行测量。

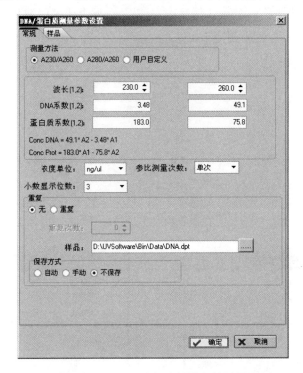

图 2-33 DNA/蛋白质测量参数设置界面

④ 附加功能。仪器附加功能有数据保存和导入、报告打印、复制表格数据、波长定位等。
(6) 仪器相关操作
① 设置换灯点。选择菜单仪器—设置换灯点,进入换灯点设置界面,如图 2-34 所示,输入换灯点,按"确定"按钮确认,设置完毕窗体自动关闭。
② 波长定位。选择菜单仪器—波长定位,进入波长定位界面,如图 2-35 所示,在波长栏输入定位的波长,按"确定"按钮;等波长走到指定的波长位置系统自动关闭此窗体。

图 2-34 换灯点设置界面　　　　　　　图 2-35 波长定位界面

③ 开/关氚灯。选择菜单仪器—开/关氚灯,如图 2-36 所示,进入氚灯开关界面,开氚灯,选择开,按"确定"按钮;关氚灯,选择关,按"确定"按钮。
④ 比色皿校正。选择菜单仪器—比色皿校正,进入比色皿校正界面,如图 2-37 所示,

系统默认是比色皿关，需要进行比色皿校正选择"开"，将会出现如图 2-38 所示的参数设置界面，设置需要校正的比色皿个数（除参比），以及在哪个或哪些波长下校正。

图 2-36　开/关氘灯界面

图 2-37　比色皿校正界面

图 2-38　比色皿校正参数设置界面

（7）测试报告设置及打印

单击工具栏菜单上的 报告(Z)，可编辑报表打印相关内容。编辑好相关内容，按"确定"按钮。

四、仪器使用注意事项

① 全部整机系统一定要有可靠的接地。
② 电源状态不好的单位，应装有抗干扰净化稳压电源，以保证仪器稳定可靠地工作。
③ 全系统各部分的部件、零件、器件不允许随意拆卸。
④ 不允许用酒精（乙醇）、汽油、乙醚等有机溶液擦洗仪器。
⑤ 高湿热地区请注意仪器防潮，特别是久置不用的单位，应定期通电驱潮。
⑥ 使用中如果用不到紫外波段，可在仪器自检结束后关闭氘灯（在系统设置界面），以延长其寿命。

五、仪器常见故障排除

1. 常见故障及排除方法

UV-1801 紫外-可见分光光度计的常见故障及排除方法见表 2-3。

表 2-3　UV-1801 紫外-可见分光光度计的常见故障及排除方法

故障	故障原因	排除方法
开机无反应	插头松脱或保险烧毁	插好插头、更换保险
氘灯（钨灯）自检出错	氘灯（钨灯）坏、氘灯（钨灯）电路坏	更换氘灯（钨灯）
波长自检出错	样品池被挡光、自检中开了盖、波长平移过多	①排除样品池内的挡光物 ②自检中不能开样品室盖
测光精度误差、重复性误差大	样品吸光度过高（>2A）、在 360nm 以下波段使用了玻璃比色皿、比色皿不够干净、样品池架上有脏物等其他原因	①稀释样品 ②使用石英比色皿 ③将比色皿擦干净 ④清除样品池架上的脏物
出现"能量过低"提示	样品池内有挡光物、在 360nm 以下波段使用了玻璃比色皿、比色皿不够干净、换灯点设置错误、自检时未盖好样品室盖	①清除样品池内的挡光物 ②使用石英比色皿 ③将比色皿擦干净 ④将换灯点设置到 340~360nm 之间 ⑤自检时盖好样品室盖

2. 换灯

氘灯、钨灯属于消耗用品，有一定的寿命期。超期后，即使没有坏，光的能量及稳定性也会降低。如重复性变差，并且排除了振动、电源不稳以及表 2-3 所列举的因素，可怀疑是灯的问题。

（1）更换氘灯

① 关闭仪器电源，拔去电源插头。

② 卸去仪器上罩。拧下仪器上罩后面的三个螺钉，然后轻轻从后面向上小心取下仪器上罩，置于仪器左侧。卸去上罩后露出灯室，如图 2-39 所示。

③ 卸去灯室上盖。用螺丝刀卸去固定灯室上盖的两个螺钉。取下灯室上盖露出氘灯、钨灯，如图 2-40 所示。

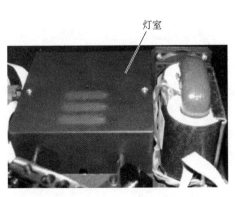

图 2-39　灯室（外）

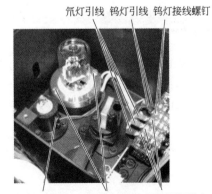

图 2-40　灯室（内）

④ 氘灯拆卸及安装，如图 2-40，先将氘灯接线螺钉拧松（不必卸掉），将氘灯三根引线与接线座脱离。（注意：氘灯三根引线中有一根的颜色不同于其他两根，它的安装位置一定要牢记。）然后拧下两个氘灯紧定螺钉（逆时针转为拆卸，反之为紧固），将氘灯垂直向上拔出氘灯座。将新氘灯小心地插入氘灯座，氘灯三根引线从氘灯座底部小孔穿出引至接线座的位置。按原来安装位置拧紧两个氘灯紧定螺钉。然后将氘灯三根引线接入接线座（注意：氘灯上颜色不同于其他两根的那一根引线一定要跟换灯前的安装位置一致，千万别接错），最后拧紧接线螺钉。

⑤ 装上灯室上盖和仪器上罩。

⑥ 通电开机，自检正确，则氘灯更换完毕。

（2）更换钨灯

① 关闭仪器电源，拔去电源插头。

② 卸去仪器上罩，具体操作同更换氘灯。

③ 卸去灯室上盖，具体操作同更换氘灯。

④ 钨灯拆卸及安装（参看图 2-40）。先将钨灯接线螺钉拧松（不必卸掉），将钨灯两根引线与接线座脱离。然后拧松钨灯紧定螺钉，将钨灯垂直向上拔出钨灯座。将新钨灯小心地插入钨灯座，钨灯两根引线从钨灯座底部穿出引至接线座的位置，拧紧钨灯紧定螺钉。然后将钨灯两根引线接入接线座，拧紧接线螺钉。

⑤ 装上灯室上盖和仪器上罩。

⑥ 通电开机，自检正确，则钨灯更换完毕。

（3）换灯应注意事项

① 卸去仪器上罩时，不要用力扯拉与上罩相连的连接线，不要碰到仪器内部各光学部件。

② 拧钉时如果螺钉掉入仪器里应及时取出，以免造成短路。

③ 安装灯的过程中不要触摸氘灯发光孔正对的玻璃窗和钨灯灯丝周围的玻璃窗，以免沾上污物，影响能量。如果不慎沾上污物，可用干净细木棍缠上脱脂棉蘸清洁酒精轻轻擦净，然后用干脱脂棉擦干。

④ 装上灯室上盖和仪器上罩时不要压住仪器内的连线。

⑤ 氘灯、钨灯所有连线应接触良好，相应紧固螺钉应紧固牢靠。

【思考与交流】

1. UV-1801 型紫外-可见分光光度计有哪些特点？
2. UV-1801 型紫外-可见分光光度计如何规范操作？
3. UV-1801 型紫外-可见分光光度计一般有哪些故障？产生的可能原因有哪些？如何排除？

项目二　紫外-可见分光光度计

任务三　UV-1801型紫外-可见分光光度计的使用与维护

姓名：　　　　　班级：

日期：　　　　　页码：

【任务检查与评价】

1. 检查

工作任务	任务内容	完成时长
UV-1801型紫外-可见分光光度计的结构		
UV-1801型紫外-可见分光光度计的安装及使用		
UV-1801型紫外-可见分光光度计的使用注意事项		
UV-1801型紫外-可见分光光度计的常见故障排除		

2. 评价

项目		序号	检验内容	配分	评分标准	自评	互评	得分
计划		1	制订是否符合规范、合理	10	一处不符合扣0.5分			
实施	组成部分	1	UV-1801型紫外-可见分光光度计的结构	10	一处错误扣1分			
	仪器安装	1	仪器的安装	5	一处错误扣1分			
		2	仪器安装后的检查	5	一处错误扣1分			
	仪器使用方法	1	开机	5	一处错误扣1分			
		2	紫外-可见分光光度计的联机操作	5	一处错误扣1分			
		3	条件的设置	10	一处错误扣1分			
		4	比色皿的校正	10	一处错误扣1分			
		5	仪器使用注意事项	5	一处错误扣1分			
	常见故障排除	1	常见故障及排除	10	一处错误扣1分			
		2	仪器维护	10	一处错误扣1分			
职业素养		1	团结协作 自主学习、主动思考 遵守课堂纪律	10	违规1次扣5分			
安全文明及5S管理		1		5	违章扣分			
创新性		1		5	加分项			
检查人						总分		

项目二　紫外-可见分光光度计	姓名：	班级：
操作1　分光光度计的检定	日期：	页码：

【任务描述】

通过对分光光度计波长和透射比准确度与重复性的检定，掌握分光光度计的使用和性能检定的方法。

一、学习目标

  1．学会可见分光光度计波长准确度与重复性的检定。

  2．学会紫外-可见分光光度计透射比准确度与重复性的检定。

  3．能熟练使用分光光度计。

二、重点难点

  波长及透射比准确度与重复性的检定。

三、参考学时

  90min。

项目二　紫外-可见分光光度计	姓名：	班级：
操作1　分光光度计的检定	日期：	页码：

【任务提示】

一、工作方法
- 回答引导问题。观看分光光度计的结构视频，掌握该仪器的使用方法以及使用注意事项等
- 以小组讨论的形式完成工作计划
- 按照工作计划，完成分光光度计的检定
- 与培训教师讨论，进行工作总结

二、工作内容
- 熟悉分光光度计仪器结构
- 完成可见分光光度计波长准确度与重复性的检定
- 完成紫外-可见分光光度计透射比准确度与重复性的检定
- 利用检查评分表进行自查

三、工具
- 721型分光光度计、751G型分光光度计
- 万用表
- 电烙铁
- 一字螺丝刀
- 十字螺丝刀
- 酒精
- 擦镜纸

四、知识储备
- 安全用电
- 电工知识
- 分光光度计使用

五、注意事项与工作提示
- 注意分光光度计仪器设备的零部件

六、劳动教育
- 参照劳动安全的内容
- 第一次进行分光光度计性能的检定必须听从指令和要求
- 禁止佩戴首饰
- 工作时应穿工作服，劳保鞋
- 操作前应对设备功能进行检测
- 禁止带电操作
- 发生意外时，应使用急停按钮
- 发生意外时应及时报备

七、环境保护
- 参照环境保护与合理使用能源内容

【任务实施】

操作 1　分光光度计的检定

一、技术要求（方法原理）

分光光度计应定期对其性能（技术指标）进行检定，检定项目一般包括稳定度、波长准确度和重复性、透射比准确度与重复性、光谱带宽、τ-A 换挡偏差、吸收池的配套性等，其方法步骤应根据有关国家标准进行，检定周期为一年，但当条件改变，如更换或修理影响仪器主要性能的零配件或单色器、检测器等，或对测量结果有怀疑时，则应随时进行检定。

仪器性能检定

1. 可见分光光度计波长准确度与重复性的检定（JJG 178—2007）

本法适用于波长范围为 360～800nm 或以此为主要谱区的可见分光光度计（如 721 型）的检定，检定结果应符合表 2-4 的要求。

表 2-4　可见分光光度计的分型分类技术要求

项目		稳定度/%			波长准确度/nm					波长重复性/nm	透射比准确度/%	透射重复性/%	杂散辐射率/%	光谱带宽/nm	τ-A 换挡偏差
		零点	光电流	电压变动	（330）360～500	500～600	600～700	700～800	800～1000						
光栅型	1	±0.1	±0.3	±0.5	±1.0					相应波长准确度绝对值的一半	±0.8	0.2	0.3	6	±0.003A
	2	±0.2	±0.8	±1.0	±2.0						±1.5	0.3	0.8	12	±0.005A
	3	±0.5	±1.5	±1.5	±3.0						±2.5	0.5	2.0	20	±0.008A
棱镜型		±0.5	±1.5	±1.5	±3.0	±5.0	±6.0	±8.0	±10		±2.5	0.5	4.0		±0.008A

2. 紫外-可见分光光度计透射比准确度与重复性的检定（GB/T 26798—2011）

本法适用于波长范围为 190～850nm 或以上区域为主要谱区的单光束紫外-可见分光光度计（简称紫外分光光度计，如 751G 型等）的检定，仪器的透射比准确度与重复性检定结果应符合以下要求。

① 棱镜型仪器透射比准确度不超过±0.5%；使用中和修理后的仪器不超过±0.7%，但在 313nm 波长处允许放宽至±0.9%。

② 仪器透射比重复性应不大于相应透射比准确度绝对值的一半。

二、仪器与试剂

1. 仪器

721 型分光光度计、751G 型分光光度计、滤光片、石英吸收池。

2. 试剂

重铬酸钾、高氯酸钾。

三、检定步骤

1. 可见分光光度计波长准确度与重复性的检定（JJG 178—2007）

（1）检定步骤（以 721 型分光光度计为例） 按照 721 型分光光度计的光谱范围（360～800nm）选择相隔合理的干涉滤光片（不少于 3 片），将各滤光片分别垂直置于样品室内的适当位置，并使入射光通过滤光片的有效孔径内，从同一波长方向逐点测出滤光片的波长—透射比示值，求出相应的峰值波长 λ_i，连续测量 3 次。

（2）数据处理 波长准确度按下式计算：

$$\Delta\lambda = \frac{1}{3}\sum_{i=1}^{3}(\lambda_i - \lambda_s) \tag{2-2}$$

式中 λ_i——各次波长测量值，nm；
λ_s——相应波长标准值，nm。

注：数显仪器（在指标外）允许末位变动±1。

波长重复性按下式计算：

$$\delta_\lambda = \max\left|\lambda_i - \frac{1}{3}\sum_{i=1}^{3}\lambda_i\right| \tag{2-3}$$

2. 紫外-可见分光光度计透射比准确度与重复性的检定（GB/T 26798—2011）

检定步骤：以 751G 型分光光度计为例。

① 紫外区。用质量分数为 0.06000/1000 重铬酸钾的 0.001mol/L 高氯酸钾溶液和规格为 10.0mm 标准石英吸收池（其配套误差为 0.2%），以 0.001mol/L 高氯酸钾溶液为参比液，分别在 235nm、257nm、313nm、350nm 波长处测定其透射比，连续测量 3 次。

② 可见区。用透射比标称值分别为 10%、20%、30%的一组光谱中性滤光片，分别在波长 440nm、546nm、635nm 处，以空气为参比，测量其透射比，连续测量 3 次。

3. 数据处理

透射比准确度按下式计算：

$$\Delta\tau = \frac{1}{3}\sum_{i=1}^{3}(\tau_i - \tau_s) \tag{2-4}$$

式中 τ_i——第 i 次透射比测量值；
τ_s——透射比标准值。

透射比重复性按下式计算：

$$\delta_\tau = \max\left|\tau_i - \frac{1}{3}\sum_{i=1}^{3}\tau_i\right| \tag{2-5}$$

式中 τ_i——透射比标称值 30%的滤光片在 546nm 波长处测量值。

重铬酸钾标准溶液在相应波长下不同温度时的透射比值如表 2-5 所示。

表 2-5　重铬酸钾标准溶液在相应波长下不同温度时的透射比

温度/℃	透射比/%			
	235nm	257nm	313nm	350nm
10	18	13.5	51.2	22.6
15	18	13.6	51.3	22.7
20	18.1	13.7	51.3	22.8
25	18.2	13.7	51.3	22.9
30	18.2	13.8	51.3	22.9

四、数据记录及检定结果

可见分光光度计波长准确度与重复性的检定结果可填入表 2-6。紫外分光光度计透射比准确度与重复性的检定结果填入表 2-7 中。

表 2-6　可见分光光度计波长准确度与重复性的检定结果

λ_S /nm	λ_i /nm			$\dfrac{1}{3}\sum\limits_{i=1}^{3}\lambda_i$ /nm	$\Delta\lambda$ /nm	δ_λ /nm
	1	2	3			

表 2-7　紫外分光光度计透射比准确度与重复性的检定结果

波长/nm	τ_i /%			τ_i 的平均值/%	$\Delta\tau$ /%	δ_τ /%
235						
257						
313						
350						
440						
546						
635						

五、操作注意事项

① 检定分光光度计的规范化、标准化。

② 在检定过程中根据被检仪器的实际光谱带宽选择合理的参考值,并尽量将仪器扫描速度等参数设定为滤光片定值时所使用的紫外-可见分光光度计的参数。

【思考与交流】

1. 怎样检定可见分光光度计的波长准确度与重复性?
2. 怎样检定单光束紫外-可见分光光度计的透射比准确度与重复性?

项目二 紫外-可见分光光度计	姓名:	班级:
操作1 分光光度计的检定	日期:	页码:

【任务检查与评价】

1. 检查

工作任务	任务内容	完成时长
分光光度计检定的技术要求		
可见分光光度计波长准确度与重复性的检定		
紫外-可见分光光度计透射比准确度与重复性的检定		
数据记录及检定结果		

2. 评价

项目		序号	检验内容	配分	评分标准	自评	互评	得分
计划		1	制订是否符合规范、合理	10	一处不符合扣0.5分			
实施	分光光度计相关基本知识	1	万用电表测量知识	5	一处错误扣1分			
		2	无线电电路图识图知识	5	一处错误扣1分			
		3	分光光度计相关的机械知识	5	一处错误扣1分			
		4	光学（色散、衍射、干涉等）知识	5	一处错误扣1分			
		5	光电效应原理	5	一处错误扣1分			
	分光光度计的维护保养	1	分光光度计实验室要求	5	一处错误扣1分			
		2	分光光度计的维护和使用注意点	5	一处错误扣1分			
	分光光度计的维修	1	无线电电子学要求	5	一处错误扣1分			
		2	无线电元器件知识	5	一处错误扣1分			
		3	无线电线路分析知识	5	一处错误扣1分			
		4	光学元件知识	5	一处错误扣1分			
		5	分光光度计性能调试方法	5	一处错误扣1分			
	分光光度计维护、维修相关知识	1	几何光学（聚焦、反射等）	5	一处错误扣1分			
		2	照明电路知识	5	一处错误扣1分			
	总时间	1	完成时间	5	超时扣5分			
职业素养		1	团结协作 自主学习、主动思考 遵守课堂纪律	10	违规1次扣5分			
安全文明及5S管理		1		5	违章扣分			
创新性		1		5	加分项			
检查人						总分		

项目二　紫外-可见分光光度计	姓名：	班级：
操作2　紫外-可见分光光度计的校正	日期：	页码：

【任务描述】

通过对紫外-可见分光光度计波长准确度与重现性、单色器的分辨能力、吸光度的准确性和重现性及杂散光的校正,掌握紫外-可见分光光度计使用和校正的方法。

一、学习目标

1. 了解紫外-可见分光光度计的基本构造。
2. 熟悉紫外-可见分光光度计的操作技术。
3. 熟悉校正波长和测量吸收值精度的原理和方法。

二、重点难点

吸光度的准确性与透光率重现性的检定。

三、参考学时

90min。

项目二　紫外-可见分光光度计	姓名：	班级：
操作2　紫外-可见分光光度计的校正	日期：	页码：

【任务提示】

一、工作方法

- 回答引导问题。观看紫外-可见分光光度计的结构视频，掌握该仪器的使用方法以及使用注意事项等
- 以小组讨论的形式完成工作计划
- 按照工作计划，完成紫外-可见分光光度计的校正
- 与培训教师讨论，进行工作总结

二、工作内容

- 熟悉紫外-可见分光光度计仪器结构
- 完成吸收池配对性试验
- 完成波长准确性与重现性的校正
- 完成吸光度的准确性与透光率重现性的校正
- 完成杂散光的校正
- 利用检查评分表进行自查

三、工具

- 紫外-可见分光光度计
- 万用表
- 电烙铁
- 一字螺丝刀
- 十字螺丝刀
- 酒精
- 擦镜纸

四、知识储备

- 安全用电
- 电工知识
- 紫外-可见分光光度计的使用

五、注意事项与工作提示

- 注意紫外-可见分光光度计仪器设备的零部件

六、劳动教育

- 参照劳动安全的内容
- 第一次进行紫外-可见分光光度计的校正必须听从指令和要求
- 禁止佩戴首饰
- 工作时应穿工作服，劳保鞋
- 操作前应对设备功能进行检测
- 禁止带电操作
- 发生意外时，应使用急停按钮
- 发生意外时应及时报备

七、环境保护

- 参照环境保护与合理使用能源内容

【任务实施】

操作2 紫外-可见分光光度计的校正

一、技术要求（方法原理）

紫外-可见分光光度计是单光束仪器，备有钨灯及氘灯两种光源，可用于可见及紫外线区。具有色散能力较高的单色器，狭缝可调，可得到较纯的单色光，适用于定性鉴别和定量分析。

新仪器启用前或仪器修理后或长期使用后均需对仪器的性能进行检定。仪器的性能主要是波长准确度与重现性、单色器的分辨能力、吸光度的准确性和重现性及杂散光等。

二、仪器与试剂

1. 仪器

紫外-可见分光光度计，石英吸收池（1cm），容量瓶（1000mL），烧杯。

2. 试剂

$K_2Cr_2O_7$ 标准溶液（0.005mol/L），NaI 溶液（10g/L），$NaNO_2$ 溶液（50g/L）。

三、实验内容与操作步骤

1. 吸收池配对性试验

每次测定前，应先用蒸馏水做吸收池配对性试验。两个吸收池透光率 τ 相差应<0.5%。

2. 波长准确性与重现性

校验波长是否准确，可用谱线校正法。在吸收池中置一白纸挡住光路，转动波长至486nm附近，遮光观察白纸上蓝色斑。轻微移动波长，至此蓝色光斑最亮。根据调整的波长范围观察所得到的相应颜色，并进行对比核对，判断波长的准确性。

3. 吸光度的准确性与透光率重现性

在紫外-可见分光光度计中用作读取透光率的电位器的精度可达到0.2%，但是，由于其他原因，例如电压变化等，实际测得的透光率误差大于0.2%。一般要求透光率的精度、稳定性和重现性不超过0.5%。透光率的准确性可用已知吸光系数的物质核对，常用的是重铬酸钾。取在120℃干燥至恒重的基准物 $K_2Cr_2O_7$ 约60mg，精密称量，用 H_2SO_4 溶液（0.005mol/L）溶解并稀释至1000mL，摇匀。按表2-8规定的吸收峰与谷波长处测定。

将测得的吸光度，计算出其吸光系数，取平均值与表2-8中规定值（$E_{cm}^{1\%}$）核对，如相对偏差在±1%以内，则透光率准确性好。

表2-8　0.005mol/L $K_2Cr_2O_7$ 在不同波长下吸光度的规定值

λ/nm	235（谷）	257（峰）	313（谷）	350（峰）
$E_{cm}^{1\%}$	124.5	144.0	48.6	106.6

透光率重现性可与透光率准确性实验同时进行，即在固定波长、溶液浓度以及狭缝宽度

等仪器工作条件下，多次测量透光率，观察各次测量值的差异。

4. 杂散光

① 用浓度为 0.01g/mL 的 NaI 水溶液，1cm 石英吸收池，蒸馏水作参比，于 220nm 波长处测量溶液的透光率。

② 用浓度为 0.05g/mL NaNO$_2$ 水溶液，1cm 石英吸收池，蒸馏水作参比，于 380nm 波长处测量溶液的透光率。其透光率应符合表 2-9 中的规定（注意：检查杂散光应在校正波长以后进行）。

表 2-9　NaI 水溶液在 220nm 和 NaNO$_2$ 水溶液在 380nm 波长处透光率的规定要求

试剂	c/（g/mL）	λ/nm	τ/%
NaI	0.01	220	<0.8
NaNO$_2$	0.05	380	<0.8

四、注意事项

① 玻璃吸收池只适用于 320nm 以上及可见光区；石英吸收池适用于紫外线和可见光区。

② 石英吸收池毛玻璃面上方有箭头表示方向。每次测定时，样品吸收池与空白吸收池的方向应保持一致。

五、数据处理

1. 吸收池配对

将吸收池配对性试验结果填入表 2-10。

表 2-10　吸收池配对性试验结果

透光率τ（空）/%	100
透光率τ（样）/%	

注：规定 $\Delta\tau$<0.5%。

2. 吸收度的准确性与透光率重现性测量值

将吸收度的准确性与透光率重现性测量结果填入表 2-11。

表 2-11　吸收度的准确性与透光率重现性测量结果

标准溶液	$\lambda_{测}$/nm	吸收度 A		$E_{cm}^{1\%}$ 平均值	准确性	重现性
		I	II			
K$_2$Cr$_2$O$_7$	235					
	257					
	313					
	350					

注：规定准确性误差±0.7%，重现性误差≤0.3%。

3. 杂散光

将杂散光测量结果填入表 2-12。

表 2-12　杂散光测量结果

标准溶液	λ/nm	τ /%
NaI	220	
NaNO$_2$	380	

注：规定 τ<0.8%。

【思考与交流】

1. 怎样检定紫外-可见分光光度计的波长准确性与重现性？
2. 怎样检定吸光度的准确性与透光率重现性？

项目二 紫外-可见分光光度计
操作2 紫外-可见分光光度计的校正

姓名：　　　　班级：
日期：　　　　页码：

【任务检查与评价】

1. 检查

工作任务	任务内容	完成时长
紫外-可见分光光度计校正技术要求		
吸收池配对性试验		
波长准确性与重现性校正		
吸光度的准确性与透光率重现性校正		
杂散光校正		
数据记录及校正结果		

2. 评价

项目		序号	检验内容	配分	评分标准	自评	互评	得分
计划		1	制订是否符合规范、合理	10	一处不符合扣0.5分			
实施	准备工作	1	仪器准备	2	未预热扣2分			
		2	玻璃仪器洗涤	2	未洗净扣2分			
	溶液配制	1	检查天平水平	2	未进行扣2分			
		2	清扫天平	2	未进行扣2分			
		3	调零	2	不正确扣2分			
		4	称量操作	2	不正确扣2分			
		5	复原天平	2	不正确扣2分			
		6	容量瓶试漏	2	未进行扣2分			
		7	定量转移	2	不正确扣2分			
		8	定容	2	不正确扣2分			
	比色皿的使用	1	比色皿持法	3	不正确扣3分			
		2	比色皿的润洗	3	不正确扣3分			
		3	溶液注入量（2/3～4/5）	3	不正确扣3分			
		4	比色皿透光面外溶液的处理	3	不正确扣3分			
		5	测定后，比色皿洗净，控干保存	3	未进行扣3分			
	仪器的校正	1	吸收池配对性试验	5	未进行扣5分			
		2	波长准确性与重现性	6	未进行扣6分			

续表

项目		序号	检验内容	配分	评分标准	自评	互评	得分
实施	仪器的校正	3	吸光度的准确性与透光率重现性	6	未进行扣6分			
		4	杂散光测试	6	未进行扣6分			
	原始记录	1	项目齐全、不空项	2	不规范扣2分			
		2	数据填在原始记录上	2	不规范扣2分			
	文明操作	1	实验过程台面	2	脏乱扣2分			
		2	废纸、废液	2	乱扔乱倒扣2分			
		3	结束清洗仪器	2	未清洗扣2分			
		4	结束后仪器处理	2	未处理扣2分			
	总时间	1	完成时间	5	超时扣5分			
职业素养		1	团结协作 自主学习、主动思考 遵守课堂纪律	10	违规1次扣5分			
安全文明及5S管理		1		5	违章扣分			
创新性		1		5	加分项			
检查人							总分	

【知识拓展】

光栅作为色散元件具有不少独特的优点。光栅可定义为一系列等宽、等距离的平行狭缝。光栅的色散原理是以光的衍射现象和干涉现象为基础的。常用的光栅单色器为反射光栅单色器,它又分为平面反射光栅和凹面反射光栅两种,其中最常用的是平面反射光栅。由于光栅单色器的分辨率比棱镜单色器分辨率高(可达 $\pm 0.2nm$),而且它可用的波长范围也比棱镜单色器宽,因此目前生产的紫外-可见分光光度计大多采用光栅作为色散的元件。近年来,光栅的刻制复制技术不断改进,其质量也不断提高,因而其应用日益广泛。

常见的光栅单色器有以下几种,见下表。

单色器类型	结构	光栅类型	特点
C-T型光栅单色器	入射狭缝、准直镜、色散元件(光栅)、物镜、出射狭缝	平面光栅	消像差,成像质量高
S-N型光栅单色器	入射狭缝、色散元件(光栅)、出射狭缝	凹面光栅	聚光,光的能量高;出故障概率低
E型光栅单色器	入射狭缝、色散元件(光栅)、凹面球面镜、出射狭缝	平面光栅	结构简单,成本较低
L型光栅单色器	入射狭缝、色散元件(光栅)、物镜、出射狭缝	平面光栅	由于入射狭缝和出射狭缝很靠近,所以其杂散光比较大。主要用于低端仪器
M-G型光栅单色器	入射狭缝、色散元件(光栅)、凸透镜、出射狭缝	平面光栅	—

【项目小结】

紫外-可见分光光度计是基于紫外-可见分光光度法原理,利用物质分子对紫外-可见光谱区的辐射吸收来进行分析的一种分析仪器。每种物质有其特有的、固定的吸收光谱曲线,可根据吸收光谱上的某些特征波长处的吸光度的高低判别或测定该物质的含量。紫外-可见分光光度计可用在生物研究、药物分析、制药、教学研究、环保、食品卫生、临床检验、卫生防疫等领域。学习内容归纳如下:

1. 紫外-可见分光光度计的基本结构(原理、分类、结构、型号性能和主要技术指标)。
2. UV-754C型和UV-1801型紫外-可见分光光度计的使用及维护。
3. UV-754C型和UV-1801型紫外-可见分光光度计的使用及常见故障排除。

【练一练测一测】

一、单项选择题

1. 紫外-可见分光光度计结构组成为(　　)。
   A. 光源—吸收池—单色器—检测器—信号显示系统
   B. 光源—单色器—吸收池—检测器—信号显示系统

C．单色器—吸收池—光源—检测器—信号显示系统
D．光源—吸收池—单色器—检测器

2．分光光度法的吸光度与（　　）无关。
A．入射光的波长　　　　　　　　B．液层的高度
C．液层的厚度　　　　　　　　　D．溶液的浓度

3．分光光度计中检测器灵敏度最高的是（　　）。
A．光敏电阻　　　　　　　　　　B．光电管
C．光电池　　　　　　　　　　　D．光电倍增管

4．紫外线检验波长准确度的方法用（　　）来检查。
A．甲苯蒸气　　　　　　　　　　B．低压石英汞灯
C．镨铷滤光片　　　　　　　　　D．以上三种都是

5．石英比色皿和玻璃比色皿做配套检查时，需要分别调节的波长是（　　）。
A．220nm　440nm　　　　　　　B．200nm　400nm
C．220nm　510nm　　　　　　　D．最大吸收波长处

6．以下哪一项与紫外-可见分光光度计自检时出现"钨灯能量过低"的错误无关？（　　）
A．光路有挡光物　　　　　　　　B．钨灯未点亮
C．氘灯未点亮　　　　　　　　　D．软件故障

7．为防止单色器受潮，必须及时更换干燥剂。当部分变色硅胶变为（　　）时就需要更换新的干燥剂。
A．蓝色　　　B．大红色　　　C．白色　　　D．淡粉红色

8．紫外-可见分光光度计按其结构可以分为单光束、准双光束、双光束、（　　）等四类。
A．单波长　　　B．双波长　　　C．多光束　　　D．双光栅

9．氘灯属于（　　），需要专门的电路系统供电。
A．热辐射光源　　　　　　　　　B．气体放电光源
C．激光光源　　　　　　　　　　D．空心阴极光源

10．在分光光度法中，应用光的吸收定律进行定量分析，应采用的入射光为（　　）。
A．白光　　　B．单色光　　　C．可见光　　　D．复合光

二、填空题

1．紫外-可见分光光度计的主要部件为_____、_____、_____和_____。

2．双波长分光光度计在仪器设计上通常采用_____个光源、_____个单色器和_____个吸收池。

3．紫外-可见分光光度计的单色器由_____、_____、_____和_____组成。

4．紫外-可见分光光度计的检验项目包括_____、_____和_____。

5．在光度分析中，常因波长范围不同而选用不同材料制作的吸收池。可见分光光度法中选用_____吸收池；紫外分光光度法中选用_____吸收池。

三、判断题

1. 测定吸光度的过程中应经常检查调整 0%τ 和 100%τ。（   ）
2. 紫外-可见分光光度计的光源常用碘钨灯。（   ）
3. 用镨钕滤光片检测分光光度计波长误差时，若测出的最大吸收波长的仪器标示值与镨钕滤光片的吸收峰波长相差 3.5nm，说明仪器波长标示值准确，一般不需作校正。（   ）
4. 可见分光光度计检验波长准确度是采用苯蒸气的吸收光谱曲线检查。（   ）
5. 分光光度计使用的光电倍增管，负高压越高灵敏度就越高。（   ）
6. 单色器的狭缝宽度决定了光谱通带的大小，而增加光谱通带就可以增加光的强度，提高分析的灵敏度，因而狭缝宽度越大越好。（   ）
7. 常见的紫外光源是氢灯或氘灯。（   ）
8. 紫外-可见分光光度计只能用于定量分析，不能用于判断产品中是否存在杂质。（   ）
9. 紫外-可见分光光度计开机后可以立即开始测量。（   ）
10. 测量时在比色皿中的液体高度一般以 2/3～3/4 为宜。（   ）

项目三
原子吸收光谱仪

【项目引导】

原子吸收光谱仪基本原理是仪器从光源辐射出具有待测元素特征谱线的光，通过试样蒸气时被蒸气中待测元素基态原子所吸收，由辐射特征谱线光被减弱的程度来测定试样中待测元素的含量。原子吸收光谱仪可定量测定约 70 种金属元素及某些非金属元素。因原子吸收光谱仪的灵敏、准确、简便等特点，现已广泛用于冶金、地质、采矿、石油、轻工、农业、医药、卫生、食品及环境监测等方面的常量及微痕量元素分析。

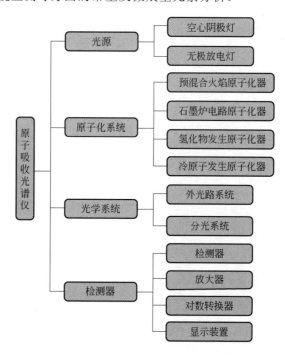

【想一想】

1. 原子吸收光谱法中应选用什么光源？为什么？
2. 如果要测定食品中微量重金属含量，可以用什么仪器完成测试？

项目三 原子吸收光谱仪	姓名:	班级:
任务一 了解原子吸收光谱仪	日期:	页码:

【任务描述】

通过原子吸收光谱仪发展史和仪器特点的了解,加深对原子吸收光谱仪工作原理和类型等知识的理解。

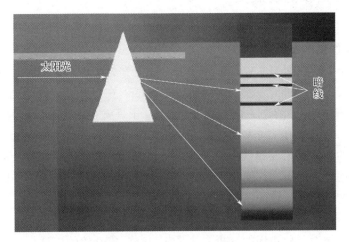

太阳连续光谱中出现的暗线示意

一、学习目标

1. 了解原子吸收光谱仪的发展史。
2. 了解原子吸收光谱仪的特点。
3. 掌握原子吸收光谱仪的工作原理。

二、重点难点

原子吸收光谱仪的工作原理。

三、参考学时

45min。

【任务实施】

任务一　了解原子吸收光谱仪

原子吸收光谱仪是基于原子吸收分光光度法（原子吸收光谱法）而进行分析的一种常用的分析仪器。原子吸收光谱法（atomic absorption spectrometry，AAS）是根据基态原子对特征波长光的吸收，来测定试样中待测元素含量的分析方法。

一、原子吸收光谱仪的发展史

原子吸收光谱仪的发展主要经历以下四个阶段。

1. 原子吸收现象的发现

早在 1802 年，沃拉斯顿（W.H.Wollaston）在研究太阳连续光谱时，就发现了太阳连续光谱中出现的暗线。1817 年，弗劳霍费（J.Fraunhofer）在研究太阳连续光谱时，再次发现了这些暗线，由于当时尚不了解产生这些暗线的原因，于是就将这些暗线称为弗劳霍费线。1859 年，克希荷夫（G.Kirchhoff）与本生（R.Bunson）在研究碱金属和碱土金属的火焰光谱时，发现钠蒸气发出的光通过温度较低的钠蒸气时，会引起钠光的吸收，并且根据钠发射线与暗线在光谱中位置相同这一事实，断定太阳连续光谱中的暗线，正是太阳外围大气圈中的钠原子对太阳光谱中的钠辐射吸收的结果。

2. 原子吸收光谱仪器的产生

原子吸收光谱作为一种实用的分析方法是从 1955 年开始的。这一年澳大利亚的瓦尔西（A.Walsh）发表了他的著名论文《原子吸收光谱在化学分析中的应用》，奠定了原子吸收光谱法的基础。20 世纪 50 年代末和 60 年代初，Hilger、Varian Techtron 及 Perkin-Elmer 公司先后推出了原子吸收光谱商品仪器，发展了瓦尔西的设计思想。到了 60 年代中期，原子吸收光谱开始进入迅速发展的时期。

3. 电热原子吸收光谱仪器的产生

1959 年，苏联里沃夫发表了电热原子化技术的第一篇论文。电热原子吸收光谱法的绝对灵敏度可达到 $10^{-14}\sim10^{-12}$ g/mL，使原子吸收光谱法向前发展了一步。近年来，塞曼效应和自吸效应扣除背景技术的发展，使在很高的背景下亦可顺利地实现原子吸收测定。基体改进技术的应用、平台及探针技术的应用以及在此基础上发展起来的稳定温度石墨炉平台技术（STPF）的应用，可以对许多复杂组成的试样有效地实现原子吸收测定。

4. 原子吸收分析仪器的发展

随着原子吸收技术的发展，推动了原子吸收仪器的不断更新和发展，而其他科学技术的进步，为原子吸收仪器的不断更新和发展提供了技术和物质基础。近年来，使用连续光源和中阶梯光栅，结合使用光导摄像管、二极管阵列多元素分析检测器，设计出了微机控制的原子吸收分光光度计，为解决多元素同时测定开辟了新的前景。微机控制的原子吸收光谱系统简化了仪器结构，提高了仪器的自动化程度，改善了测定准确度，使原子吸收光谱法的面貌发生了重大的变化。联用技术（色谱-原子吸收联用、流动注射-原子吸收联用）日益受到人们的重视。色谱-原子吸收联用，不仅在解决元素的化学形态分析方面，而且在测定有机化合物的复杂混合物方面，都有着重要的用途，是一个很有前途的发展方向。

二、原子吸收光谱仪的特点

原子吸收光谱仪有如下几方面的优点：

① 选择性好，光谱干扰小。原子吸收是对特征谱线的吸收，不同元素的特征谱线不同，此外，光源也是待测元素的单元素锐线辐射，因而，受其他元素干扰和光谱干扰小。

② 检出限低，灵敏度高。不少元素的火焰原子吸收法的检出限可达到 10^{-9}g/mL，而石墨炉原子吸收法的检出限可达到 $10^{-14} \sim 10^{-10}$g/mL。

③ 火焰原子吸收法精密度好。测定中等和高含量元素的相对标准偏差可<1%，其准确度已接近于经典化学方法。但石墨炉原子吸收法的精密度相对较差，一般为3%~5%。

④ 分析速度快。原子吸收光谱仪在35min内能连续测定50个试样中的6种元素。

⑤ 应用范围广。原子吸收光谱法被广泛应用于各领域中，它可以直接测定70多种金属元素，也可以用间接方法测定一些非金属和有机化合物。

⑥ 仪器比较简单，操作方便。

原子吸收光谱仪也有以下几方面的不足之处：

① 除了一些现代、新型的原子吸收光谱仪可以进行多元素的测定外，目前大多数原子吸收光谱仪都不能同时进行多元素的测定。因为每测定一个元素都需要与之对应的一个空心阴极灯（也称元素灯），一次只能测一个元素。

② 由于原子化温度比较低，对于一些易形成稳定化合物的元素，如 W、Nb、Ta、Zr、Hf、稀土等以及非金属元素，原子化效率低，检出能力差，受化学干扰较严重，所以结果不能令人满意。

③ 非火焰的石墨炉电热原子化器虽然原子化效率高，检出限低，但是重现性和准确性较差，通常情况下只能单元素分析，分析速度和精度也不太令人满意。有相当一些元素的火焰原子吸收法测定灵敏度还不能令人满意。

三、原子吸收光谱仪工作原理

当光源发射的某一特征波长的光通过原子蒸气时，即入射辐射的频率等于原子中的电子由基态跃迁到较高能态（一般情况下都是第一激发态）所需要的能量频率时，原子中的外层电子将选择性地吸收其同种元素所发射的特征谱线，产生吸收光谱。原子吸收光谱法就是利用气态原子可以吸收一定波长的光辐射，使原子中外层的电子从基态跃迁到激发态的现象而建立的。由于原子能级是量子化的，因此，在所有的情况下，原子对辐射的吸收都是有选择性的。由于各元素的原子结构和外层电子的排布不同，元素从基态跃迁至第一激发态时吸收的能量不同，因而各元素的共振吸收线具有不同的特征。由此可作为元素定性的依据。而吸收辐射的强度可作为定量的依据。特征谱线因吸收而减弱的程度称吸光度，其吸光度在一定条件下，与基态原子的数目（元素浓度）之间的关系，遵守朗伯-比尔定律。原子吸收光谱根据郎伯-比尔定律来确定样品中化合物的含量。

原子吸收光谱仪的工作原理是通过火焰、石墨炉等将待测元素在高温或化学反应作用下变成原子蒸气，由光源灯辐射出待测元素的特征光，在通过待测元素的原子蒸气时发生光谱吸收,透射光的强度与被测元素浓度成反比。在仪器的光路系统中,透射光信号经光栅分光,将待测元素的吸收线与其他谱线分开。经过光电转换器,将光信号转换成电信号,由电路系统放大、处理,再由CPU及外部的电脑分析、计算,最终在屏幕显示待测样品中微量及超微量的多种金属和类金属元素的含量和浓度。

四、原子吸收光谱仪的类型

1. 按原子化技术分类

按原子化系统采用的原子化技术的不同,可将原子吸收光谱仪分为火焰原子吸收光谱仪和石墨炉原子吸收光谱仪两种。

① 火焰原子吸收光谱仪是利用火焰原子化法技术将待测元素原子化的原子吸收光谱仪,这种仪器具有仪器相对简单、分析快速,对大多数元素都有较高的灵敏度和较低的检出限,应用较广等优点,但其缺点是原子化效率低(仅有10%),对部分元素灵敏度还不太高。

② 石墨炉原子吸收光谱仪是利用石墨炉原子化法技术将待测元素原子化的原子吸收光谱仪,这种仪器原子化效率比火焰原子化的仪器高得多,因此对大多数元素都有较高的灵敏度,这种仪器还具有样品用量少,可实现对固体、高黏稠液体的直接进样分析的优点。但测定精密度比火焰原子化法差,分析速度相对较慢。

火焰原子吸收光谱仪和石墨炉原子吸收光谱仪各有优缺点,近年来国外的一些仪器厂将两者做成一体机,即火焰石墨炉原子吸收光谱仪,通常是火焰石墨炉原子吸收分析共用同一套光源和检测系统,原子化系统则通过切换实现不同分析,切换方式主要有手动机械和自动机械方式两种。

2. 按光学系统分类

按光学系统分类,目前原子吸收光谱仪主要有单光束型、双光束型两种。

① 单光束原子吸收光谱仪结构简单、价格便宜,且具有较好的灵敏度,但同时有容易产生基线漂移、稳定性差的缺点。其结构见图3-1。

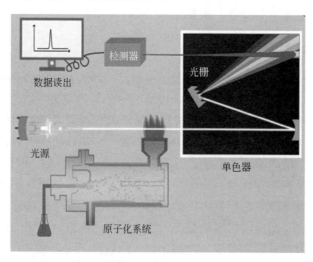

图3-1 单光束原子吸收光谱仪结构示意

② 双光束原子吸收光谱仪将光源辐射的特征光用旋转斩光器分成参比光束和测量光束,

前者不通过火焰，光强不变；后者通过火焰，光强减弱。用半透半反射镜将两束光交替通过分光系统并送入检测系统测量，测定结果是两信号的比值，可大大减小光源强度变化的影响，克服了单光束型仪器因光源强度变化导致的基线漂移现象。其结构见图 3-2。但是，这种仪器结构复杂，外光路能量损失大，限制了其广泛应用。此外，这种仪器仍然无法克服火焰波动带来的影响。

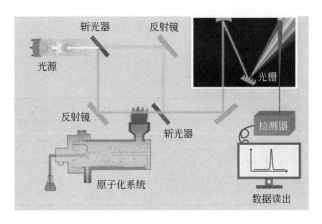

图 3-2　双光束原子吸收光谱仪结构示意

【思考与交流】

1．原子吸收光谱仪的工作原理是什么？
2．原子吸收光谱的特点是什么？
3．原子吸收光谱仪的类型有哪些？

项目三 原子吸收光谱仪
任务一 了解原子吸收光谱仪

姓名：　　　　班级：
日期：　　　　页码：

【任务检查与评价】

1. 检查

工作任务	任务内容	完成时长
原子吸收光谱仪的发展史		
原子吸收光谱仪的特点		
原子吸收光谱仪工作原理		
原子吸收光谱仪的类型		

2. 评价

项目		序号	检验内容	配分	评分标准	自评	互评	得分
计划		1	制订是否符合规范、合理	10	一处不符合扣0.5分			
实施	发展史	1	原子吸收光谱仪的发展史	10	一处错误扣2分			
	仪器特点	1	原子吸收光谱仪的特点	15	一处错误扣2分			
	工作原理	1	原子吸收光谱仪工作原理	20	一处错误扣2分			
	类型	1	按原子化技术分类	15	一处错误扣2分			
		2	按光学系统分类	15	一处错误扣2分			
职业素养		1	团结协作 自主学习、主动思考 遵守课堂纪律	10	违规1次扣5分			
安全文明及5S管理		1		5	违章扣分			
创新性		1		5	加分项			
检查人						总分		

项目三　原子吸收光谱仪	姓名：	班级：
任务二　认识原子吸收光谱仪的基本结构	日期：	页码：

【任务描述】

通过对原子吸收光谱仪工作原理的理解，复习原子吸收光谱仪的应用，掌握原子吸收光谱仪的组成结构、常用型号和性能参数等知识。

一、学习目标

1．掌握原子吸收光谱仪的结构。

2．了解原子吸收光谱仪的常用型号。

3．了解原子吸收光谱仪的主要性能技术指标。

二、重点难点

原子吸收光谱仪的结构。

三、参考学时

90min。

【任务实施】

◆ 引导问题：描述原子吸收光谱仪的各个组成的名称。

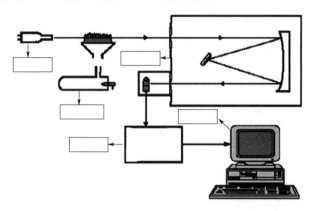

任务二　认识原子吸收光谱仪的基本结构

一、原子吸收光谱仪的结构

原子吸收光谱仪由光源、原子化系统、分光系统、检测系统和数据处理系统组成，其结构示意如图 3-3 所示。

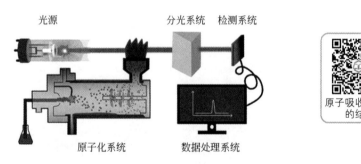

图 3-3　原子吸收光谱仪结构示意

1. 光源

原子吸收光谱仪光源的功能是发射待测元素的特征共振辐射。要求锐线光源，辐射强度大、稳定性高、背景小等。最常用的光源有空心阴极灯与无极放电灯。

（1）空心阴极灯　空心阴极灯的结构如图 3-4 所示，它是由一个用被测元素的纯金属或其合金制成的圆柱形空心阴极与一个用高熔点金属钨或钛、锆或钽制造的阳极所组成的。阴极与阳极封闭在充有数百帕压力惰性气体氖或氩的玻璃套管内，正对阴极口的套管前端是能透过相应元素共振辐射的石英玻璃窗口。阴极套在陶瓷或玻璃屏蔽管中，以避免阴极外侧放电发光，云母屏蔽片使放电集中于阴极内侧，同时还能起到阴极定位的作用。

施加适当电压时，电子将从空心阴极内壁流向阳极，与充入的惰性气体碰撞而使之电离，产生正电荷。其在电场作用下，向阴极内壁猛烈轰击，使阴极表面的金属原子溅射出来。溅射出来的金属原子再与电子、惰性气体原子及离子发生碰撞而被激发，于是阴极内辉光中便出现了阴极物质和内充惰性气体的光谱。用不同待测元素作阴极材料，可制成相应的空心阴极灯。空心阴极灯的辐射强度与灯的工作电流有关。

空心阴极灯是一种实用的锐线光源，它具有辐射光强度大、稳定、谱线窄、灯容易更换等优点。空心阴极灯发射的光谱主要是阴极元素的光谱，因此用不同的被测元素作阴极材料，可制成各种被测元素的空心阴极灯。缺点是测一种元素换一个灯，使用不便。

近年来，又研制成了多元素空心阴极灯和高强度空心阴极灯，但前者由于存在灵敏度较低，使用时容易产生干扰等弊端，在实际工作中应用不多；后者由于制造工艺复杂、寿命短，限制了其推广的速度。

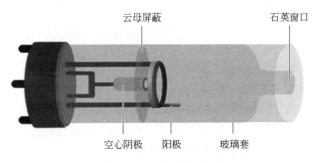

图 3-4 空心阴极灯结构示意

（2）无极放电灯　无极放电灯的结构如图 3-5 所示，无极放电灯是在一个封闭的长 3～8cm、直径 5～10mm 的石英管内，充有几百帕压力的惰性气体（一般为氩气）与几毫克的被测元素的纯金属或其卤化物，做成放电管。石英放电管放在射频或微波高频（2500MHz 左右）电场中，借助于高频火花引发放电，在几瓦至 200W 的输出功率下激发。随着放电的进行，放电管温度升高，使金属或其卤化物蒸发与解离，再与被激发的载气（惰性气体）原子碰撞而激发，从而发射出被测元素的原子特征的共振辐射。

目前制造的无极放电灯仅限于本身或其化合物具有较高蒸气压的元素，如 K、Zn、Hg 等。

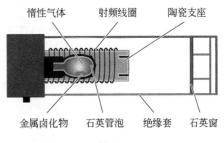

（3）对光源的要求

图 3-5 无极放电灯结构示意

① 能发射待测元素的共振线。
② 能发射锐线。锐线光源是发射线半宽度远小于吸收线半宽度的光源。锐线光源发射线半宽度很小，并且发射线与吸收线中心频率一致。
③ 辐射光强度大，稳定性好。

2. 原子化系统

原子化系统又称原子化器，其作用是提供能量，使被测元素从其化合物中解离出基态原子，从而实现对特征辐射的吸收。常用的原子化器有火焰原子化器、石墨炉电热原子化器、氢化物发生原子化器和冷原子发生原子化器（或称化学原子化器）等。

（1）火焰原子化器　火焰原子化器由雾化器、预混合室与燃烧器三部分组成。典型的火焰原子化器如图 3-6 所示。

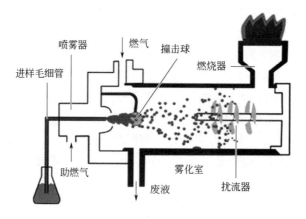

图 3-6　火焰原子化器结构示意

① 雾化器。雾化器又称喷雾器，是火焰原子化器的核心部件，其作用是借助于压缩空气或其他气体把试样溶液雾化成细小的颗粒（气溶胶）。雾化器结构如图 3-7 所示，常采用同心圆同轴管结构。它由一只喷嘴与一个吸样管组成，前者用铂或铂铱合金制作，后者用不锈钢或聚四氟乙烯制造。雾化器应具有雾化效率高、雾珠颗粒细和喷雾稳定等特点。

雾化器

为了使雾状颗粒进一步细化，常在雾化器前几毫米处放置一个撞击球，撞击球的大小、形状，以及它和喷嘴的相对位置对雾珠的细化影响很大，需要仔细调整其位置，以便得到最佳的细化效果。

雾化室

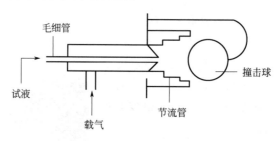

图 3-7　雾化器结构示意

② 预混合室。预混合室又称雾化室，如图 3-6 所示，是连接雾化器和燃烧器中间的一段圆筒形腔体，其作用是使雾化器产生的细雾微粒与燃气和助燃气充分混合，常用不锈钢或聚四氟乙烯等耐腐蚀材料制成。在靠近雾化器一端预混合室的底部有废液排泄管，同时燃料气体经安装在雾化器外壳上的燃气输入管直接送入预混合室内。在远离雾化器一端预混合室的上部有圆形过滤管道与燃烧器相通。雾化后的雾珠和燃料气体在预混合室混合后到达燃烧器，从而在火焰的作用下进行原子化。也有的仪器在预混合室中设扰流器叶片，以增加雾珠与预混合室管壁湿雾的交换并提高雾珠的均匀程度。

预混合室内壁应有良好的粗糙度，并将其内壁向着废液排泄管的方向加工成一定角度的倾斜，使预混合室的内壁成圆锥形，这样可促使未雾化的溶液（废液）较顺利地从废液管排泄出预混合室，以降低"记忆"效应。

仪器在使用过程中，预混合室应呈相对密闭的状态，以避免"回火"，甚至爆炸的危险，通常采取两条措施。第一，废液排泄管采取水封式。"水封"的作用是既可将废液顺利地排放出去，又能防止燃料气体通过排泄管逸出空间。否则会造成火焰不稳定，读数指针摆动甚至"回火"。第二，在预混合室的后部设置有聚四氟乙烯制成的防爆垫（安全塞）。当回火发生时，预混合室内的可燃混合气体燃烧而急剧膨胀，当预混合室内压强增大到一定程度时，防爆垫能承受的压力将克服它与预混合室之间的弹性配合力而自动脱离，使预混合室呈开放状态，从而起到了安全防爆作用。

③ 燃烧器。燃烧器是燃气和助燃气混合后点火燃烧产生高温使试样原子化的装置。常用不锈钢、金属钛等耐高温、耐腐蚀的材料制成。一个良好的燃烧器，应具有原子化效率高、火焰稳定、噪声小等特点，以保证有较高的吸收灵敏度和重现性。

目前广泛应用的是缝式燃烧器，它有单缝燃烧器［见图3-8（a）］、三缝燃烧器［见图3-8（b）］等多种结构形式，其中以单缝燃烧器用得最多。

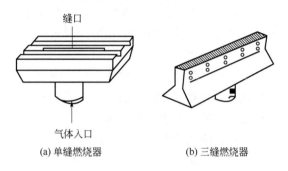

图 3-8　缝式燃烧器示意

预混合火焰原子化器只适用于低燃烧速度的火焰，故不能用于以纯氧作助燃气的高燃烧速度的火焰。

（2）石墨炉电热原子化器　火焰原子化器虽然应用非常广泛，但它存在测定灵敏度低，火焰温度的稳定性、均匀性较差等缺点。为了克服这些缺点，近年来发展起无火焰原子化的方法。其中应用最多、发展最快的是石墨炉电热原子化器，典型的石墨炉电热原子化器结构如图3-9所示。

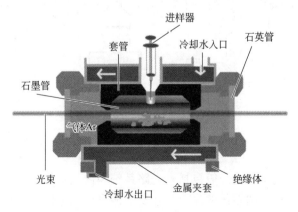

图 3-9　石墨炉电热原子化器示意

石墨炉电热原子化器是一种电阻加热器，石墨管作为吸收池与电阻发热体，夹在两电极间，通电后石墨炉开始升温，最高温度可达3000℃以上，故电极与炉体的基座需用冷却水通过金属夹套进行冷却，使炉体的温度控制在60~80℃。在炉体的保护气管路中通保护气氩气或高纯氮气，以避免炽热的石墨成分与大气中的氧接触，防止石墨管被烧蚀，同时保护已原子化的原子不再被氧化，并将热处理过程中蒸发出来的共存组分携带出光路。现在多用热解涂层石墨管，即在石墨管表面沉积一层致密坚硬的、抗渗透与耐氧化的热解石墨层，这样可以改善其使用性能，并能延长其使用寿命。

高温石墨炉结构

石墨炉电热原子化器具有原子化程度高，试样用量少（1~100μL），可测固体及黏稠试样，灵敏度高，检出限低（10^{-15}g/mL）等优点。但其也存在精密度差，测定速度慢，操作不够简便，装置复杂等缺点。

（3）氢化物发生原子化器　氢化物发生原子化器是利用含砷、硒、碲、铋、锑、锡、铅等元素的被测试样先在氢化物发生器中与强还原剂发生还原反应，形成该元素的气态氢化物。其以氩气或高纯氮气为载气，将生成的氢化物导入置于火焰中的石英管内，或直接导入氩-氢火焰中，使其原子化。由于这些元素的氢化物均不稳定，因而在不是很高的温度（<900℃）下即可分解形成自由基态原子，从而进行吸收测定。

氢化物发生原子化器形式多样，主要由氢化物发生器、吸收池及其他一些部件所组成。最常用的强还原剂是$NaBH_4$、KBH_4以及$SnCl_2$等。

（4）冷原子发生原子化器　冷原子发生原子化器主要用于汞的测定。由于通常不需加温即可在室温下进行原子化，故称为冷原子发生原子化法。它实际上就是一个汞原子发生器，测定时，先将试样中的汞转化为二价汞离子（Hg^{2+}），再在酸性条件下用二氯化锡将Hg^{2+}还原为金属汞蒸气，以空气为载气，将产生的汞蒸气导入处于光路中的石英管中，吸收由汞灯发出的特征波长辐射，从而对汞进行测定。其装置如图3-10所示。

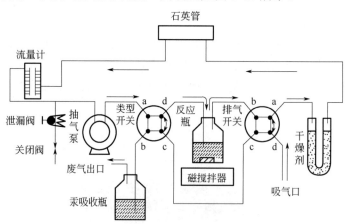

图3-10　测汞装置示意

3. 光学系统

原子吸收光谱仪的光学系统一般包括外光路系统和内光路系统（分光系统）两大部分。

（1）外光路系统　外光路系统的作用是使从光源发射出来的元素特征辐射聚焦，可有效地通过原子蒸气产生吸收，然后尽可能多地进入分光系统。

① 单道单光束。单道是指仪器只有一个光源，一个单色器，一个显示系统，每次只能测

一种元素。单光束是指从光源中发出的光仅以单一光束的形式通过原子化器、单色器和检测系统。单道单光束仪器的外光路系统常采用如图 3-11 所示的聚焦成像的形式。

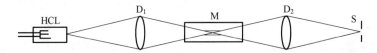

图 3-11　单道单光束仪器的外光路系统

HCL—空心阴极灯；D_1，D_2—透镜；M—原子化器；S—单色器

这类仪器简单，操作方便，体积小，价格低，能满足一般原子吸收分析的要求。其缺点是不能消除光源波动造成的影响，基线漂移。

② 单道双光束。如图 3-12 所示，双光束是指从光源发出的光被斩光器分成两束强度相等的光，一束为样品光束，通过原子化器被基态原子部分吸收；另一束只作为参比光束，不通过原子化器，其光强度不被减弱。两束光被原子化器后面的反射镜反射后，交替地进入同一单色器和检测器。检测器将接收到的脉冲信号进行光电转换，并由放大器放大，最后由读出装置显示。

由于两光束来源于同一个光源，光源的漂移通过参比光束的作用而得到补偿，所以能获得一个稳定的输出信号。不过由于参比光束不通过火焰，火焰扰动和背景吸收影响无法消除。

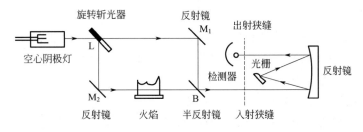

图 3-12　单道双光束仪器示意

③ 带有氘灯自动校正背景仪器的外光路。带有氘灯自动校正背景仪器的外光路（如 AA-855 型）如图 3-13 所示。元素灯与氘灯发射出来的光经半反射镜 B 后，由透镜 L_1 聚焦到原子化区，然后再经透镜 L_2、反射镜 M_1 和 M_2 反射，光束交替进入单色器，最后由检测器对这两种光束信号进行运算，完成背景扣除任务。

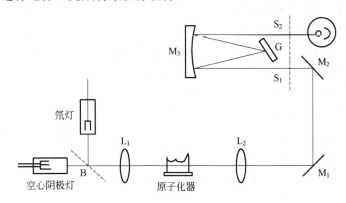

图 3-13　AA-855 型仪器光路示意

B—半反射镜；L_1，L_2—透镜；M_1，M_2，M_3—反射镜；G—光栅；S_1，S_2—光路

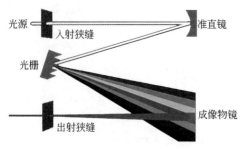

图 3-14 分光系统光路结构示意

（2）分光系统　分光系统又称单色器，其作用是将待测元素的吸收线与邻近谱线分开，并阻止其他的谱线进入检测器，使检测系统只接收共振吸收线。如图 3-14 所示，分光系统一般由入、出射狭缝，色散元件，准直镜及成像物镜等组成。分光系统一般采用水平对称式。

① 狭缝。单色器有入射狭缝和出射狭缝，一般具有相同的宽度尺寸，并采用分挡可调的固定狭缝宽度。

② 色散元件。色散元件是分光系统的核心部件，常用的色散元件是光栅。

③ 准直镜和成像物镜。准直镜、成像物镜一般均为镀有一层铝膜的凹面反射镜。准直镜的作用是使发散光束变为平行光束；而成像物镜则是使平行光束成为会聚光束，并使光谱成像于出射狭缝上。

4. 检测系统

检测系统由检测器（光电倍增管和电荷转移器件）、放大器、对数转换器和显示装置（记录器）组成，它可将单色器射出的光信号转换成电信号后进行测量。

（1）检测器

① 光电倍增管原子吸收光谱仪的检测器为可接收 190～850nm 波长光的光电倍增管（打拿极）。其结构如图 3-15 所示，经单色器分光后的出射光照射在光电倍增管的光敏阴极上，使其释放光电子，光电子依次碰撞各个打拿极产生倍增电子，电子数可增加 10^6 倍，最后射向阳极，形成 10μA 左右的电流，再通过负载电阻转换成电压信号送入放大器。

光电倍增管的光敏阴极和阳极间通常施加 300～650V 直流高压，光敏阴极材料为 Ga-As（190～850nm）、Sb-As（200～500nm）、Na-K-Cs-Sb（150～600nm）。

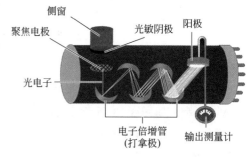

图 3-15　光电倍增管结构示意

光电倍增管的一个重要特性是它的暗电流，即无光照在光敏阴极上时而产生的电流，它是由光敏阴极的热发射和打拿极间的场致发射产生的。暗电流随温度上升而增大，从而增加了噪声。使用时要注意光电倍增管的疲劳现象，要设法遮挡非信号光，避免使用过高增益，以保证光电倍增管的良好工作特性。

② 电荷转移器件包括电荷耦合器件（CCD）和电荷注入器件（CID）。

（2）放大器　放大器的作用是将光电倍增管输出的电压信号放大后送入显示器。在原子吸收光谱仪中常使用同步检波放大器以改善信噪比。

（3）对数转换器　对数转换器的作用是将检测、放大后的透光度信号，经运算转换成吸光度信号。

（4）显示装置　显示装置可以用微安表或检流计直接指示读数，或用液晶数字显示，或用记录仪记录。还可用微处理机绘制、校准工作曲线，高速处理大量测定数据。

随计算机技术的迅速发展，原子吸收光谱仪都配备了微机处理系统。对全自动化的原子吸收光谱仪，其微机处理系统可对仪器的多种参数，如波长选择、灯电流值、原子化器位置、单色器狭缝宽度、供气系统的流量等，进行自动选择。可绘出测定过程中各种分析曲线的图形；自动记录，储存定量分析结果，从而简化分析操作，缩短了工作时间。

二、常见的原子吸收光谱仪的型号及主要性能指标

原子吸收光谱仪型号很多，国产的如上海精密科学仪器有限公司的 AA320CRT、361MC 等；北京瑞利分析仪器公司的 WFX 系列，国外如美国 PE 公司，日本岛津、日立公司，澳大利亚的 GBC 公司等也各自生产了多种型号的产品。不同品牌、不同型号仪器的性能和应用范围不同，表 3-1 列出了常见的原子吸收光谱仪的型号及主要性能技术指标。

表 3-1 常见的原子吸收光谱仪的型号及主要性能技术指标

生产厂家	仪器型号	性能	主要技术指标
上海精密科学仪器有限公司	AA320CRT	微机化仪器；主要用于测定各种材料中常量和痕量的金属元素；可以显示、打印和储存仪器条件、测量数据、标准曲线、原子吸收谱图及数据、浓度分析报告	波长范围为 190~900nm；波长准确度为 ±5.0nm；波长重现性 0.2nm（单向）；光谱通带为 0.2nm、0.4nm、0.7nm、1.4nm、2.4nm、5.0nm 自动设定；基线稳定性为 0.004（A）/30min；背景校正能力>30 倍
	361MC	微机化仪器；自动扣除空白，自动扣除基线漂移，自动计算平均值与偏差，自动显示和打印吸光度值、浓度值、相对标准偏差值等	波长范围为 190~900nm；波长准确度为 ±5.0nm；波长重现性 0.3nm；光谱通带为 0~2.0nm 连续可调；仪器分辨能力为能分辨 Mn 279.5nm 和 279.8nm 双谱线，波谷能量值<40%峰高
	AA370MC	微机化仪器；全自动化，多功能；氘灯扣除背景，自动显示和打印吸光度值、浓度值、相对标准偏差、标准曲线、原子吸收谱图及各种实验数据等	波长范围为 190.0~900.0nm；波长准确度为 ±0.05nm；波长重现性≤0.03nm；光谱通带为 0.1nm、0.2nm、0.4nm、0.7nm、1.4nm 自动设定；仪器分辨能力为能分辨 Mn 279.5nm 和 279.8nm 双谱，波谷能量值<40%峰高，基线漂移<0.004（A）/30min
北京瑞利分析仪器公司	WFX-110 WFX-120 WFX-130	微机化仪器；1800 线光栅单色器；火焰、石墨炉原子化器，具有自动换灯机构、自动扫描、自动寻峰、自动对光、自动采样、自动能平衡、氘灯自吸收双背景校正功能、自动控温石墨炉系统等	波长范围为 190~900nm；波长准确度为 ±0.5nm；分辨率优于 0.3nm；基线稳定性为 0.005（A）/30min；氘灯背景校正能力，当 1A 时≥30 倍；自吸效应背景校正能力，当 1.8A 时≥30 倍
	WFX-1C	手动仪器；有微机接口，可外接通用计算机，属火焰原子吸收光谱仪	波长范围为 190-900nm；波长准确度为 ±0.5nm；基线稳定性为 0.006（A）/30min；分辨率优于 0.3nm；氘灯背景校正能力>30 倍
	WFX-1D	手动仪器；有微机接口，可外接通用计算机，属石墨炉原子吸收光谱仪	波长范围为 190~900nm；波长准确度为 ±0.5nm；基线稳定性为 0.006（A）/30min；氘灯背景校正能力>30 倍
北京普析通用仪器有限责任公司	TAS-990	微机化仪器；火焰与石墨炉原子化器的自动切换；自动设置燃气流量、自动设定最佳火焰高度及原子化器位置、自动转换光谱带宽、自动调整负高压和灯电流，两路光平衡、自动流量设定，自动点火，燃气自动保护；使用氘灯扣背景方式时，自动切入半透半反镜装置	波长范围：190~900nm，光谱带宽：0.1nm、0.2nm、0.4nm、1.0nm、2.0nm 五挡自动切换；波长准确度：±0.25nm；波长重复性：0.15nm；基线漂移：0.005（A）/30min；氘灯背景校正：可校正 1A 背景

续表

生产厂家	仪器型号	性能	主要技术指标
日本岛津	AA-6800/6650系列	微机化仪器；单光束，测定方式为火焰吸收法和石墨炉法；浓度变换方式为工作曲线法、标准加入法	波长范围为190～900nm；光谱通带为0.1nm、0.2nm、0.5nm、1.0nm、2.0nm、5.0nm自动切换
美国PE公司	AAnalyst 100	微机化仪器；火焰与石墨炉可快速转换，波长自动调节，6个灯自动转换，自动调节最佳位置	波长范围为185～860nm；双闪耀波长光栅，双闪耀波长分别为236nm和597nm，倒线色散率为1.6nm/mm
	AAnalyst 300	微机化仪器；微机控制马达驱动转动灯架，具有6灯自动互换、自动调节最佳位置和自动调节波长的功能	波长范围为185～860nm；双闪耀波长光栅，双闪耀波长分别为236nm和597nm

【思考与交流】

1. 原子吸收光谱仪的工作原理是什么？主要应用于什么行业？
2. 原子吸收光谱仪如何分类？
3. 原子吸收光谱仪有哪些主要部分组成？
4. 原子化器有哪些类型？
5. 原子吸收光谱仪有哪些主要性能指标？

项目三 原子吸收光谱仪	姓名:	班级:
任务二 认识原子吸收光谱仪的基本结构	日期:	页码:

【任务检查与评价】

1. 检查

工作任务	任务内容	完成时长
原子吸收光谱仪的结构		
常用原子吸收光谱仪型号		
常用原子吸收光谱仪主要技术指标		

2. 评价

项目		序号	检验内容	配分	评分标准	自评	互评	得分
计划		1	制订是否符合规范、合理	10	一处不符合扣 0.5 分			
实施	组成部分	1	光源类型及应用	15	一处错误扣 1 分			
		2	原子化器类型及应用	15	一处错误扣 1 分			
		3	光学系统	10	一处错误扣 1 分			
		4	检测器	15	一处错误扣 1 分			
	常见型号及主要技术指标	1	常见型号	10	一处错误扣 1 分			
		2	主要技术指标	10	一处错误扣 1 分			
职业素养		1	团结协作 自主学习、主动思考 遵守课堂纪律	10	违规 1 次扣 5 分			
安全文明及 5S 管理		1		5	违章扣分			
创新性		1		5	加分项			
检查人						总分		

项目三　原子吸收光谱仪	姓名：	班级：
任务三　TAS-990型原子吸收光谱仪的使用与维护	日期：	页码：

【任务描述】

通过对TAS-990型原子吸收光谱仪结构和仪器使用的学习，掌握TAS-990型原子吸收光谱仪维护的方法。

一、学习目标

1. 了解TAS-990型原子吸收光谱仪的结构、主要性能指标和工作原理。
2. 能够熟练使用TAS-990型原子吸收光谱仪。
3. 掌握TAS-990型原子吸收光谱仪的维护方法。

二、重点难点

TAS-990型原子吸收光谱仪的维护方法。

三、参考学时

90min。

【任务实施】

任务三　TAS-990 型原子吸收光谱仪的使用与维护

原子吸收光谱仪是目前应用最广的分析仪器之一，随着原子吸收光谱分析技术的不断发展，新技术、新仪器层出不穷，应用领域也越来越广。这里以常见的 TAS-990 型原子吸收光谱仪说明其一般使用方法。

一、TAS-990 型原子吸收光谱仪的结构及测定原理

1. TAS-990 型原子吸收光谱仪的结构

TAS-990 型原子吸收光谱仪外形如图 3-16 所示。

图 3-16　TAS-990 型原子吸收光谱仪

TAS-990 型原子吸收光谱仪也是由光源、原子化系统、分光系统和检测系统组成。主要用于分析微量到痕量级的无机元素，可以完成定性和定量分析。它广泛用于环保、医药卫生、冶金、地质、食品、石油化工和工农业等行业。

2. TAS-990 型原子吸收光谱仪的规格及主要性能指标

TAS-990 型原子吸收光谱仪的规格及主要性能指标见表 3-2。

表 3-2　TAS-990 型原子吸收光谱仪的规格及主要性能指标

规格分类		性能指标
波长范围		190～900nm
光源	种类	空心阴极灯、氘灯
	调制方式	方波脉冲
	调制频率	100Hz（自吸扣背景），400Hz（氘灯扣背景）
分光系统	型式	c-T
	色散元件	平面衍射光栅
	刻线密度	1200 条/mm
	闪耀波长	250nm
	焦距	300nm
	光谱带宽	0.1nm、0.2nm、0.4nm、1.0nm、2.0nm
	扫描方式	自动

续表

规格分类		性能指标
光度型式		单光束
原子化系统		金属钛燃烧头（单缝100mm×0.6mm）；耐腐蚀材料雾化器，高效玻璃雾化器；燃烧器高度可自动调节
数据处理系统	测量方式	吸光度、浓度、透过率、发射强度
	读出方式	连续、峰高、峰面积值
	显示方式	屏幕显示仪器状态和测量数值、校正曲线、信号曲线，打印机打印仪器参数和测量数值和图形
	数据处理功能	标准曲线法、标准添加法、内插法 积分（0.1～20s） 采样延时（0～20s）、标样数（1～8个）、样品数（0～100个） 斜率、平均值、标准偏差、相对标准偏差、相关系数、浓度值
	信息存储功能	分析结果、参数、曲线可存入硬盘
功率消耗		主机 220V、50Hz、200W 石墨炉电源 220V、最大瞬时功率 8kW
尺寸及重量		110cm×50cm×45cm，重量：75kg

3. 测定原理

TAS-990 型原子吸收光谱仪的测试原理是利用空心阴极灯光源发出被测元素的特征辐射光，待测元素通过原子化后对特征辐射光产生吸收。通过测定此吸收的大小来计算出待测元素的含量。

二、TAS-990 型原子吸收光谱仪的操作步骤

1. 火焰原子化法原子吸收光谱仪的操作步骤

（1）开机

① 打开抽风设备；

② 打开稳压电源；

③ 打开计算机电源，进入 Windows 桌面系统；

④ 打开 TAS-990 型原子吸收光谱仪主机电源；

⑤ 双击 TAS-990 程序图标"AAwin"，选择"联机"，单击"确定"，进入仪器自检画面。等待仪器各项自检"确定"后进行测量操作。

（2）测量操作步骤

① 选择元素灯及测量参数。

a. 选择"工作灯（W）"和"预热灯（R）"，单击"下一步"；

b. 设置元素测量参数，可以直接单击"下一步"；

c. 进入"设置波长"步骤，单击寻峰，等待仪器寻找工作灯最大能量谱线的波长。寻峰完成后，单击"关闭"，回到寻峰画面后单击"关闭"；

d. 单击"下一步"，进入完成设置完成画面，单击"完成"，结束设置。

② 设置测量样品和标准样品。

a. 单击"样品"进入"样品设置向导"选择"浓度单位"，单击"下一步"进入标准

样品画面，根据所配制的标准样品设置标准样品的数目和浓度。

b．单击"下一步"进入辅助参数选项，可以直接单击"下一步"单击"完成"。结束样品设置。

③ 设置参数。点击参数，弹出参数设置窗口。

a．常规：输入标准样品、空白样品、未知样品等的测量次数（测几次计算出平均值），选择测量方式（手动或自动，一般为自动），输入间隔时间和采样延时（一般均为1s）。

b．显示：设置吸光值最小值和最大值（一般为0～0.8）以及刷新时间（一般为30s）。

c．信号处理：设置计算方式（一般火焰吸收为连续）以及积分时间和滤波系数（火焰积分时间一般为1～3s，滤波系数为1～3）。

d．质量控制：适用于带自动进样的设备，没有该设备，不用设置该参数。点击"确定"，退出参数设置窗口。

④ 火焰吸收的光路调整。

点击仪器下的燃烧器参数，弹出燃烧器设置窗口，输入燃气流量和高度，点击执行，看燃烧头是否在光路的正下方，如果有偏离，更改位置中相应的数字，点击执行，可以反复调节，直到燃烧头和光路平行并位于光路正下方（如不平行，可以通过调节燃烧头角度来完成），点击"确定"退出燃烧器参数设置窗口。（这一步调好了以后不用每次调节，但测量之前要看下光斑是否对正。）

⑤ 点火步骤。

a．选择"燃烧器参数"输入燃气流量为1500以上；

b．检查废液检查装置内是否有水；

c．打开空压机，观察空压机压力是否达到0.2MPa；

d．打开乙炔，调节分表压力为0.05MPa（如有漏气用发泡剂检查各个连接处是否漏气）；

e．点击"点火"按键，观察火焰是否点燃，如果第一次没有点燃，请等5～10s再重新点火；

f．火焰点燃后，把进样吸管放入蒸馏水中，单击"能量"，选择"能量自动平衡"调整能量到100%。

⑥ 测量步骤

a．标准样品测量：把进样吸管放入空白溶液，点击"校零"键，调整吸光度为零，单击"测量"键，进入测量画面（在屏幕右上角），依次吸入标准样品（必须根据浓度从低到高测量）。注意：在测量中一定要注意观察测量信号曲线，直到曲线平稳后再按测量键"开始"，自动读数3次完成后，再把进样吸管放入蒸馏水中，冲洗几秒后再读下一个样品。做完标准样品后，把进样吸管放入蒸馏水中，单击"终止"按键。把鼠标指向标准曲线图框内，单击右键，选择"详细信息"，查看相关系数R是否合格。如果合格，进入样品测量。

b．样品测量：把进样吸管放入空白溶液，单击"校零"键，调整吸光度为零，单击"测量"键，进入测量画面，吸入样品，单击"开始"键测量，自动读数3次完成一个样品测量。注意事项同标准样品测量方法。

⑦ 测量完成。如果需要打印，单击"打印"，根据提示选择需要打印的结果，如果需要保存结果，单击"保存"，根据提示输入文件名称，单击"保存（S）"按钮，以后可以单击"打开"调出此文件。

⑧ 关机。

a．如果完成测量一定要先关闭乙炔，等到计算机提示"火焰异常熄灭，请检查乙炔流量"，再关闭空压机，按下放水阀，排除空压机内水分。

b．退出 TAS-990 程序，单击右上角"关闭"按钮，如果程序提示"数据未保存，是否保存"，根据需要选择，一般打印数据后可以选择"否"，程序出现提示信息后单击"确定"退出程序。

c．关闭主机电源，罩上原子吸收光谱仪器罩。

d．关闭计算机电源，稳压电源，15min 后再关闭抽风设备，关闭实验室总电源，完成测量工作。

2. 仪器操作注意事项

① 如果开机顺序不对，可能出现 COM 口被占用，无法联机的现象，这时需要关闭原子吸收主机电源开关，重新启动计算机，等待 Windows 完全启动后再开启原子吸收主机电源开关，将联机正常。如果上次开机用的是火焰吸收法，本次开机后要先调整测量方法为石墨炉，再联机自动进样器，若不如此则会出现 COM 口被占用。

② 开机初始化时，如果在工作灯位置没有元素灯，或原子化器挡光，可能造成初始化过程中的波长电极初始化失败。工作中，如果工作灯位置上元素灯设置的元素和实际元素灯元素不同，或原子化器挡光，将造成寻峰失败，出现灯能量不足，负高压超上限的提示。

③ 测量中应保持空气和乙炔流量稳定。点火前后，乙炔钢瓶压力可能有变化，注意调节出口压力。当燃气流量小于 1200 时可能点火失败或吸喷溶液后自动熄火，这时需要调高燃气流量到 1500 以上，再次点火即可。

④ 点火时应先打开空压机后开乙炔气体钢瓶阀门；熄火时应先关闭乙炔气钢瓶阀门后关空压机，以防回火。

⑤ 若突然停电，应立即关闭乙炔气体钢瓶阀门。

⑥ 仪器要保持干燥、清洁，每次使用完毕应盖上防尘罩。

三、原子吸收光谱仪最佳工作条件选择及优化

1. 分析谱线的选择

① 由于波长电机的转动或其他因素，仪器寻峰时，波长会有一定的偏移，当偏移过大时，将会影响测定结果。要对仪器的波长进行校正，保证寻峰时波长的准确。以仪器型号 TAS-990 为例介绍波长校正过程：安装汞灯，设置好仪器参数，初始化，点击"应用""波长校正"，点击"开始"，完成后，点击"关闭"。

② 一般选择灵敏线或者干扰较小的谱线，如 Cu 选 324.7nm、K 选 766.5nm；选择分析谱线时避免重叠，如 Au 242.8nm 谱线与 Co 242.5nm 线可能重叠。如果样品中待测元素含量较高，可以选择次灵敏线。

2. 光谱带宽的选择

光谱带宽选择原则：在保证只有分析线通过狭缝到达检测器的前提下，尽可能选用较宽的光谱带宽，以获得较好的信噪比和稳定的读数。

① 如果要得到好的信噪比和稳定性，一般可以选用 0.4～0.7nm 的光谱带宽；

② Fe、Co、Ni、Mn 和个别稀土元素由于周围的谱线复杂，选用 0.2nm 带宽；

③ 对于稳定性差的元素，应该选择较宽的光谱带宽，仪器检查或者验收时一般用0.2nm；
④ 选择光谱带宽时应该考虑光谱干扰（与光源发射有关的非吸收干扰；吸收线的重叠）。

3. 灯电流的选择

从灵敏度角度考虑，应该使用较低的灯电流（灯电流小，灯发射的谱线多普勒变宽和自吸效应减小，元素灯发射线半宽变窄，吸收灵敏度增高）；从稳定性考虑可以使用较高的灯电流，同时要注意负高压的高低（当使用较低的灯电流时，则元素灯不稳定，测定精密度变差）；对于微量元素分析，应在保证读数稳定的前提下，尽量选择小一些的灯电流，以获得足够高的灵敏度；对于高含量元素分析，应该在保证有足够灵敏度的前提下，尽量选择用大一点的灯电流，以获得足够高的精密度。

由于国内外电源供电方式不同，应该适当调节灯电流大小，国产仪器采用较低的灯电流（如Cu灯：国内2~4mA，国外4~8mA）；灯电流过大，仪器的灵敏度降低，空心阴极灯寿命会缩短，一般采用空心阴极灯标签给出灯电流的20%~60%为宜；空心阴极灯在使用前需要预热，一般预热半个小时左右，才可以稳定。

4. 燃助比的选择

① 贫燃火焰（燃助比约为1∶6），适用于Cu、Ag、Au、Cd、Zn等元素测定。
② 化学计量火焰（燃助比为1∶4），适用于Ca、Mg、Fe、Co、Ni、Mn等元素测定。
③ 偏富焰火焰（燃助比为1∶3.5），适用于Ca、Sr等元素测定。
④ 富焰火焰（燃助比约为1∶3），适用于Cr、Sn、Mo等元素测定。
⑤ 富氧或氧化亚氮-乙炔火焰，必须在富燃空气-乙炔火焰情况下，才能转化为富氧或氧化亚氮-乙炔火焰工作，适用于Al、Ba、Ca、Mo、Sn等元素的测定，应用氧化亚氮火焰要保持红羽毛焰状态。

5. 火焰高度的选择

火焰高度影响测定的灵敏度、稳定性和干扰程度。火焰中原子密度是不均匀的，火焰高度的选择目的是使特征光束通过基态原子最密集区域或中间薄层区。选择原则以光通过中间层为好。

6. 进样量的选择

进样量过小，吸收信号弱，不利于测量；进样量大，在火焰原子化法中对火焰产生冷却效应，在石墨炉原子化法中会增加除残的困难。在实际工作中，应测试吸光度随进样量的变化，达到最满意的吸光度时的进样量，即为应该选择的进样量。

四、原子吸收光谱仪的维护

1. 空心阴极灯的维护

空心阴极灯如长期搁置不用，会因漏气、气体吸附等原因不能正常使用，甚至不能点燃，所以每隔2~3个月应将不常用的灯点燃2~3h，以保持灯的性能。空心阴极灯使用一段时间以后会衰老，致使发光不稳、光强减弱、噪声增大及灵敏度下降，在这种情况下，可用激活器加以激活，或者把空心阴极灯反接后在规定的最大工作电流下通电半个多小时。多数元素灯在激活处理后其性能在一定程度上得到恢复，延长灯的使用寿命。取、装元素灯时应拿灯座，不要拿灯管，以防止灯管破裂或通光窗口被沾污，导致光能量下降。如有污垢，可用脱脂棉蘸上体积比为1∶3的无水乙醇和乙醚混合液轻轻擦拭予以清除。

2. 氘灯的维护

不要在氘灯电流调节器处于很大值时开启氘灯，以免因大电流的冲击而影响使用寿命。使用氘灯切勿频繁启闭，以免影响其使用寿命。

3．透镜的维护

外光路的透镜，不应用手触摸，要保持清洁，透镜表面如落有灰尘，可用洗耳球吹去或用擦镜纸轻轻擦掉，千万不能用嘴去吹。如沾有污垢，可用乙醇乙醚混合液清洗。光学零件不能用汽油等溶剂和重铬酸钾-硫酸液清洗。石墨炉原子化器，在石墨管两端的透镜易被样液污染，经常要检查清洗。

4. 雾化燃烧系统的维护

（1）全系统的维护 分析任务完成后，应继续点火，喷入去离子水约 10min，以清除雾化燃烧系统中的任何微量样品，溢出的溶液，特别是有机溶液滴，应予以清除，废液应及时清倒。每周应对雾化燃烧器系统清洗一次，若分析样品浓度较高，则每天分析完毕都应清洗一次。若使用有机溶液喷雾或在空气-乙炔焰中喷入高浓度的 Cu、Ag、Hg 盐溶液，则工作后应立即清洗，防止这些盐类可能会生成不稳定的乙炔化合物，易引起爆炸。

（2）喷雾器的维护 如发现进样量过小，则可能是毛细管被堵塞，若毛细管被气泡堵塞，可把它从溶液中取出，继续通压缩空气，并用手指轻弹动即可。若被溶质或其他物质堵塞，可点火喷纯溶剂，如无改善，可用软细金属丝清除。若仍然不通，则应更换毛细管。

（3）雾化室的维护 雾化室必须定期清洗，清洗时可先取下燃烧器，可用去离子水从雾化室上口灌入，让水从废液管排走。若喷过浓酸、碱溶液及含有大量有机物的试样后，应马上清洗。注意检查排液管下的水封是否有水，排液管口不要插进废液中，防止二次水封导致排液不畅。

（4）燃烧器的维护 燃烧器的长缝点燃后应呈现均匀的火焰，若火焰不均匀，长时间出现明显的不规则变化——缺口或锯齿形，说明缝被碳或无机盐沉积物或溶液滴堵塞，需清除。可把火焰熄灭后，先用滤纸插入擦拭。如不起作用可吹入空气，同时用单面刀片沿缝细心刮除，让压缩空气将刮下的沉积物吹掉，但要注意不要把缝刮伤。必要时可以卸下燃烧器，拆开清洗。

（5）石墨炉的维护 石墨炉与石墨管连接的两个端面要保持平滑、清洁，保证两者之间紧密连接。如发现石墨锥有污垢要立即清除，防止随气流进入石墨管中，造成测量误差，影响测试结果。石墨炉温度的标定：可取直径为 0.5nm，长为 3～5cm 的高纯金属丝插入石墨炉中按工作程序升温，从金属丝头部看是否熔融而知温度标称值与实际温度之差。

（6）自动进样器的维护 如毛细管进样头变脏，可吸取 20%的 HNO_3 清洗；如果严重弯曲或变形，用刀片割去损坏部分。

（7）其他 经常检查 Ar 气、乙炔气和压缩空气的各个连接管道，保证不泄漏；经常检查乙炔的压力，保证压力大于 500kPa，防止丙酮挥发进入管道而损坏仪器。

【思考与交流】

1. TAS-990 型原子吸收光谱仪工作原理是什么？
2. TAS-990 型原子吸收光谱仪如何选择最佳的工作条件？
3. 对 TAS-990 型原子吸收光谱仪的维护应注意哪些方面？

项目三	原子吸收光谱仪	姓名：	班级：
任务三	TAS-990 型原子吸收光谱仪的使用与维护	日期：	页码：

【任务检查与评价】

1. 检查

工作任务	任务内容	完成时长
TAS-990 型原子吸收光谱仪的结构		
TAS-990 型原子吸收光谱仪的主要性能指标		
TAS-990 型原子吸收光谱仪的测定原理		
TAS-990 型原子吸收光谱仪的使用		
原子吸收光谱仪最佳工作条件选择及优化		
原子吸收光谱仪的维护		

2. 评价

项目		序号	检验内容	配分	评分标准	自评	互评	得分
计划		1	制订是否符合规范、合理	10	一处不符合扣 0.5 分			
实施	组成部分	1	TAS-990 型原子吸收光谱仪的结构	2	一处错误扣 1 分			
	性能指标	1	TAS-990 型原子吸收光谱仪的主要性能指标	3	一处错误扣 1 分			
	工作原理	1	TAS-990 型原子吸收光谱仪的测定原理	5	一处错误扣 1 分			
	使用方法	1	开机	2	一处错误扣 1 分			
		2	选择元素灯及测量参数	3	一处错误扣 1 分			
		3	设置测量样品和标准样品	5	一处错误扣 1 分			
		4	设置参数	5	一处错误扣 1 分			
		5	火焰吸收的光路调整	2	一处错误扣 1 分			
		6	点火步骤	3	一处错误扣 1 分			
		7	测量	5	一处错误扣 1 分			
		8	打印及保存	2	一处错误扣 1 分			
		9	关机	3	一处错误扣 1 分			
		10	注意事项	5	一处错误扣 1 分			
	工作条件选择及优化	1	分析谱线的选择	5	一处错误扣 1 分			
		2	光谱带宽的选择	5	一处错误扣 1 分			
		3	灯电流的选择	5	一处错误扣 1 分			

续表

项目		序号	检验内容	配分	评分标准	自评	互评	得分
实施	工作条件选择及优化	4	燃助比的选择	3	一处错误扣1分			
		5	火焰高度的选择	2	一处错误扣1分			
		6	进样量的选择	3	一处错误扣1分			
	仪器维护	1	空心阴极灯的维护	3	一处错误扣1分			
		2	氘灯的维护	2	一处错误扣1分			
		3	透镜的维护	2	一处错误扣1分			
		4	雾化燃烧系统的维护	5	一处错误扣1分			
职业素养		1	团结协作 自主学习、主动思考 遵守课堂纪律	5	违规1次扣5分			
安全文明及5S管理		1		5	违章扣分			
创新性		1		5	加分项			
检查人					总分			

项目三 原子吸收光谱仪	姓名：	班级：
任务四 原子吸收光谱仪的安装、维护与故障处理	日期：	页码：

【任务描述】

通过对原子吸收光谱仪安装的学习，复习原子吸收光谱仪的结构和工作原理，掌握原子吸收光谱仪的维护以及常见故障排除的方法。

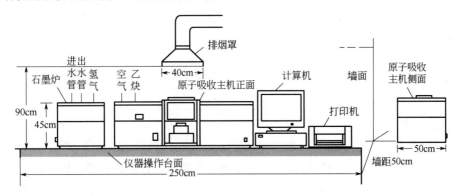

原子吸收光谱仪操作台要求示意

一、学习目标

1．了解原子吸收光谱仪的安装要求。
2．熟悉原子吸收光谱仪的维护。
3．掌握原子吸收光谱仪的常见故障的排查。

二、重点难点

原子吸收光谱仪的常见故障的排查。

三、参考学时

90min。

【任务实施】

任务四　原子吸收光谱仪的安装、维护与故障处理

一、原子吸收光谱仪的安装

原子吸收光谱仪的安装主要包括对实验室环境、电源、通风、气体等方面的要求。

1. 实验室环境要求

环境要求主要包括环境温湿度、环境洁净状况、光及磁场干扰等。具体要求如下：

① 环境温湿度。仪器应安放在干燥的房间内，实验室温度应保持在 10～30℃，且每小时温度变化最大不超过 2.8℃；相对湿度不超过 80%，无冷凝。如有条件，最好配备空调等，在相对湿度较大的地区应配备去湿机。

② 实验室内应保持清洁，室内应无腐蚀、污染和振动。

③ 光干扰及磁场干扰。窗户应有窗帘，避免阳光直接照射到仪器上，室内照明不宜太强。仪器应尽量远离高强度的磁场、电场及发生高频波的电气设备，防电磁干扰。

2. 电源要求

各个品牌的原子吸收光谱仪以及其附件容许的电压范围和功率有所不同，使用前务必按照说明书的要求进行配置。一般石墨炉电源要求功率较高，石墨炉仪器功耗较大（6～7kW），采用单相三线制交流电源（相线，中线，保护地线），容量＞40A，因此，配电室至实验室的导线截面积应⩾6mm²。电源供应要平稳，无瞬间脉冲，并保持在 220V±22V，50Hz±1Hz；有的仪器要求输入为三相电源，其中一相用于主机、计算机等，一相用于石墨炉，另一相用于其他设备；此外，为保证仪器具有良好的稳定性和操作安全，仪器一般要求接地，接地电阻小于 5Ω。

3. 排风装置

无论火焰还是石墨炉原子吸收光谱仪的上方都必须准备一个通风罩，使燃烧器产生的燃烧气体或石墨炉高温产生的废气能顺利排出。对于火焰原子吸收光谱仪一般要求排风量较大，如约 7500L/min；相对来说，石墨炉原子吸收光谱仪要求排风量小很多。排风罩尺寸一般下端风口应能罩住原子化器，但距离仪器上端 6～10cm，排气管道支于室外的应加防雨罩，防止雨水顺管道流入室内，排风口前沿应与工作台前沿在同一垂直平面内。

4. 供气要求

供气钢瓶不应放在仪器房间内，要放在离主机最近、安全、通风良好的房间。气瓶不能让阳光直晒。气瓶的温度不能高于 40℃，气瓶周围 2m 之内不容许有火源。气瓶要放置牢固，不能翻倒。液化气体的气瓶（乙炔，氧化亚氮等）须垂直放置，不能倒下，也不能水平放置。

火焰原子吸收光谱仪使用时，需要的气体和气体压力要求如下：

① 压缩空气（也可采用空压机，则不用考虑此项要求），空气应无油、无水、无颗粒，出口压力为 350～450kPa，流量＞28L/min，准备减压阀。

② 乙炔（C_2H_2）应采用优质仪器用气，纯度＞99.6%，出口压力 85～95kPa，准备减压阀。

③ 如需分析高温元素并已配置氧化亚氮（N_2O）燃烧头，则还需要 N_2O，纯度＞99%，

出口压力为350～500kPa，使用专用减压阀，有电热保温功能，防冷凝。

对于石墨炉原子吸收光谱仪只需石墨炉冷却气，一般采用氩气（Ar），纯度>99.996%，出口压力为350～500kPa，备减压阀。

5. 冷却水

石墨炉原子吸收光谱仪需要采用冷却水冷却石墨管，一般采用冷却水循环设备，用水质较硬的自来水容易在石墨炉腔体内结水垢。对于冷却水循环设备应能满足以下要求：水温20～40℃；水压250～350kPa；流速2L/min；加入pH 6.5～7.5，硬度＜14°的蒸馏水。

二、原子吸收光谱仪的维护

1. 原子吸收光谱仪的维护要求

原子吸收光谱仪的保养与维护可以从光源、原子化系统、光学系统、气路系统等方面进行。

（1）光源　空心阴极灯应在最大允许电流以下范围内使用。不用时不要点灯，否则会缩短灯的寿命；但长期不用的元素灯需每隔一两个月在额定工作电流下点燃15～60min，以免性能下降。

光源调整机构的运动部件要定期加油润滑，防止锈蚀甚至卡死，以保持运动灵活。

（2）原子化系统　每次分析操作完毕，特别是分析过高浓度或强酸样品后，要立即喷约数分钟的蒸馏水，以防止雾化筒和燃烧头被沾污或锈蚀。点火后，燃烧器的整个缝隙上方应是一片燃烧均匀呈带状的蓝色火焰。若带状火焰中间出现缺口，呈锯齿状，说明燃烧头缝隙有污物或滴液，这时需要清洗，清洗方法是在接通空气，关闭乙炔的条件下，用滤纸插入燃烧缝隙中仔细擦拭；如效果不佳可取下燃烧头用软毛刷刷洗；如已形成熔珠，可用细的金相砂纸或刀片轻轻磨刮以去除沉积物。应注意不能将缝隙刮毛。

若测过有机试样再作其他测定，往往会产生吸光度信号的噪声和不稳定现象，原因是有机溶液污染了随后测量的水溶性样品，因此，使用有机试样后要立即对燃烧器进行清洗，一般应首先喷容易与有机样品混合的有机溶剂约5min，然后吸丙酮5min，再吸1%的硝酸5min，并将废液排放管和废液容器倒空，重新装水。

雾化器应经常清洗，以避免雾化器的毛细管发生局部堵塞。若堵塞一旦发生，会造成溶液提升量下降，吸光度值减小。此时可吸喷纯净的溶剂直至吸光度读数恢复正常为止；若不行，可卸下混合室端盖，取下撞击球和雾化气软管，用雾化气将毛细管吹通，或用清洁的细金属丝小心地通一下毛细管端部，将异物除去。如果测定以氢氟酸溶解的样品时，应在测试前加热样品并在未干之前加入少量高沸点酸，使氢氟酸充分冒烟跑掉，这样可避免对原子化系统中的玻璃部件产生腐蚀。

若仪器暂时不用，应用硬纸片遮盖住燃烧器缝口，以免积灰。对原子化系统的相关运动部件要经常进行润滑，以保证升降灵活。空气压缩机一定要经常放水、放油，分水器要经常清洗。

（3）光学系统　外光路的光学元件应保持干净，一般每年至少清洗一次。如果光学元件（如空心阴极灯窗口）上有灰尘沉积，可用擦镜纸擦净；如果光学元件上沾有油污或在测定样品溶液时溅上污物，可用预先浸在乙醇和乙醚的混合液（1∶1）中洗涤过并干燥的纱布擦拭，然后立即用蒸馏水冲掉，再用洗耳球吹去水珠。在清洁过程中，严禁用手去擦及金属硬物或触及镜面。

单色器应始终保持干燥。要经常更换单色器内的干燥剂,以防止光学元件受潮,一般每半个月要更换一次干燥剂。单色器箱体盖板不要打开,严禁用手触摸光栅、准直镜等光学元件的表面。

(4) 气路系统 由于气体通路采用聚乙烯塑料管,时间长了容易老化,所以要经常对气体进行检漏,特别是乙炔气的渗漏可能造成事故。严禁在乙炔气路管道中使用紫铜、H62铜及银制零件,并要禁油,测试高浓度铜或银溶液时,应经常用去离子水喷洗。要经常放掉空气压缩机气水分离器的积水,防止水进入助燃气流量计。当仪器测定完毕后应先关乙炔钢瓶(或乙炔发生装置)输出阀门,等燃烧器上火焰熄灭后再关仪器的燃气阀,最后再关空气压缩机,以确保安全。

乙炔钢瓶只可直立状态移动或储藏,且应远离热源、火源,避免阳光直射。乙炔钢瓶输出压力应不低于0.05MPa,否则应及时充乙炔气,以免丙酮进入火焰,对测量产生干扰。

废液排放管要避免"双水封"的形成。

2. 维护规范

(1) 每次关机及分析结束应当做好的工作

① 放干净空压机贮气罐内的冷凝水、检查燃气是否关好;用水彻底冲洗排废系统。

② 如果用了有机溶剂,则要倒干净废液罐中的废液,并用自来水冲洗废液罐。

③ 高含量样品做完,应取下燃烧头放在自来水下冲洗干净并用滤纸仔细把缝口积炭擦除然后晾干以备下次再用。同时用纯水喷雾几分钟以清洗雾化器。

④ 清除灯窗和样品盘上的液滴或溅上的样液水渍,并用棉球擦干净,将测试过的样品瓶等清理好,拿出仪器室,擦净实验台。

⑤ 关闭通风设施,检查所有电源插座是否已切断,水源、气源是否关好。

⑥ 使用石墨炉系统时,要注意检查自动进样针的位置是否准确,原子化温度一般不超过2650℃及尽可能驱尽试液中的强酸和强氧化剂,确保石墨管的寿命。

(2) 每月维护项目

① 检查撞击球是否有缺损和位置是否正常,必要时进行调整。

② 检查毛细管是否有阻塞,若有应按说明书的要求疏通,注意疏通时只能用软细金属丝。

③ 检查燃烧器混合室内是否有沉积物,若有要用清洗液或超声波清洗。

④ 检查贮气罐有无变化,有变化时检查泄漏,检查阀门控制;每次钢瓶换气后或重新连接气路,都应按要求检漏,整个仪器室卫生除尘。

(3) 每年请厂家维修工程师进行一次维护性检查

(4) 更换石墨管时的维护和清洁 当新放入一只石墨管时,特别是管子结构损坏后更换新管,应当用清洁器或清洁液(20mL 氨水+20mL 丙酮+100mL 去离子水)清洗石墨锥的内表面和石墨炉炉腔,除去碳化物的沉积;新的石墨管安放好后,应进行热处理,即空烧,重复3~4次。

3. 原子吸收光谱仪工作时发生紧急情况的处理方法

① 仪器工作时,如果遇到突然停电,此时如正在做火焰分析,则应迅速关闭燃气;若在做石墨炉分析时,则迅速切断主机电源;然后将仪器各部分的控制器恢复到停机状态,待通电后,再按仪器的操作程序重新开启。

② 在做石墨炉分析时,如遇到突然停水,应迅速切断主电源,以免烧坏石墨炉。

③ 仪器工作时如嗅到乙炔或石油气的气味（这是由于燃气管道或气路系统某个连接头处漏气），应立即关闭燃气进行检测，待查出漏气部位并密封后再继续使用。

④ 显示仪表（表头、数字表或记录仪）突然波动，这类情况多数因电子线路中个别元件损坏、某处导线断路或短路、高压控制失灵等造成。另外，电源电压变动太大或稳压器发生故障，也会引起仪表显示的波动现象。如遇到上述情况，应立即关闭仪器，待查明原因，排除故障后再开启。

⑤ 如在工作中万一发生回火，应立即关闭燃气，以免引起爆炸，然后再将仪器开关、调节装置恢复到启动前的状态，待查明回火原因并采取相应措施后再继续使用。

三、原子吸收光谱仪常见故障的排除

原子吸收光谱仪结构较复杂，在使用过程中产生各种故障在所难免，分析人员若能对常见故障的现象、产生原因及处理方法有所了解，对仪器的日常维护和正确使用将大有裨益。

1. 气路部分

定期检查管道、阀门接头等各部分是否漏气。漏气处，应及时修复或更换。

经常察看空气压缩机的回路中是否有水。如果有水，要及时排除。对储水器及分水过滤器中的水分要经常排放，避免积水过多而将水分带给流量计。

对无噪声的空压机，由于使用了油润滑，要定期排放过滤器及储气罐内的油水，并经常察看压缩机气缸是否需要加油。仪器长期置于潮湿的环境中或气路中存有水分，在机器使用频率不高的情况下，会使气路中阀门、接口等处生锈，造成气孔阻塞，气路不通。当遇到气路不通的情况时，应采取下列办法检查。

关闭乙炔等易燃气体的总阀门，打开空气压缩机，检查空气压缩机是否有气体排出。若没有，说明空气压缩机出了问题，此时应找专业人员维修。若有气体排出，则将空气压缩机的输出端接到原子吸收光谱仪助燃器的入口处，掀开仪器的盖板，逐段检查通气管道，找出阻塞的位置，并将其排除。重新安装时，要注意接口处的密封性，保证接口处不漏气。然后将空气压缩机输出口接到原子吸收光谱仪燃气输入口，按上述办法逐段检查，一一排除，直到全部阻塞故障排除。

2. 光源部分

① 空心阴极灯点不亮可能是灯电源已坏或未接通，也可能是灯头接线断路或灯头与灯座接触不良，可分别检查灯电源、连线及相关接插件。

② 空心阴极灯内跳火放电，这是灯阴极表面有氧化物或杂质的原因。可加大灯电流到十几个毫安，直到火花放电现象停止。若无效，需换新灯。

③ 空心阴极灯辉光颜色不正常，这是灯内惰性气体不纯，可在工作电流下反向通电处理，直到辉光颜色正常为止。

3. 雾化器

雾化器的吸液毛细管、喷嘴、撞击球都直接受到样品溶液的腐蚀，要经常维护。若在工作状态不如意时，可清洗或更换雾化器。雾化器直接影响着仪器分析测定的灵敏度和检出限。

4. 波长偏差增大

波长偏差增大是因为准直镜左右产生位移或光栅起始位置发生了改变，可以利用空心阴极灯进行波长校准。

5. 电气回零不好

① 阴极灯老化，更换新灯。
② 废液不畅通，雾化室内积水，应及时排除。
③ 燃气不稳定，使测定条件改变。可调节燃气，使之符合条件。
④ 阴极灯窗口及燃烧器两侧的石英窗或聚光镜表面有污垢，逐一检查清除。
⑤ 毛细管太长。可剪去多余的毛细管。

6. 输出能量低

输出能量低可能是由波长差、阴极灯老化、外光路不正、透镜或单色器被严重污染、放大器系统增益下降等原因引起的。若是在短波或者部分波长范围内输出能量较低，则应检查灯源及光路系统的故障。若输出能量在全波长范围内降低，应重点检查光电倍增管是否老化，放大电路有无故障。

7. 重现性差

重现性差的故障原因以及其排除方法见表 3-3。

表 3-3 重现性差的故障原因及故障排除方法

故障原因	故障排除
原子化系统无水封，使火焰燃烧不稳	可加水封，隔断内外气路通道
废液管不通畅，雾化器内积水，大颗粒液滴被高速气流引入火焰	可疏通废液管道排除废液和积水
撞击球与雾化器的相对位置不当	重新调节撞击球与雾化器的相对位置
雾化系统调节不好，使喷雾质量差，是毛细管与节流管不同心或毛细管端弯曲所致	重新调整雾化系统或选雾化效率高、喷雾质量好的雾化器
雾化器堵塞，引起喷雾质量不好	仪器长时间不用，盐类及杂物堵塞或有酸类锈蚀，可用手指堵住节流管，使空气回吹倒气，吹掉脏物
雾化器内壁被油脂污染或酸蚀，造成大水珠被吸附于雾化器内壁上又被高速气流引入火焰，使火焰不稳定，仪器噪声大；或由于燃烧缝口堵塞，使火焰呈现锯齿形	可用酒精、乙醚混合液擦干雾化器内壁，减少水珠，稳定火焰；火焰呈锯齿形，可用刀片或滤纸清除燃烧缝口的堵塞物
被测样品浓度大，溶解不完全，大颗粒被引入火焰后，光散射严重	引入火焰后，光散射严重，可根据实际情况，对样品进行稀释，减少光散射
乙炔管道漏气	检查乙炔气路，防止事故发生

8. 灵敏度低

① 阴极灯工作电流大，造成谱线变宽，产生自吸收。应在光源发射强度满足要求的情况下，尽可能采用低的工作电流。
② 雾化效率低。若是管路堵塞的原因，可将助燃气的流量开大，用手堵住喷嘴，使其畅通后放开。若是撞击球与喷嘴的相对位置没有调整好，则应调整到雾呈烟状、液粒很小时为最佳。
③ 燃气与助燃气之比选择不当。一般燃气与助燃气之比小于 1：4 为贫焰，介于 1：4 和 1：3 之间为中焰，大于 1：3 为富焰。
④ 燃烧器与外光路不平行。应使光轴通过火焰中心，狭缝与光轴保持平行。
⑤ 分析谱线没找准。可选择较灵敏的共振线作为分析谱线。
⑥ 样品及标准溶液被污染或存放时间过长变质。立即将容器冲洗干净，重新配制。

9. 稳定性差

① 仪器受潮或预热时间不够。可用热风机除潮或按规定时间预热后再操作使用。

② 燃气或助燃气压力不稳定。若不是气源不足或管路泄漏的原因,可在气源管道上加一阀门控制开关,调稳流量。

③ 废液流动不畅。停机检查,疏通或更换废液管。

④ 火焰高度选择不当,造成基态原子数变化异常,致使吸收不稳定。

⑤ 光电倍增管负高压过大。虽然增大负高压可以提高灵敏度,但会出现噪声大,测量稳定性差的问题。只有适当降低负高压,才能改善测量的稳定性。

10. 背景校正噪声大

① 光路未调到最佳位置。重新调整氘灯与空心阴极灯的位置,使两者光斑重合。

② 高压调得太大。适当降低氘灯能量,在分析灵敏度允许的情况下,增加狭缝宽度。

③ 原子化温度太高。可选用适宜的原子化条件。

11. 校准曲线线性差

① 光源灯老化或使用高的灯电流,引起分析谱线的衰弱扩宽。应及时更换光源灯或调低灯电流。

② 狭缝过宽,使通过的分析谱线超过一条。可减小狭缝。

③ 测定样品的浓度太大。由于高浓度溶液在原子化器中生成的基态原子不成比例,使校准曲线产生弯曲。因此,需缩小测量浓度的范围或用灵敏度较低的分析谱线。

12. 产生回火

造成回火的主要原因是气流速度小于燃烧速度。其直接原因有:突然停电或助燃气体压缩机出现故障使助燃气体压力降低;废液排出口水封不好或根本就没有水封;燃烧器的狭缝增宽;助燃气体和燃气的比例失调;防爆膜破损;用空气钢瓶时,瓶内所含氧气过量;用乙炔-氧化亚氮火焰时,乙炔气流量过小。

发现回火后应立即关闭燃气气路,确保人身和财产的安全。然后将仪器各控制开关恢复到开启前的状态后方可检查产生回火的原因。

13. 清洗反射镜

采用酒精乙醚混合液不接触清洗或用擦镜纸喷上混合液后贴在镜子上,过段时间后掀下。

以上介绍的故障,使用者均可自行调整、修理。

14. 维修注意事项

由于原子吸收光谱仪属精密仪器,维修时必须注意以下几点:

① 检查和维修单色器内部时,不能碰触光学元件表面。

② 维修印刷电路板时,不要损伤电路板上的印刷电路。

③ 维修前要切断原子化系统的气源、水源,关闭气体钢瓶的总阀,以防造成事故。

【思考与交流】

1. 原子吸收光谱仪应从哪几个方面进行维护保养?
2. 火焰若出现锯齿现象,是何原因?如何消除?
3. 雾化器毛细管若发生堵塞,会出现什么现象?如何处理?

项目三　原子吸收光谱仪
任务四　原子吸收光谱仪的安装、维护与故障处理

姓名：　　　　班级：

日期：　　　　页码：

【任务检查与评价】

1. 检查

工作任务	任务内容	完成时长
原子吸收光谱仪的安装		
原子吸收光谱仪的维护		
原子吸收光谱仪常见故障的排除		

2. 评价

项目		序号	检验内容	配分	评分标准	自评	互评	得分
计划		1	制订是否符合规范、合理	10	一处不符合扣0.5分			
实施	仪器安装	1	实验室环境要求	2	一处错误扣1分			
		2	电源要求	2	一处错误扣1分			
		3	排风装置	2	一处错误扣1分			
		4	供气要求	2	一处错误扣1分			
	仪器维护	1	光源	5	一处错误扣1分			
		2	原子化系统	5	一处错误扣1分			
		3	光学系统	5	一处错误扣1分			
		4	气路系统	5	一处错误扣1分			
		5	维护规范	5	一处错误扣1分			
		6	紧急情况的处理方法	5	一处错误扣1分			
	常见故障的排除	1	气路部分	3	一处错误扣1分			
		2	光源部分	3	一处错误扣1分			
		3	雾化器	3	一处错误扣1分			
		4	波长偏差增大	3	一处错误扣1分			
		5	电气回零不好	3	一处错误扣1分			
		6	输出能量低	3	一处错误扣1分			
		7	重现性差	3	一处错误扣1分			
		8	灵敏度低	3	一处错误扣1分			
		9	稳定性差	3	一处错误扣1分			
		10	背景校正噪声大	3	一处错误扣1分			

续表

项目		序号	检验内容	配分	评分标准	自评	互评	得分
实施	常见故障的排除	11	校准曲线线性差	3	一处错误扣1分			
		12	产生回火	3	一处错误扣1分			
		13	清洗反射镜	3	一处错误扣1分			
		14	维修注意事项	3	一处错误扣1分			
职业素养		1	团结协作 自主学习、主动思考 遵守课堂纪律	5	违规1次扣5分			
安全文明及5S管理		1		5	违章扣分			
创新性		1		5	加分项			
检查人						总分		

项目三　原子吸收光谱仪

操作3　原子吸收光谱仪的调试

姓名：　　　　班级：

日期：　　　　页码：

【任务描述】

通过对原子吸收光谱仪的气路检查、光路与光强度调试与检查、石墨炉原子化器的调整和试样提取量调节的学习，掌握原子吸收光谱仪的调试方法。

一、学习目标

1．能够安装、使用原子吸收光谱仪。

2．掌握原子吸收光谱仪的调试方法。

二、重点难点

原子吸收光谱仪的调试。

三、参考学时

90min。

项目三　原子吸收光谱仪	姓名：	班级：
操作3　原子吸收光谱仪的调试	日期：	页码：

【任务提示】

一、工作方法
- 回答引导问题。观看原子吸收光谱仪的结构视频，掌握仪器的使用方法以及使用注意事项等
- 以小组讨论的形式完成工作计划
- 按照工作计划，完成原子吸收光谱仪的调试
- 与培训教师讨论，进行工作总结

二、工作内容
- 熟悉原子吸收光谱仪调试的技术要求
- 完成原子吸收光谱仪的调试
- 利用检查评分表进行自查

三、工具
- 原子吸收光谱仪
- 空心阴极灯
- 气体钢瓶
- 容量瓶
- 分析天平

四、知识储备
- 安全用电
- 电工知识
- 原子吸收光谱仪的使用

五、注意事项与工作提示
- 注意原子吸收光谱仪的零部件

六、劳动教育
- 参照劳动安全的内容
- 第一次进行原子吸收光谱仪的调试必须听从指令和要求
- 禁止佩戴首饰
- 工作时应穿工作服，劳保鞋
- 操作前应对设备功能进行检测
- 禁止带电操作
- 发生意外时，应使用急停按钮
- 发生意外时应及时报备

七、环境保护
- 参照环境保护与合理使用能源内容

【任务实施】

操作3 原子吸收光谱仪的调试

一、技术要求（方法原理）

原子吸收光谱仪测定数据的影响因素较多，测试条件要求严格。每一新设备或检修后的设备都需要严格调试后方能使用。同时，原子吸收光谱仪属于精密专用设备，需要定期调试与保养，使仪器分析随时可达到最佳的效果。调试包括气路、波长、光强度、燃烧器高度等。

二、仪器与试剂

1. 仪器

原子吸收光谱仪、铜空心阴极灯、气体钢瓶、棉签、白纸、牙签、容量瓶、烧杯、分析天平、洗耳球。

2. 试剂

肥皂水、硫酸铜、浓硝酸。

三、原子吸收光谱仪的检查与调整

1. 气路检查

① 绝大多数仪器的气路通常采用聚乙烯塑料管，时间长了容易老化。原子吸收光谱仪所用的燃气为乙炔，它与空气混合点燃易发生爆炸。如果出现泄漏，将威胁操作者的人身安全，因此要经常对气路进行检测、检漏。严禁在乙炔气路管道中使用紫铜、黄铜及银制零配件，并要严禁使用油类物质，测试高浓度铜或银溶液时，应反复用去离子水喷洗。用棉签沾肥皂水涂抹气路各连接处，遇有漏气现象要立即更换元件。检测完毕后一定要将肥皂水擦拭干净。当仪器测定完毕后，要首先关闭乙炔钢瓶输出阀门，其次等燃烧器上火焰熄灭后再关闭仪器上的燃气阀，最后再关闭空气压缩机的开关，以确保操作者的人身安全。

② 检查并确保废液管中部有水封，避免回火现象发生。同时废液管出口处不要插入废液桶液面下，避免形成双水封。

2. 光路与光强度调试与检查

（1）对光调整

① 光源对光调试。空心阴极灯要在不点亮情况下进行安装。灯的前后安装位置定位参考如下：832.1nm 空心阴极灯，其石英窗口距透镜筒约 2cm；193.7nm 空心阴极灯，其石英窗口碰到透镜筒，其余元素灯的安装即按波长确定其前后位置，波长值愈小愈靠前。接通电源，点燃元素灯。移动灯的位置分别调节灯的前后、升降、旋转（左右）旋钮，调单色器波长至该元素最灵敏线，使显示有信号输出，使接收器得到最大光强。检查方法为用一张白纸挡光检查，阴极光斑应聚焦成像（为正圆而不是椭圆），其成像位置在燃烧器缝隙中央或稍微靠近单色器一方。如今许多原子吸收光谱仪（如 HI-TACHIZ-5000、THEMO M6 等）都带有自动微调功能，可由计算机自动完成空心阴极灯位置的调节。

② 燃烧器对光调试。将燃烧器缝隙置于光轴之下并平行于光轴，通过改变燃烧器前后、转角、水平位置来实现。先调节能量显示为最大值，再将牙签或火柴杆插在燃烧器缝隙中央，能量显示应从最大回到零。然后将牙签或火柴杆垂直放置在缝隙两端，显示的透光度应降至30%左右，如达不到上述指标，应对燃烧器的位置再稍微调节，直到满足要求为止。同时可以点燃火焰，喷洒该元素的标准溶液的喷雾，调节燃烧器的位置，到出现最大吸光度为止。

（2）喷雾器调整　喷雾器中的毛细管和节流嘴的相对位置和同心度是调节喷雾器的关键，毛细管口和节流嘴同心度愈高、雾滴愈细，雾化效率愈高。一般可以通过观察喷雾状况来判断调整的效果，拆开喷雾器，将雾喷到一张滤纸上，滤纸稍湿且非常均匀则是恰到好处的位置。有些仪器的喷雾器是可调的，在未点火时，先将喷雾器调节到反喷位置，即插入液面的毛细管出现气泡，然后点燃火焰喷雾标准液，按相反方向慢慢移动，得到最大吸光度便可固定下来。

（3）碰撞球的调节　碰撞球位置以噪声低、灵敏度高为好。第一将喷雾器卸下；第二把一根约200mm长的聚乙烯毛细管插进雾化器的金属毛细管中，吸喷蒸馏水；第三左右微动玻璃撞击球改变碰撞球位置；第四将燃烧室内的空气管道接在雾化器上；第五打开空气压缩机，以纯水喷雾作试验，当喷出的雾远而细，并慢慢转动前进时，使雾滴达到最佳状态，此就是它的最佳位置。将雾化器安装在预混室前边的接口上，重新试喷雾并调整。这项调节有较大难度，必须由专业人员操作。一般情况下使用出厂时的位置，不再调节。

3. 石墨炉原子化器的调整

石墨管吸收池和光源间的对光调整即"定位"，要比燃烧器高度的调节困难些。正确的定位程序是，先将元素灯对光调整好，再对光调整氘灯，使其光斑与元素灯光斑重合，然后调节石墨炉位置，使光束减弱程度至最小。两个光斑的错位往往使背景校正不足或过度。

4. 试样提取量的调节

试样提取量是指每分钟吸取溶液的体积，表示为mL/min，溶液提取量与吸光度不成线性关系，在4～6mL/min有最佳吸收灵敏度，大于6mL/min灵敏度反而下降。其调节方法为：通过改变喷雾气流速度和聚乙烯毛细管的内径及长度（多以改变聚乙烯毛细管的长度为主），实现调节试样提取量，以适应各种不同溶液的喷雾。

四、注意事项

原子吸收光谱仪的调试操作的注意事项如下。

① 原子吸收光谱仪开机前，检查各插头是否接触良好，调好狭缝位置，将仪器面板的所有旋钮回零再通电。开机应先开低压，后开高压，关机则相反。

② 仪器的空心阴极灯需要一定预热时间。灯电流由低到高慢慢升到规定值。

③ 单色器中的光学元件严禁用手触摸和擅自调节。

【思考与交流】

1. 原子吸收光谱仪的调试包括哪些项目？
2. 原子吸收光谱仪调试时，为什么要进行气路检查？

项目三　原子吸收光谱仪	姓名：	班级：
操作 3　原子吸收光谱仪的调试	日期：	页码：

【任务检查与评价】

1. 检查

工作任务	任务内容	完成时长
原子吸收光谱仪的调试技术要求		
气路检查		
光路与光强度调试与检查		
石墨炉原子化器的调整		
试样提取量的调节		

2. 评价

项目		序号	检验内容	配分	评分标准	自评	互评	得分
计划		1	制订是否符合规范、合理	10	一处不符合扣 0.5 分			
实施	工作原理	1	原子吸收光谱仪的调试的技术要求	10	一处错误扣 1 分			
	原子吸收光谱仪的调试	1	气路检查	10	一处错误扣 1 分			
		2	光路与光强度调试与检查	20	一处错误扣 1 分			
		3	石墨炉原子化器的调整	15	一处错误扣 1 分			
		4	试样提取量的调节	20	一处错误扣 1 分			
职业素养		1	团结协作 自主学习、主动思考 遵守课堂纪律	10	违规 1 次扣 5 分			
安全文明及 5S 管理		1		5	违章扣分			
创新性		1		5	加分项			
检查人					总分			

项目三 原子吸收光谱仪	姓名：	班级：
操作4 火焰原子化法测铜的检出限、精密度和线性误差检定	日期：	页码：

【任务描述】

通过对火焰原子化法测铜的检出限、精密度和线性误差检定的学习，掌握原子吸收光谱仪的使用及用火焰法定量测定元素含量的方法。

一、学习目标

1. 能够熟练使用原子吸收光谱仪。
2. 掌握火焰原子化法测铜的检出限、精密度和线性误差检定。
3. 掌握用火焰法定量测定元素含量的方法。

二、重点难点

火焰原子化法测铜的检出限、精密度和线性误差检定。

三、参考学时

90min。

项目三　原子吸收光谱仪	姓名：	班级：
操作4　火焰原子化法测铜的检出限、精密度和线性误差检定	日期：	页码：

【任务提示】

一、工作方法

- 回答引导问题。观看原子吸收光谱仪的结构视频，掌握仪器的使用方法以及使用注意事项等
- 以小组讨论的形式完成工作计划
- 按照工作计划，完成火焰原子化法测铜的检出限、精密度和线性误差检定
- 与培训教师讨论，进行工作总结

二、工作内容

- 熟悉火焰原子化法测铜的检出限、精密度和线性误差检定的技术要求
- 完成火焰原子化法测铜的检出限、精密度和线性误差检定
- 利用检查评分表进行自查

三、工具

- 原子吸收光谱仪
- 铜空心阴极灯
- 气体钢瓶
- 容量瓶
- 分析天平

四、知识储备

- 安全用电
- 电工知识
- 原子吸收光谱仪的使用

五、注意事项与工作提示

- 注意原子吸收光谱仪的零部件

六、劳动教育

- 参照劳动安全的内容
- 第一次进行火焰原子化法测铜的检出限、精密度和线性误差检定必须听从指令和要求
- 禁止佩戴首饰
- 工作时应穿工作服，劳保鞋
- 操作前应对设备功能进行检测
- 禁止带电操作
- 发生意外时，应使用急停按钮
- 发生意外时应及时报备

七、环境保护

- 参照环境保护与合理使用能源内容

【任务实施】

操作 4　火焰原子化法测铜的检出限、精密度和线性误差检定

一、技术要求（方法原理）

火焰原子化法测铜的检出限、精密度和线性误差的方法参照国家市场监督管理总局颁布的《原子吸收分光光度计》（JJG 694—2009），适用于锐线光源原子吸收分光光度计的首次检定、后续检定和使用中的检定，仪器的型式评价中有关计量性能试验可参照本规程进行。

二、仪器与试剂

1. 仪器

原子吸收光谱仪、铜空心阴极灯、气体钢瓶、棉签、白纸、牙签、容量瓶、烧杯、分析天平、洗耳球。

2. 试剂

肥皂水、硫酸铜、浓硝酸。

三、检定步骤

1. 火焰原子化法测铜的检出限

将仪器各参数调至正常工作状态，用空白溶液调零，根据仪器灵敏度条件，选择系列 1（0.0μg/mL、0.5μg/mL、1.0μg/mL、3.0μg/mL）或系列 2（0.0μg/mL、1.0μg/mL、3.0μg/mL、5.0μg/mL）铜标准溶液，对每一浓度点分别进行三次吸光度重复测定，取三次测定的平均值后，按线性回归法求出工作曲线的斜率（b），即为仪器测定铜的灵敏度（S）。

线性回归中斜率与截距的计算如下。

直线方程：

$$I = a + bc \tag{3-1}$$

斜率：

$$b = \frac{S_{cI}}{S_{cc}} \tag{3-2}$$

截距：

$$a = \overline{I} - b\overline{c} \tag{3-3}$$

相关系数：

$$r = \frac{S_{cI}}{\sqrt{S_{cc}S_{II}}} \tag{3-4}$$

其中：

$$S_{cc} = \sum c^2 - \frac{(\sum c)^2}{n} \tag{3-5}$$

$$S_{II} = \sum I^2 - \frac{(\sum I)^2}{n} \tag{3-6}$$

$$S_{cI} = \sum cI - \frac{\sum c \sum I}{n} \tag{3-7}$$

式中　I ——响应值；
　　　b ——斜率；
　　　a ——截距；
　　　c ——标准溶液浓度；
　　　r ——线性相关系数；
　　　n ——标准曲线点数。

在与上述完全相同的条件下，对空白溶液进行 11 次吸光度测量，并按式（3-8）、式（3-9）计算出检出限 c_L：

$$s_A = \sqrt{\frac{\sum_{i=1}^{n}(I_{0i} - \overline{I}_0)^2}{n-1}} \tag{3-8}$$

式中　I_{0i} ——单次值；
　　　$\overline{I}_0$ ——测量平均值；
　　　n ——测量次数。

$$c_L = \frac{3s_A}{b} \tag{3-9}$$

2. 火焰原子化法测铜的精密度

将仪器各项参数调至最佳工作状态，用空白溶液调零，选择系列标准溶液中某一溶液，使吸光度为 0.1～0.3，进行 7 次测定，求出其相对标准偏差（RSD），即为仪器测铜的精密度。

$$RSD = \frac{1}{\overline{I}}\sqrt{\frac{\sum_{i=1}^{n}(I_i - \overline{I})^2}{n-1}} \times 100\% \tag{3-10}$$

式中　RSD ——相对标准偏差；
　　　I_i ——单次测量值；
　　　$\overline{I}$ ——测量平均值；
　　　n ——测量次数。

3. 火焰原子化法测铜的线性误差

在上述操作完成后按照式（3-11）～式（3-13）计算标准曲线测量中间点（系列 1 计算 1.0μg/mL；系列 2 计算 3.0μg/mL）的线性误差Δx。

线性方程：

$$\overline{I}_i = a + bc_i \tag{3-11}$$

$$c_i = \frac{I_i - a}{b} \tag{3-12}$$

线性误差：

$$\Delta x = \frac{c_i - c_{si}}{c_{si}} \times 100\% \tag{3-13}$$

式中 $\overline{I_i}$ ——i 次吸光度测量值的平均值；

c_i ——第 i 点按照线性方程计算出的测得浓度值，μg/mL；

c_{si} ——第 i 点标准溶液的标准浓度，μg/mL；

a ——工作曲线的截距；

b ——工作曲线的斜率，μg/mL。

四、实验数据记录

火焰原子化法测铜检出限、精密度和线性误差的检定结果可填入表 3-4 中。

表 3-4 火焰原子化法测铜检出限、精密度和线性误差的检定结果

仪器条件	光谱带宽/nm		灯电流/mA		响应时间/s	
	燃烧器高度/nm		乙炔流量		空气流量	
	背景校正方式					
c_{si}/（μg/mL）	吸光度（A）		平均吸光度（$\overline{A}$）	s_A	回归出的浓度值 c_i/（μg/mL）	线性误差/%
空白溶液（11次）					—	—
0.5				—		
1.0				—		
3.0（7次）						
5.0				—		
截距 a			斜率 b/（μg/mL）			
检出限 c_L（k=3）/（μg/mL）						
RSD（c_{si} = 3.00）						

五、注意事项

本操作注意事项如下。

① 点火时排风装置必须打开，操作人员应位于仪器正面左侧执行点火操作，且仪器右侧及后方不能有人，点火之后千万别关空压机。

② 火焰法关火时一定要最先关乙炔钢瓶输出阀门，待火焰自然熄灭后再关空压机。

【思考与交流】

1．原子吸收光谱仪采用火焰原子化法测铜的检出限及精密度的检定怎样进行？

2．进行原子吸收光谱仪性能鉴定时应该注意哪些操作事项？

项目三	原子吸收光谱仪	姓名：	班级：
操作 4	火焰原子化法测铜的检出限、精密度和线性误差检定	日期：	页码：

【任务检查与评价】

1. 检查

工作任务	任务内容	完成时长
火焰原子化法测铜的检出限、精密度和线性误差检定的技术要求		
火焰原子化法测铜的检出限		
火焰原子化法测铜的精密度		
火焰原子化法测铜的线性误差		
数据记录及检定结果		

2. 评价

项目	序号	检验内容	配分	评分标准	自评	互评	得分
计划	1	制订是否符合规范、合理	5	一处不符合扣 0.5 分			
实施							
准备工作	1	仪器外表检查	2	未检查扣 2 分			
准备工作	2	仪器功能键检查	2	未检查扣 2 分			
准备工作	3	检查气路连接是否正确	2	未进行扣 2 分			
准备工作	4	检查废液排放是否正常	2	不正确扣 2 分			
准备工作	5	仪器开机顺序	2	不正确扣 2 分			
准备工作	6	空心阴极灯的选择	3	不正确扣 3 分			
准备工作	7	空心阴极灯的安装	3	不正确扣 3 分			
仪器调试	1	调节灯电流	3	不正确扣 3 分			
仪器调试	2	调节狭缝	3	不正确扣 3 分			
仪器调试	3	调节燃烧器高度	3	不正确扣 3 分			
仪器调试	4	调节波长	3	不正确扣 3 分			
仪器调试	5	调整灯位置，进行光源对光	3	不正确扣 3 分			
仪器调试	6	调整燃烧器位置	3	不正确扣 3 分			
仪器调试	7	预热 30min	2	未进行扣 2 分			
点火操作	1	打开通风机	2	不正确扣 2 分			
点火操作	2	打开无油空气压缩机,输出压调至 0.3MPa	2	不正确扣 2 分			

续表

项目		序号	检验内容	配分	评分标准	自评	互评	得分
实施	点火操作	3	开启乙炔钢瓶总阀,调节乙炔钢瓶减压阀,输出压力为0.05~0.07MPa	2	不正确扣2分			
		4	点火	2	不正确扣2分			
	测量操作	1	能量调节,吸喷溶液,表针稳定并接近100%	2	不正确扣2分			
		2	吸喷去离子水调零	2	未进行扣2分			
		3	测量顺序	2	不正确扣2分			
		4	读数时待吸光度稳定后读数	2	不正确扣2分			
		5	待读数回零后,再测下一个溶液	2	不正确扣2分			
	关机操作	1	吸喷去离子水5min	2	未进行扣2分			
		2	关闭气路顺序(先关乙炔钢瓶,再关空压机)	2	不正确扣2分			
		3	关闭电源顺序	2	不正确扣2分			
		4	10min后,关闭排风机开关	2	不正确扣2分			
	记录填写	1	原始数据及时记录	2	不及时扣2分			
		2	原始记录规范完成	2	不完整、不规范扣2分			
		3	仪器使用记录	2	不正确扣2分			
		4	溶液配制记录	2	不正确扣2分			
		5	报告清晰完整	2	不清晰完整扣2分			
	结束工作	1	实验过程台面	2	脏乱扣2分			
		2	废纸、废液	2	乱扔乱倒扣2分			
		3	结束清洗仪器	2	未清洗扣2分			
		4	结束后仪器处理	2	未处理扣2分			
	总时间	1	完成时间	5	超时扣5分			
职业素养		1	团结协作 自主学习、主动思考 遵守课堂纪律	5	违规1次扣5分			
安全文明及5S管理		1		5	违章扣分			
创新性		1		5	加分项			
检查人						总分		

【知识拓展】

原子吸收光谱法与紫外-可见吸收光谱法都是基于物质对紫外和可见光的吸收而建立起来的分析方法，属于吸收光谱分析，但它们吸光物质的状态不同。原子吸收光谱分析中，吸收物质是基态原子蒸气，而紫外-可见分光光度分析中的吸光物质是溶液中的分子。原子吸收光谱是线状光谱，而紫外-可见吸收光谱是带状光谱，这是两种方法的主要区别。正是由于这种差别，它们所用的仪器及分析方法都有许多不同之处。

从原理上讲，原子吸收光谱法与紫外-可见吸收光谱法都是基于朗伯-比尔定律来进行浓度测量的，即它们是通过在一定浓度范围内其吸光度与浓度成正比来完成浓度测量的。虽然都是基于浓度与光吸收之间关系来测量，但是对于原子吸收光谱法，是基态原子吸收空心阴极灯光源能量，所需能量较高。而紫外-可见吸收光谱法是溶液中分子或离子吸收氘灯或钨灯光源能量，所需能量较小。从仪器结构上讲原子吸收光谱仪与紫外-可见分光光度计都是由光源、吸收池（或原子化器）、分光系统、检测系统等构成。不同点是原子吸收光谱仪的光源是空心阴极灯、紫外-可见分光光度计是氘灯及钨灯；在原子吸收光谱仪中，原子化器的使用相当于吸收池，它的位置在分光系统前，紫外-可见分光光度计吸收池在分光系统之后；原子吸收光谱仪的吸收池需要将溶液进行一系列原子化过程，而紫外-可见分光光度计的吸收池只是比色皿。

【项目小结】

原子吸收光谱仪可测定多种元素，火焰原子吸收光谱法可测到 10^{-9} g/mL，石墨炉原子吸收法可测到 10^{-13} g/mL。因原子吸收光谱仪的灵敏、准确、简便等特点，现已广泛用于冶金、地质、采矿、石油、轻工、农业、医药、卫生、食品及环境监测等方面的常量及微痕量元素分析。原子吸收光谱仪的种类很多，本项目中介绍了原子吸收光谱仪的结构、工作原理，TAS-990 型原子吸收光谱仪的使用、维护以及原子吸收光谱仪常见故障的判断及处理，学习内容归纳如下：

1. 原子吸收光谱仪的结构、工作原理。
2. 原子吸收光谱仪的常见型号和性能技术指标。
3. TAS-990 型原子吸收光谱仪的使用及维护方法。
4. 原子吸收光谱仪的常见故障判断及处理。
5. 原子吸收光谱仪的安装及调试。

【练一练测一测】

一、单项选择题

1. 原子吸收光谱是（　　）。
   A．分子的振动、转动能级跃迁时对光的选择吸收产生的

B．基态原子吸收了特征辐射跃迁到激发态后又回到基态时所产生的

　　C．分子的电子吸收特征辐射后跃迁到激发态所产生的

　　D．基态原子吸收特征辐射后跃迁到激发态所产生的

2．原子吸收测定时，调节燃烧器高度的目的是（　　）。

　　A．控制燃烧速度　　　　　　B．增加燃气和助燃气预混时间

　　C．提高试样雾化效率　　　　D．选择合适的吸收区域

3．为了消除火焰原子化器中待测元素的发射光谱干扰应采用下列哪种措施？（　　）

　　A．直流放大　　B．交流放大　　C．扣除背景　　D．减小灯电流

4．原子化器的主要作用是（　　）。

　　A．将试样中待测元素转化为基态原子

　　B．将试样中待测元素转化为激发态原子

　　C．将试样中待测元素转化为中性分子

　　D．将试样中待测元素转化为离子

5．在原子吸收光谱仪中，目前常用的光源是（　　）。

　　A．火焰　　　　B．空心阴极灯　　C．氙灯　　　　D．交流电弧

6．在原子吸收分析法中，被测定元素的灵敏度、准确度在很大程度上取决于（　　）。

　　A．空心阴极灯　　B．火焰　　C．原子化系统　　D．分光系统

7．在原子吸收分析中，一般来说，电热原子化法与火焰原子化法的检测极限（　　）。

　　A．两者相同　　　　　　　　B．不一定哪种方法低或高

　　C．电热原子化法低　　　　　D．电热原子化法高

8．原子吸收分析对光源进行调制，主要是为了消除（　　）。

　　A．光源透射光的干扰　　　　B．原子化器火焰的干扰

　　C．背景干扰　　　　　　　　D．物理干扰

9．在原子吸收光谱法中，火焰原子化器与石墨炉原子化器相比较，应该是（　　）。

　　A．灵敏度要高，检出限却高　　B．灵敏度要高，检出限也低

　　C．灵敏度要低，检出限却高　　D．灵敏度要低，检出限也低

10．原子吸收光谱仪中常用的检测器是（　　）。

　　A．光电池　　　B．光电管　　　C．光电倍增管　　D．感光板

二、填空题

1．火焰原子吸收法与分光光度法，其共同点为都是利用＿＿＿＿＿＿原理进行分析的方法，但二者有本质区别，前者是＿＿＿＿＿＿，后者是＿＿＿＿＿＿，所用的光源是，前者是＿＿＿＿＿＿，后者是＿＿＿＿＿＿。

2．原子吸收分析常用的火焰原子化器是由＿＿＿＿、＿＿＿＿和＿＿＿＿组成的。

3．用火焰原子化法进行原子吸收光谱分析时，为了防止"回火"，火焰的点燃和熄灭时开启有关气体的顺序为：点燃时＿＿＿＿＿＿＿＿＿＿＿＿＿＿＿＿＿＿＿＿＿＿＿；熄灭时＿＿＿＿＿＿＿＿＿＿＿＿＿＿＿＿＿＿＿＿＿＿＿。

4．空心阴极灯的阳极一般是＿＿＿＿＿＿＿＿＿＿＿＿＿＿＿，而阴极材料则是＿＿＿＿＿＿＿＿＿＿＿＿，管内通常充有＿＿＿＿＿＿＿＿＿＿。

5．原子吸收光谱法对光源的要求是_____
_____，符合这种要求的光源目前有_____。

三、判断题

1．在原子吸收测量过程中，如果测定的灵敏度降低，可能的原因之一是，雾化器没有调整好，排除故障的方法是调整撞击球与喷嘴的位置。（　　）

2．在原子吸收法中，能够导致谱线峰值产生位移和轮廓不对称的变宽是自吸变宽。（　　）

3．在原子吸收分光光度法中，对谱线复杂的元素常用较小的狭缝进行测定。（　　）

4．在原子吸收分光光度法中，一定要选择共振线作分析线。（　　）

5．在原子吸收中，如测定元素的浓度很高，或为了消除邻近光谱线的干扰等，可选用次灵敏线。（　　）

6．空心阴极灯工作一段时间后，将阴极和阳极反接后通电，可以使灯恢复并保持良好的工作状态。（　　）

7．冷原子化法测汞时通过加入还原剂使汞离子还原为单质汞，然后用吹入的空气携带出汞蒸气测定吸光度。（　　）

8．火焰原子化器的吸喷量越大原子化效率越高。（　　）

9．火焰原子化器每次测定完试样后用去离子水充分冲洗的目的主要是防腐蚀。（　　）

10．原子吸收实验室必须保持良好的通风，以便及时排出原子化后产生的废气。（　　）

项目四
红外光谱仪

【项目引导】

红外光谱仪又称红外分光光度计,它是以光源辐射出来的不同波长红外线透过样品并对其强度进行测定,通过扫描产生的红外光谱对样品进行定性或定量分析的仪器,广泛应用于有机物、高聚物以及其他复杂结构的天然及人工合成产物的测定。红外光谱法是鉴定未知物的分子结构组成或确定其化学基团的最有效方法之一。

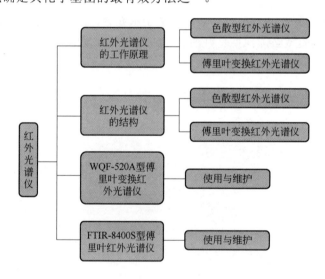

【想一想】

1. 红外光指的是多少波长范围内的光?
2. 怎样通过红外光谱测定来确定有机物的分子结构?
3. 色散型红外光谱仪与傅里叶变换红外光谱仪的工作原理和结构有什么不同?

项目四 红外光谱仪	姓名：	班级：
任务一 了解红外光谱仪	日期：	页码：

【任务描述】

通过红外光谱仪发展史和仪器特点的了解，加深对红外光谱仪工作原理的理解。

一、学习目标

1. 了解红外光谱仪的发展史。
2. 了解红外光谱仪的特点。
3. 掌握红外光谱仪的工作原理。

二、重点难点

红外光谱仪的工作原理。

三、参考学时

45min。

【任务实施】

任务一　了解红外光谱仪

一、红外光谱仪的发展史

红外辐射是 1800 年被发现的，但由于红外线的检测比较困难，因此直到 20 世纪初才较系统地研究了几百种有机和无机化合物的红外吸收光谱，并发现了某些吸收谱带与分子基团间存在着相互关系，红外光谱在化学上的价值开始逐渐被人们所重视。利用物质分子对红外光的吸收及产生的红外吸收光谱来鉴别分子组成、结构和含量的方法，称为红外吸收光谱法（infrared absorption spectrometry，IR）。到 20 世纪 30 年代，化学家开始考虑把红外光谱作为分析工具的可能性，并且着手研制红外光谱仪。随着新技术的不断应用，特别是近年来计算机技术的广泛应用，红外光谱仪得到了迅速的发展。

到目前为止，红外光谱仪的发展大致经历了以下四个阶段：第一代红外光谱仪研制于 20 世纪 40~50 年代，主要采用人工晶体棱镜作色散元件的双光束记录式红外光谱仪，仪器的分辨率和测定波长范围都受到了限制，使用环境的要求高。在 60 年代，越来越多地以光栅代替棱镜作为色散元件，形成了第二代红外光谱仪，仪器不仅具有较高的分辨率，测定的波长范围也大大加宽，可延伸到近红外区至远红外区，对使用的环境要求也有所下降；尽管第二代红外光谱仪的性能不断完善，但由于其灵敏度低，扫描速度慢的缺陷而满足不了某些应用的要求。近年来，随着电子计算机生产成本的日益降低，傅里叶变换红外光谱仪也逐渐"走入寻常百姓家"。另外，70 年代中期出现的计算机化光栅式红外光谱仪（CDS），除扫描速度不如傅里叶变换红外光谱仪外，其他性能都差不多，而价格却相对较便宜。傅里叶变换红外光谱仪和计算机化光栅式红外光谱仪一般被称为第三代红外光谱仪。近年来发展起来的激光拉曼红外光谱仪和激光二极管红外光谱仪则属于第四代红外光谱仪，它们采用可调激光器作为红外光源来代替单色器，具有非常高的分辨率，进一步扩大了红外光谱法的应用范围。

二、红外光谱仪的优缺点

1. 红外光谱仪的优点

① 应用范围广。红外光谱分析能测得所有有机化合物，而且还可以用于研究某些无机物。因此在定性、定量及结构分析方面都有广泛的应用。

② 特征性强。每个官能团都有几种振动形式，产生的红外光谱比较复杂，特征性强。除了个别情况外，有机化合物都有其独特的红外光谱，因此红外光谱具有极好的鉴别意义。

③ 提供的信息多。红外光谱能提供较多的结构信息，如化合物含有的官能团、化合物的类别、化合物的立体结构、取代基的位置及数目等。

④ 简单方便。有不同的测样器件可直接测定液体、固体、半固体和胶状体等样品，检测成本低。

⑤ 不损伤样品可称为无损检测。

⑥ 分析速度快。近红外光谱分析仪一旦经过定标后在不到一分钟的时间内即可完成待测样品多个组分的同步测量，如果采用二极管阵列型分析仪则在几秒钟的时间内给出测量结果，完全可以实现过程在线定量分析。

⑦ 对样品无化学污染。待测样品视颗粒度的不同可能需要简单的物理制备过程（如磨碎、混合、干燥等），无需任何化学干预即可完成测量过程，被称为是一种绿色的分析技术。

⑧ 仪器操作和维护简单，对操作员的素质水平要求较低。通过软件设计可以实现极为简单的操作要求，在整个测量过程中引入的人为误差较小。

⑨ 测量精度高。尽管该技术与传统理化分析方法相比精度略差，但是给出的测量精度足够满足生产过程中质量监控的实际要求，故而非常实用。

2. 红外光谱仪的缺点

① 不适合分析含水样品，因为水中的羟基峰对测定有干扰。

② 定量分析时误差大，灵敏度低，故很少用于定量分析。

③ 在图谱解析方面主要靠经验。

三、红外光谱仪的工作原理

目前生产和使用的红外光谱仪主要分为色散型和干涉型，这两种类型红外光谱仪的工作原理有所不同。

1. 色散型红外光谱仪工作原理

色散型双光束红外光谱仪的工作原理如图 4-1 所示。从光源发出的红外辐射，分成两束，一束通过试样池，另一束通过参比池，然后进入单色器。在单色器内先通过以一定频率转动的扇形镜（斩光器），其作用与其他的双光束光度计一样，是周期地切割二束光，使试样光束和参比光束交替地进入单色器中的色散棱镜或光栅，最后进入检测器。随着扇形镜的转动，检测器交替接收这两束光。

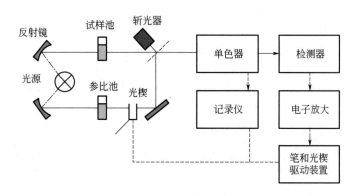

图 4-1 色散型红外光谱仪原理

假定从单色器发出的为某波数的单色光，而该单色光不被试样吸收，此时两束光的强度相等，检测器不产生交流信号；改变波数，若试样对该波数的光产生吸收，则两束光的强度有差异，此时就在检测器上产生一定频率的交流信号（其频率决定于斩光器的转动频率）。通过交流放大器放大，此信号即可通过伺服系统驱动参比光路上的光楔（光学衰减器）进行补偿，此时减弱参比光路的光强，使投射在检测器上的光强等于试样光路的光强。试样对某一波数的红外光吸收越多,光楔也就越多地遮住参比光路以使参比光强同样程度地减弱,使两束光重新处于平衡。试样对各种不同波数的红外辐射的吸收有多有少,参比光路上的光楔也相应地按比例移动以进行补偿。记录笔与光楔同步,因而光楔部位的改变相当于试样的透射比,它作为纵坐标直接被描绘在记录纸上。由于单色器内棱镜或光栅的转动,使单色光的波数连续地发生改变,并与记录纸的移动同步,这就是横坐标。这样在记录纸上就描绘出透射比τ对波数(或波长)的红外光谱吸收曲线。

2. 傅里叶变换红外光谱仪工作原理

随着计算机技术的飞速发展,第三代红外光谱仪——干涉分光傅里叶变换红外光谱仪(Fourier Transform Infrared Spectrometer,FTIR)诞生于20世纪70年代,它无分光系统,一次扫描可得全范围光谱,因具有高光通量、测定快速灵敏、分辨率高、信噪比高等诸多优点,迅速取代棱镜和光栅分光红外光谱仪。至80年代中后期,世界上生产红外光谱仪的主要厂商基本停止棱镜和光栅分光红外光谱仪的生产,集中精力于FTIR的研制,不断推出更新型、先进的FTIR。

傅里叶变换红外光谱仪主要由迈克耳逊(Michelson)干涉仪和计算机两部分组成,它的工作原理就是迈克耳逊干涉仪的原理。其工作原理如图4-2所示。

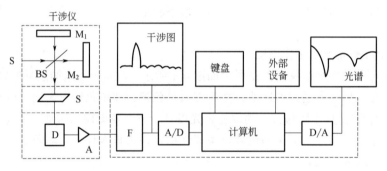

图4-2 傅里叶变换红外光谱仪工作原理示意

M_1—定镜;M_2—动镜;BS—分束器;S—样品;D—检测器;A—放大器;
F—滤光器;A/D—模数转换器;D/A—数模转换器

光源发出的光被分束器(类似半透半反镜)分为两束,一束经透射到达动镜M_2,另一束经反射到达定镜M_1。两束光分别经定镜和动镜反射再回到分束器BS,动镜以一恒定速度做直线运动,因而经分束器分束后的两束光形成光程差,产生干涉。干涉光在分束器会合后通过样品池,通过样品S后获得含有光谱信息的干涉信号,干涉信号到达检测器D变为电信号,然后经过A/D转换器进入计算机,通过傅里叶变换对信号进行处理,最终得到透过率或吸光度随波数或波长变化的红外吸收光谱图。最后经D/A转换器送入绘图仪得到标准的红外吸收光谱图。傅里叶变换红外光谱仪不同于色散型红外光谱仪的工作原理,它没有单色器和狭缝,利用迈克耳逊干涉仪获得入射光的干涉图,然后通过傅里叶数学变换,把时间域函数干涉图变换为频率域函数图(普通的红外光谱图)。

傅里叶变换是19世纪由傅里叶提出的一种数学方法,即通过一定的数学关系,把时间函数和频率函数联系起来。用它可以把时间函数变成频率函数,也可以把频率函数变换成时间函数。傅里叶变换红外光谱仪采用迈克耳逊干涉仪实现了干涉调制分光,从光源发出的光,经准直镜后变为平行光。平行光束被分光板分成两路，分别到达固定平面反射镜和移动反射镜，经反射后又原路返回到某一点上时，发生干涉现象。当两光速的光程差为 $\lambda/2$ 的偶数倍时，则落到检测器上的相干光互相叠加，产生明线，其相干光的强度有最大值，相反，当两束光的光程差为 $\lambda/2$ 奇数倍时，则落到检测器上的相干光将相互抵消，产生暗线，其相干光的强度有极小值。通过连续改变移动反射镜的位置，就可在检测器上得到一个干涉条纹的光强 I 对光程差 S（或时间 t）和辐射频率的函数图，即干涉谱图，如图 4-3 所示。如果将样品放入光路中，由于样品吸收了其中某些频率的能量，干涉图的强度发生变化。很明显，这种干涉谱图属于时间函数，而不是人们所熟悉的红外光谱图（频率函数），人们对它难以解析，因此必须经过傅里叶变换，才能得到吸收强度或透射比随频率和波长变化的普通红外光谱图。这种变化处理非常复杂和麻烦，必须借助电子计算机实现快捷傅里叶变换。由上可知，从仪器构成上来看，傅里叶变换红外光谱仪与色散型红外光谱仪的主要区别在于干涉仪和电子计算机部分。

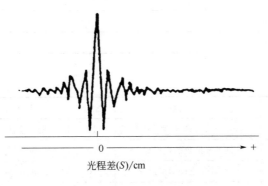

光程差(S)/cm

图 4-3　干涉谱图

【思考与交流】

1. 红外光谱仪有哪些优点？
2. 傅里叶变换红外光谱仪工作原理是什么？
3. 傅里叶变换红外光谱仪与色散型红外光谱仪的主要区别在什么部分？

项目四 红外光谱仪	姓名：	班级：
任务一 了解红外光谱仪	日期：	页码：

【任务检查与评价】

1. 检查

工作任务	任务内容	完成时长
红外光谱仪的发展史		
红外光谱仪的优缺点		
色散型红外光谱仪工作原理		
傅里叶变换红外光谱仪工作原理		

2. 评价

项目		序号	检验内容	配分	评分标准	自评	互评	得分
计划		1	制订是否符合规范、合理	10	一处不符合扣 0.5 分			
实施	发展史	1	红外光谱仪的发展史	10	一处错误扣 1 分			
	特点	1	红外光谱仪的优点	10	一处错误扣 1 分			
		2	红外光谱仪的缺点	10	一处错误扣 1 分			
	工作原理	1	色散型红外光谱仪工作原理	20	一处错误扣 1 分			
		2	傅里叶变换红外光谱仪工作原理	25	一处错误扣 1 分			
职业素养		1	团结协作 自主学习、主动思考 遵守课堂纪律	10	违规 1 次扣 5 分			
安全文明及 5S 管理		1		5	违章扣分			
创新性		1		5	加分项			
检查人						总分		

项目四　红外光谱仪	姓名：	班级：
任务二　认识红外光谱仪的基本结构	日期：	页码：

【任务描述】

通过对红外光谱仪原理的理解，了解红外光谱仪的特点，掌握红外光谱仪的组成结构、性能和主要技术指标等知识。

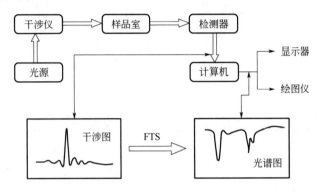

傅里叶变换红外光谱仪的结构

一、学习目标

1. 熟悉红外光谱仪的结构。
2. 了解傅里叶变换红外光谱仪的特点。
3. 了解常用傅里叶变换红外光谱仪的性能和主要技术指标。

二、重点难点

红外光谱仪的结构。

三、参考学时

90min。

【任务实施】

◆引导问题：描述红外光谱仪的部分组成。

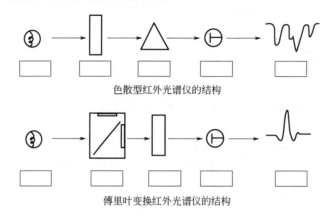

色散型红外光谱仪的结构

傅里叶变换红外光谱仪的结构

任务二　认识红外光谱仪的基本结构

一、红外光谱仪的结构

1. 色散型红外光谱仪的结构

红外光谱仪的主要部件

色散型红外光谱仪由光源、样品室、单色器、检测器、放大器及记录系统等五个部分组成。

（1）光源　红外光谱仪中所用的光源通常是一种惰性固体，用电加热使之发射高强度连续红外辐射。常用的有能斯特灯和硅碳棒两种。能斯特（Nernst）灯由氧化锆、氧化钇和氧化钍烧结而成，是一直径为 1～3mm、长 20～50mm 的中空棒或实心棒，两端绕有铂丝作为导线。在室温下，它是非导体，但加热至 800℃时就成为导体并具有负的电阻特性，因此，在工作之前，要由一辅助加热器进行预热。这种光源的优点是发出的光强度高，使用寿命可达 6 个月至一年，但机械强度差，稍受压或受阻就会发生损坏，经常开关也会缩短使用寿命。硅碳棒一般为两端粗中间细的实心棒，中间为发光部分，其直径约 5mm，长约 50mm。碳硅棒在室温下是导体，并有正的电阻温度系数，工作前不需预热。和能斯特灯比较，它的优点是坚固、寿命长、发光面积大；缺点是工作时电极接触部分需用水冷却。每种光源只能覆盖一定的波段，所以红外的全波段测量常需要几种光源。常用的光源如表 4-1 所示。

（2）样品室　红外光谱仪的样品室一般为一个可插入固体薄膜或液体池的样品槽，如果需要对特殊的样品（如超细粉末等）进行测定，则需要装配相应的附件。由于玻璃和石英对中红外光有强烈吸收，因此红外光谱仪的样品槽须使用可透过红外光的材料制成的窗片，常见的几种池窗材料见表 4-2。用 NaCl、KBr、Cs 等材料制成的窗片需注意防潮，且试样力求干燥，以免盐窗吸潮模糊。固体试样常与纯 KBr 混匀压片，直接测定。

表 4-1　红外光谱仪的常用光源

光源	使用波数范围/cm^{-1}	主要性能
钨灯	4000～15000（近红外）	能量高、寿命长、稳定性好
卤钨灯	4000～15000（近红外）	同钨灯
Nernst 灯	400～4000（中红外）	工作温度为 1400～2000K，辐射强度集中在短波处，在 5000～1666cm^{-1} 处发射系数为 0.8～0.9，具有较长的寿命（约 2000h）
硅碳棒	400～4000（中红外）	能量高、功率大，工作温度为 1300～1500K，热辐射强，使用寿命长，工作前不需预热，需要冷却水冷却
金属丝光源	400～4000（中红外）	大功率（1500K，120mW），风冷却，寿命长
EVERGLO 光源	400～4000（中红外）	大功率（1525K，150mW），低热辐射，风冷却
金属陶瓷棒	50～400（远红外）	大功率，水冷却
高压汞弧灯	10～100（远红外）	高功率，水冷却

表 4-2　常见的几种池窗材料

材料	透光范围[①]/μm	注意事项
NaCl	0.2～25	易潮解，应低于 40%湿度下使用
KBr	0.25～40	易潮解，应低于 35%湿度下使用
CaF$_2$	0.13～12	不溶于水，可测水溶液红外光谱
CsBr	0.2～55	易潮解
KRS-5[②]	0.55～40	微溶于水，可测水溶液红外光谱，该物有毒

① 此数值表示厚度为 2mm，其透光度大于 10%的范围。
② 人工合成的含 58%TlI 和 42%TlBr 的混合晶体。

（3）单色器　与其他波长范围内工作的单色器类似，红外单色器也是由一个或几个色散原件（棱镜或光栅，目前主要使用光栅），可变的入射和出射狭缝，以及用于聚焦和反射光束的反射镜组成的。在红外仪器中一般不使用透镜，以免产生色差。另外，应根据不同的工作波长区域选用不同的透光材料来制作棱镜。

（4）检测器　常用的红外检测器有真空热电偶、热释电检测器和汞镉碲检测器。真空热电偶是色散型红外光谱仪中最常见的一种检测器。它利用不同导体构成回路时的温差电现象，将温差转变为电位差。它以一片涂黑的金箔作为红外辐射的接收面。在金箔的一面焊有两种不同的金属、合金或半导体作为热接点，而在冷接点端连有金属导线。此热电偶封于真空度约为 $7×10^{-7}$Pa 的腔内。为了接收各种波长的红外辐射，在此腔体上对着涂黑的金箔开一小窗，粘以红外透光材料，如 KBr、CsI 等。当红外辐射通过此窗口射到涂黑的金箔上时，热接点温度升高，产生温差电势，在闭路的情况下，回路即有电流产生。由于它的阻抗很低，在和前置放大器耦合时需要用升压变压器。

（5）放大器及记录系统　由检测器产生的信号很弱，例如热电偶产生的电信号强度为 10^{-9}V，此信号须经过电子放大器放大后再通过记录仪自动记录谱图。新型的仪器还配有微处理机，以控制仪器的操作、谱图中各种参数、谱图的检索等。

2. 傅里叶变换红外光谱仪的结构

傅里叶变换红外光谱仪是 20 世纪 70 年代问世的，属于第三代红外光谱仪，它是基于光相干涉原理而设计的干涉型红外光谱仪。傅里叶变换红外光谱仪具有扫描速度快，光通量大，分辨率高，测定光谱范围宽，适合各种联机等优点。近年来 FTIR 发展很快，应用范围也越来越广泛。

傅里叶变换红外光谱仪没有色散元件，主要由光源、迈克耳逊干涉仪、样品室、检测器、计算机和记录仪构成。

（1）光源　傅里叶红外光谱仪要求光源能发射出稳定、高强度、连续波长的红外光，通常使用能斯特灯、碳化硅或涂有稀土化合物的镍铬旋状灯丝。

（2）干涉仪　迈克耳逊干涉仪是傅里叶红外光谱仪的核心部分，如图 4-4 所示，其作用是将复色光变为干涉光。迈克耳逊干涉仪由定镜、动镜、分束器和检测器组成。分束器（BS）是迈克耳逊干涉仪的关键元件，它在相互垂直的定镜 M_1 和动镜 M_2 之间呈 45°角放置，当光源发出的入射光进入干涉仪后被分束器分成两束光——透射光Ⅰ和反射光Ⅱ。其中，透射光Ⅰ穿过分束器被动镜 M_2 反射，沿原路回到分束器并被反射到探测器 D；反射光Ⅱ则由固定镜 M_1 沿原路反射回来，通过 BS 到达 D。这样在 D 上所得的Ⅰ光和Ⅱ光是相干光。

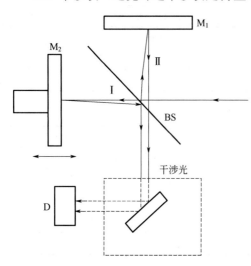

图 4-4　迈克耳逊干涉仪示意

M_1—定镜；M_2—动镜；D—检测器；BS—分束器

对分束器的要求是：应在波数 v 处使入射光束透射和反射各半，此时被调制的光束振幅最大。根据使用波段范围不同，在不同介质材料上加相应的表面涂层，即构成分束器，中红外干涉仪中的分束器主要是由溴化钾材料制成的；近红外分束器一般以石英和 CaF_2 为材料；远红外分束器一般由坚韧聚酯类高分子物（Mylar）膜和网格固体材料制成。

（3）检测器　检测器一般分为热检测器和光检测器两大类。热检测器是把某些热电材料的晶体放在两块金属板中，当光照射到晶体上时，晶体表面电荷分布变化，由此可以测量红外辐射的功率。热检测器有氘代硫酸三甘肽（DTGS）、钽酸锂（$LiTaO_3$）等类型。光检测器是利用材料受光照射后，由于导电性能的变化而产生信号，常用的光检测器有锑化铟、汞镉碲等类型。

（4）计算机和记录仪　傅里叶变换红外光谱仪数据处理系统的核心是计算机，功能是控制仪器的操作，收集和处理数据。

傅里叶变换红外光谱仪的产生是一次革命性的飞跃。与经典色散型红外光谱仪相比，傅里叶变换红外光谱仪具有以下特点：

① 扫描速度快。测量光谱速度要比色散型仪器快数百倍，一般只要 1s 左右即可。因此，它可用于测定不稳定物质的红外光谱。同时，这一优点使它特别适合与气相色谱、高压液相色谱仪器联机使用，也可用于快速化学反应过程的跟踪及化学反应动力学的研究等。对于稳定的样品，在一次测量中一般采用多次扫描、累加求平均法得到干涉图，这就改善了信噪比。在相同的总测量时间和相同的分辨率条件下，FTIR 的信噪比比色散型的要提高数十倍以上。

② 灵敏度高。检测极限可达 $10^{-12}\sim10^{-9}$g，对微量组分的测定非常有利，傅里叶变换红外光谱仪特别适合测量弱信号光谱。例如遥测大气污染物车辆、火箭尾气及烟道气等和水污染物等。

③ 分辨率高。在整个光谱范围内波数精度可达到 $0.1\sim0.005\text{cm}^{-1}$。

④ 测定的光谱范围宽。可以研究整个近红外、中红外和远红外，测量范围可达 $10000\sim10\text{cm}^{-1}$，这对测定无机化合物和金属有机化合物十分有利。

二、常用傅里叶变换红外光谱仪的性能和主要技术指标

目前常用的傅里叶变换红外光谱仪型号很多，国产的有北京瑞利分析仪器有限公司生产的 WQF-310 型、WQF-520A 型傅里叶变换红外光谱仪等，进口的有日本岛津公司的 FTIR-8400S 型傅里叶变换红外光谱仪等。常用傅里叶变换红外光谱仪的性能和主要技术指标见表 4-3。

表 4-3 常用傅里叶变换红外光谱仪的性能和主要技术指标

生成厂家	仪器型号	主要技术指标
北京瑞利分析仪器有限公司	WQF-310 型傅里叶变换红外光谱仪	微机化仪器 波数范围：$7000\sim400\text{cm}^{-1}$ 分辨率：1.5cm^{-1} 波数精度：0.01cm^{-1} 扫描速度：$0.2\sim2.5\text{cm/s}$ 信噪比 $>10000:1$ 采用密封折射扫描干涉仪 由微机控制和选择扫描速度
	WQF-520A 型傅里叶变换红外光谱仪	波数范围：$7800\sim350\text{cm}^{-1}$ 分辨率：优于 0.5cm^{-1} 波数精度：$\pm0.01\text{cm}^{-1}$ 扫描速度：5 挡可调，微机控制和选择不同的扫描速度 挡次连续可调，特别适合光电导检测器（MCT）和光声光谱附件的应用 信噪比：优于 $15000:1$ 分辨率：4cm^{-1}（在 2100cm^{-1} 处） 分束器：KBr 基片镀锗 探测器：标准配置 DLATGS 光源：高强度空气冷却红外光源
天津市光学仪器厂	TJ270-30 双光束比例记录式红外分光光度计	微机化仪器 双闪耀光栅单色器 波数范围：$4000\sim400\text{cm}^{-1}$ 波数精度：$\leqslant\pm4\text{cm}^{-1}$（$4000\sim2000\text{cm}^{-1}$），$\leqslant\pm2\text{cm}^{-1}$（$2000\sim400\text{cm}^{-1}$） 分辨率：$1.5\text{cm}^{-1}$（在 1000cm^{-1} 附近） 透射比精度：$\pm0.2\%\tau$（不含噪声电平） 杂散光：$\leqslant0.5\%\tau$（$4000\sim650\text{cm}^{-1}$），$\leqslant1\%\tau$（$650\sim400\text{cm}^{-1}$） 扫描速度：5 挡可调
日本岛津公司	FTIR-8400S 型傅里叶变换红外光谱仪	波数范围：$7800\sim350\text{cm}^{-1}$ 分辨率：0.5cm^{-1}、1.0cm^{-1}、2.0cm^{-1}、4.0cm^{-1}、8.0cm^{-1}、16.0cm^{-1} 波数精度：$\pm0.01\text{cm}^{-1}$ 信噪比：优于 $20000:1$ 扫描速度分 3 挡，分别为 2.8mm/s、5mm/s、9mm/s 干涉仪：迈克耳逊型、内置动态准直功能 检测器：可温度调节的 DLATGS 检测器 分辨率：0.85cm^{-1}、1cm^{-1}、2cm^{-1}、4cm^{-1}、8cm^{-1}、16cm^{-1}

续表

生成厂家	仪器型号	主要技术指标
美国 PE 公司	SpectrumRX 系列傅里叶变换红外光谱仪	微机化仪器 波数范围：7800～350cm^{-1} 分辨率优于 2.0cm^{-1} 波数精度优于 0.01cm^{-1} 信噪比优于 60000：1 FR-DTGS 检测器
伯乐公司（英国）	FTS-45 型傅里叶变换红外光谱仪	微机化仪器 光谱范围为 4400～400cm^{-1}，可选 7500～380cm^{-1}，可扩展至 15700～10cm^{-1} 分辨率优于 0.5cm^{-1}，可选优于 0.25cm^{-1}
	FTS-65A 型傅里叶变换红外光谱仪	微机化仪器 光谱范围为 63200～10cm^{-1} 具有双光源、双检测器 快速扫描＞50 次/s；步进式扫描为 0.25～800 步/s
	FTS-7A 型傅里叶变换红外光谱仪	微机化仪器 光谱范围为 4400～400cm^{-1}（可选 7500～380cm^{-1}） 最大分辨率 2.0cm^{-1}（可选 1cm^{-1} 或 0.5cm^{-1}）

【思考与交流】

1. 傅里叶变换红外光谱仪由哪些主要部分组成？
2. 迈克耳逊干涉仪中分束器的作用是什么？
3. 为什么电子计算机技术对于傅里叶变换红外光谱仪来说显得十分重要？
4. 傅里叶变换红外光谱仪有哪些特点？

项目四 红外光谱仪	姓名：	班级：
任务二 认识红外光谱仪的基本结构	日期：	页码：

【任务检查与评价】

1. 检查

工作任务	任务内容	完成时长
色散型红外光谱仪的结构		
傅里叶变换红外光谱仪的结构		
常用傅里叶变换红外光谱仪主要技术指标		

2. 评价

项目		序号	检验内容	配分	评分标准	自评	互评	得分
计划		1	制订是否符合规范、合理	10	一处不符合扣0.5分			
实施	色散型红外光谱仪的结构	1	光源	5	一处错误扣1分			
		2	样品室	5	一处错误扣1分			
		3	单色器	10	一处错误扣1分			
		4	检测器	5	一处错误扣1分			
		5	放大器及记录系统	5	一处错误扣1分			
	傅里叶变换红外光谱仪的结构	1	光源	5	一处错误扣1分			
		2	干涉仪	10	一处错误扣1分			
		3	样品室	5	一处错误扣1分			
		4	检测器	10	一处错误扣1分			
		5	计算机和记录仪	5	一处错误扣1分			
	常见型号及主要技术指标	1	常见型号	5	一处错误扣1分			
		2	主要技术指标	5	一处错误扣1分			
职业素养		1	团结协作 自主学习、主动思考 遵守课堂纪律	10	违规1次扣5分			
安全文明及5S管理		1		5	违章扣分			
创新性		1		5	加分项			
检查人						总分		

项目四 红外光谱仪	姓名:	班级:
任务三 WQF-520A 型傅里叶变换红外光谱仪的使用与维护	日期:	页码:

【任务描述】

通过对 WQF-520A 型傅里叶变换红外光谱仪结构的学习,掌握 WQF-520A 型傅里叶变换红外光谱仪的使用以及其维护方法。

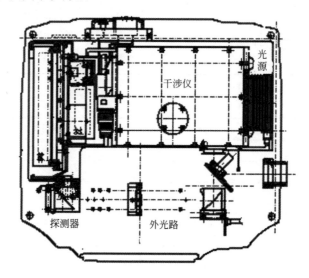

WQF-520A 型傅里叶变换红外光谱仪总体布局

一、学习目标

1. 熟悉 WQF-520A 型傅里叶变换红外光谱仪的结构。
2. 熟练使用 WQF-520A 型傅里叶变换红外光谱仪。
3. 掌握 WQF-520A 型傅里叶变换红外光谱仪的维护方法。

二、重点难点

WQF-520A 型傅里叶变换红外光谱仪的维护。

三、参考学时

90min。

【任务实施】

任务三　WQF-520A 型傅里叶变换红外光谱仪的使用与维护

傅里叶变换红外光谱仪作为常用的大型分析检验设备应用十分广泛，其型号繁多，但不同红外光谱仪的使用方法基本相似。这里以常见的 WQF-520A 型傅里叶变换红外光谱仪说明其一般使用方法。

WQF-520A 型傅里叶变换红外光谱仪是由北京瑞利分析仪器有限公司研制和生产的，它具有操作简便、性能可靠、附件齐全、外观现代等特点，可广泛应用于石油、医药、化工、环保、高等院校、农业、国防等各个领域，是科研、生产不可缺少的红外光谱分析仪器。

一、WQF-520A 型傅里叶变换红外光谱仪结构

WQF-520A 型 FTIR 从功能上可以划分为以下几个部分：干涉仪、样品室、探测器、电气系统以及数据系统。在总体布局上，光谱仪采用了部分模块化结构，干涉仪、探测器、电源、电气主板独立形成模块。在一个底座上通过各模块之间适当的排列组合，可以满足不同实验条件的需要，而且这种积木式结构还便于扩展和升级，大大提高了仪器的使用灵活性。WQF-520A 型 FTIR 的整体结构如图 4-5 所示。

图 4-5　WQF-520A 型 FTIR 整体结构

1. 迈克耳逊干涉仪

虽然所有干涉仪的原理都是相同的——通过引入一个分离光束的两个分量之间的光程差来产生干涉图，但不同的干涉仪在设计上有很大差别，主要是如何选择一种最佳的光束分离和复合方式以提高仪器的精确度。

WQF-520A 型 FTIR 光谱仪采用的是迈克耳逊干涉仪，但使用 90°的立方角反射镜取代了传统迈克耳逊干涉仪中的平面反射镜（如图 4-6 所示）。

角镜干涉仪和传统的迈克耳逊干涉仪不同的是，角镜干涉仪的固定镜和动镜采用了角镜。角镜干涉仪的原理是光源经过准直镜后成为一束平行光，进入分束器后分成两束，一束为反射光传送到动镜，另一束为透射光传送到固定镜。由于动镜的移动引起了其中一束光光程的改变，从角反射动镜和角反射固定镜返回的光束方向平行于入射光，当这两束光再次通过分束器后而产生干涉。由于角镜型 Michealson 干涉仪的固定镜和动镜采用了角反射镜，这样就

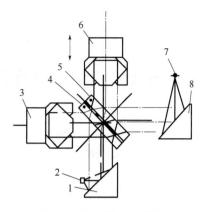

图 4-6 角镜型迈克耳逊干涉仪

1—准直镜；2—探测器；3—固定镜；4—分束器；
5—补偿镜；6—动镜；7—光源；8—准直镜

降低了外界因素对仪器干涉度的影响，显著提高了仪器的稳定性。角镜型 Michealson 干涉仪通过角镜的移动改变光程差，同折射扫描干涉仪相比，要实现相同的分辨率，角镜型 Michealson 干涉仪动镜移动的距离很短，这种干涉仪更容易实现快速扫描，另外它又具有 Michealson 干涉仪体积小、结构紧凑等优点。

WQF-520A 型 FTIR 的干涉仪，现已做成密封防潮型。干涉仪分别与外光路之间加 KBr 窗片及密封圈密封，可有效地防止 KBr 分束器及补偿镜的潮解。

2. 电气系统

WQF-520A 型 FTIR 的电气基本原理是红外光通过干涉仪产生干涉，通过控制干涉仪的动镜在一定范围往复运动来获得红外干涉光，干涉光由红外探测器接收，将红外光干涉信号转变成电信号，经前置程控放大器放大，送至低通滤波器滤去高频干扰信号，再经可变增益放大器放大，送到 A/D 模数转换器。利用激光在干涉仪中产生相对于波长均匀变化的脉冲信号作基准，去触发 A/D 变换器进行模数转换。同时采用直接存储器访问（DMA）方式把数据采集起来，然后通过串行总线 USB 接口送入上位机进行处理。

在 WQF-520A 型 FTIR 光谱仪中，干涉仪是由自己专用的微机来控制的，独立于数据系统的主计算机，二者之间通过 USB 接口进行数据通信。WQF-520A 型 FTIR 电路系统的主要功能是：干涉仪伺服控制，数据采集及处理，以及数据通信等。整个电路系统的原理框图如图 4-7 所示，主要由一块电气主板和外围电路组成。

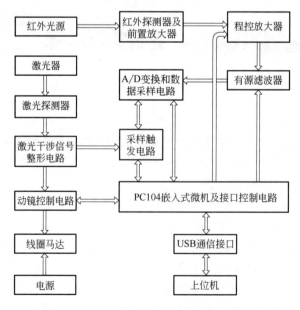

图 4-7 WQF-520A 型 FTIR 的电路系统原理框图

3. 数据系统

WQF-520A 型 FTIR 的数据系统采用 IBM PC 兼容微机。其软件为全中文软件，可以与大量的工作在 Windows 下的第三者软件一起运行，同时，用户也可根据自己的需要，自行开发新的光谱数据操作程序。WQF-520 型 FTIR 的标准操作软件提供全部的红外光谱常规分析操作功能。

二、WQF-520A 型傅里叶变换红外光谱仪的使用方法

1. 开机、测试、预热

（1）接通 220V 电源，先后打开 WQF-520A 型 FTIR 的主机及计算机。

（2）计算机进入 Windows 操作系统后，用鼠标点击桌面 WQF-520A 型 FTIR 主程序 MainFTOS；程序启动进入如图 4-8 所示的主菜单界面。

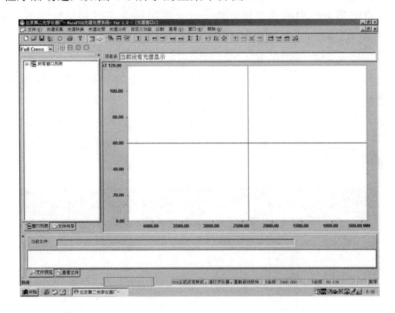

图 4-8　WQF-520A 型 FTIR 主程序 MainFTOS 主菜单界面

（3）主界面信息

① 标题栏。MainFTOS 标题栏位于窗口的最上方，它主要由 4 部分组成。

a. 控制菜单框：通过下拉菜单可以控制窗口的大小以及移动和关闭窗口。

b. 软件拥有者及应用程序名及版本号：北京瑞利分析仪器有限公司-MainFTOS 光谱处理系统-Ver2.3。

c. 窗口名：当前窗口，如"光谱窗口 1"。

d. 控制按钮：标题栏右侧从左到右分别是控制窗口的"最小化""最大化/还原"和"关闭"按钮。

② 菜单栏。MainFTOS 提供了 10 个菜单，其中包括了对光谱操作的全部功能。

③ 工具栏。提供了多个工具栏，用户可根据需要在屏幕上显示或关闭工具栏。

④ 窗口。MainFTOS 包括工作台窗口、查看窗口、光谱显示窗口。用户可根据需要显示或关闭工作台窗口、查看窗口。工作台窗口可选择窗口列表窗口和文件向导窗口，查看窗口

可选择文件预览窗口和查看文件窗口。

⑤ 状态栏。在窗口的最下面,显示光谱的操作状态、光标叉丝的坐标。

(4) 用鼠标点击菜单栏中的"光谱采集",后点击"设置仪器运行参数(AQPARM)"程序进入系统参数设置对话框,可设置分辨率、扫描次数、扫描速度等。参数设置完成后点击"设置并退出"。

(5) 用鼠标点击菜单栏中的"光谱采集",后点击"仪器本底测试(TSTB)",程序进入空气测试采集,光谱显示窗口出现本底光谱图。

(6) 如果前5项正常,仪器预热20min后即可进行样品采集工作。

2. 采集样品谱

(1) 用鼠标点击菜单栏中的"光谱采集",后点击"设置仪器运行参数(AQPARM)",出现对话框,扫描速度设为"20"。用鼠标点击"确定"。

(2) 用鼠标点击菜单栏中的"光谱采集",再用鼠标点击"采集仪器本底(AQBK)",出现采集仪器本底对话框。点击"开始采集"。采集完毕后进行下一个程序。(采集的本底一般为:空气谱图或压片机压成的KBr空白片谱图。)

(3) 将被测样品或KBr与样品的混合物用压片机压成的片子,放入样品室的样品架上。

(4) 采集透射谱图或吸收图谱

① 采集透射谱图。用鼠标点击菜单栏中的"光谱采集",再用鼠标点击"采集透光率光谱(AQSP)",出现采集透光率光谱对话框。点击"开始采集"。采集完毕后可得到样品的透光率光谱图(图4-9)。

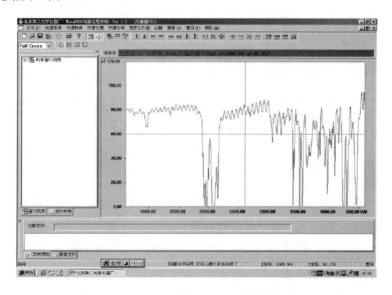

图4-9 WQF-520A型FTIR采集样品的透光率光谱

② 采集吸收谱图。用鼠标点击菜单栏中的"光谱采集",再用鼠标点击"采集吸光度光谱(AQSA)",出现采集吸光度光谱对话框。点击"开始采集"。采集完毕后可得到样品的吸光度光谱(图4-10)。

3. 样品谱图的打印输出

(1) 用鼠标点击菜单栏中的"文件"菜单,再用鼠标点击"打印谱图(print)(P)"程序将进入专用打印程序。

（2）打印程序具有强大的谱图功能处理能力，谱图可随用户的需要进行打印。

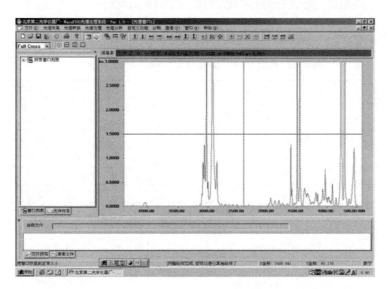

图 4-10　WQF-520A 型 FTIR 光谱仪采集样品的吸光度光谱

三、WQF-520A 型傅里叶变换红外光谱仪的维护和保养

（1）光谱仪系统所处的工作场所应保持干净和整齐，无脏物、灰尘和烟雾。

（2）室温应保持在 15～30℃之间。光学元件是整个系统工作的关键，且价格昂贵。特别是分束器，对环境湿度有很严格的要求，相对湿度的允许范围小于 60%。冷的仪器一旦打开后被暴露在潮湿的空气中，就可能发生水汽冷凝现象，当仪器第一次使用或搁置很长一段时间再使用仪器时，首先应让仪器预热几个小时。

（3）光谱仪系统所处的周围环境中应无腐蚀性气体和可燃或易爆气体以及其他类型的有毒物质。在操作过程中，环境中的卤代烃气体的总量不得高于 25μL/L，以避免红外光源的损坏以及由此产生的氢卤酸的腐蚀。

（4）电学元件、电源等都会发热，因此须保持仪器通风口和通风窗的正常工作以利散热。仪器四周至少应保留 10cm 的空隙以使空气流通。

（5）红外光源应定期更换，连续 24h 工作 3～6 个月，应更换一次。否则从红外光源中挥发出的物质会溅射到附近的光学元件表面，从而降低系统的能量。

（6）红外光谱仪最好放置在一个单独的稳固台面上，和诸如电扇、马达等的持续振动体分隔开来以防止仪器受到一般的振动，同时仪器仍应避免剧烈的振动或撞击。

（7）红外光谱仪对电源和电缆有如下要求：

① 确保电源稳定在 220V±22V 的范围之内。

② 如果电源经常出现问题，就应配置一台电源稳压器。

③ 光谱仪系统应使用专门的电源插座，不应与其他电气设备共用。

④ 如果四周铺有地毯，就应在仪器下放一块防静电的橡皮垫子。

⑤ 仪器电源应接地，不要取消保护地线或使用没有接地导体的延伸电缆。必须用三电极

的延伸电缆和插座。

四、傅里叶变换红外光谱仪的常见故障及排除方法

典型 FTIR 仪器常见故障分析及排除方法见表 4-4。

表 4-4　典型 FTIR 仪器常见故障分析及排除方法

常见故障	产生故障原因	处理方法
干涉仪不扫描，不出现干涉图	计算机与红外仪器联通信号失败	检查计算机与仪器的连接线是否连接好，重新启动计算机和光学台
	更换分束器后没有固定好或没有到位	将分束器重新固定
	红外仪器电源输出电压不正常	检查仪器面板上灯和各种输出电压是否正常
	分束器已损坏	请仪器维修工程师检查、更换分束器
	控制电路板元件损坏	请仪器公司维修工程师检查
	空气轴承干涉仪未通气或气体压力不够高	通气并调节气体压力
	主光学台和外光路转换后，穿梭镜未移动到位	光路反复切换，重试
	室温太低或太高	用空调调节室温
	He-Ne 激光器不亮或能量太低	检查激光器是否正常
	软件出现问题	重新安装红外操作软件
干涉图能量太低	分束器出现裂缝	请仪器维修工程师检查、更换分束器
	光阑孔径太小	增大光阑孔径
	光路未准直好	自动准直或动态准直
	光路中有衰减器	取下光路衰减器
	检测器损坏或 MCT 检测器无液氮	请仪器维修工程师检查、更换检测器或添加液氮
	红外光源能量太低	更换红外光源
	各种红外光反射镜太脏	请仪器维修工程师清洗
	非智能红外附件位置未调节好	调整红外附件位置
干涉图能量溢出	光阑孔径太大	缩小光阑孔径
	增益太大或灵敏度太高	减小增益或降低灵敏度
	动镜移动速度太慢	重新设定动镜移动速度
	使用高灵敏度检测器时未插入红外光衰减器	插入红外光衰减器
干涉图不稳定	控制电路板元件损坏或疲劳	请仪器维修工程师检查
	水冷却光源未通冷却水	通冷却水
	液氮冷却检测器真空度降低，窗口有冷凝水	MCT 检测器重新抽真空
空气背景单光束光谱有杂峰	光学台中有污染气体	吹扫光学台
	使用红外附件时，附件被污染	清洗红外附件
	反射镜、分束器或检测器上有污染物	请仪器维修工程师检查
空光路检测时基线漂移	开机时间不够长，仪器不稳定	开机 1h 后重新检测
	高灵敏度检测器（如 MCT 检测器）工作时间不够长	等检测器稳定后再测试

【思考与交流】

1. WQF-520A 型 FTIR 采用的 Michealson 干涉仪与传统干涉仪有什么不同？
2. WQF-520A 型 FTIR 的使用步骤主要包括哪几步？
3. 典型红外光谱仪常见故障有哪些？

项目四 红外光谱仪	姓名：	班级：
任务三 WQF-520A 型傅里叶变换红外光谱仪的使用与维护	日期：	页码：

【任务检查与评价】

1. 检查

工作任务	任务内容	完成时长
WQF-520A 型傅里叶变换红外光谱仪结构及使用		
仪器维护与保养		
红外光谱仪常见故障及排除方法		

2. 评价

项目		序号	检验内容	配分	评分标准	自评	互评	得分
计划		1	制订是否符合规范、合理	10	一处不符合扣 0.5 分			
实施	仪器结构	1	WQF-520A 型傅里叶变换红外光谱仪结构	10	一处错误扣 1 分			
	仪器使用	1	开机、测试、预热	5	一处错误扣 1 分			
		2	采集样品谱	5	一处错误扣 1 分			
		3	样品谱图的打印输出	5	一处错误扣 1 分			
	仪器维护	1	WQF-520A 型傅里叶变换红外光谱仪的维护和保养	10	一处错误扣 1 分			
	故障排除	1	干涉仪不扫描，不出现干涉图	10	一处错误扣 1 分			
		2	干涉图能量太低	10	一处错误扣 1 分			
		3	干涉图能量溢出	10	一处错误扣 1 分			
		4	干涉图不稳定	5	一处错误扣 1 分			
		5	空气背景单光束光谱有杂峰	5	一处错误扣 1 分			
		6	空光路检测时基线漂移	5	一处错误扣 1 分			
职业素养		1	团结协作 自主学习、主动思考 遵守课堂纪律	5	违规 1 次扣 5 分			
安全文明及 5S 管理		1		5	违章扣分			
创新性		1		5	加分项			
检查人						总分		

项目四 红外光谱仪	姓名：	班级：
任务四 FTIR-8400S 型傅里叶红外光谱仪的使用与维护	日期：	页码：

【任务描述】

通过对 FTIR-8400S 型 FTIR 以及红外光谱仪辅助设备的使用学习，掌握红外样品的制样技术以及红外光谱仪的维护方法。

一、学习目标

1. 了解 FTIR-8400S 型 FTIR 的特点。
2. 能够熟练使用 FTIR-8400S 型 FTIR。
3. 掌握红外样品的制样技术。
4. 掌握红外光谱仪的日常维护。
5. 熟练使用红外光谱仪辅助设备。

二、重点难点

FTIR-8400S 型 FTIR 的使用。

三、参考学时

90min。

【任务实施】

◆引导问题：熟悉手动红外压片机的各个部件名称。

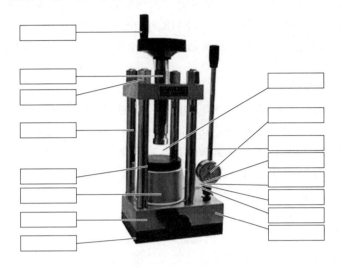

任务四　FTIR-8400S 型傅里叶变换红外光谱仪的使用与维护

岛津 FTIR-8400S 型傅里叶变换红外光谱仪既能够满足有机物的定性分析,又能实现定量分析；不仅能实现常量样品分析，也能通过附件的结合实现微量样品分析。

一、FTIR-8400S 型傅里叶变换红外光谱仪的特点

FTIR-8400S 型 FTIR 外形如图 4-11 所示，内置先进的动态准直系统随时保持最佳干涉状态。其具有高灵敏度、操作简便，标准配备包括检索、定量在内的各种数据功能以及有效性程序。

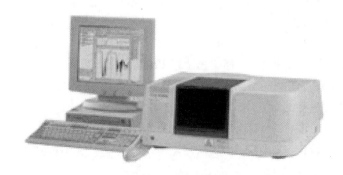

图 4-11　FTIR-8400S 型 FTIR 外形

1. 高分辨率、高灵敏度

岛津 FTIR-8400S 型傅里叶变换红外光谱仪分辨率为 $0.85cm^{-1}$，信噪比为 20000∶1。FTIR-8400S 型 FTIR 采用空冷式新型高辉度陶瓷光源，结构简单，性能稳定且使用寿命长。光学系统采用镀金反射镜等高精度光学元件，实现能量高效率利用。镀金反射镜具有 98% 的反射率，而传统的镀铝的反射镜只有 95% 的反射率，FTIR-8400S 型 FTIR 的光学系统减少了能量损失，提高了能量输出。检测器采用了新型高灵敏度 DLATGS 检测器，实现 FTIR 分析的超高灵敏度和良好稳定性。

2. 稳定的干涉仪系统

干涉仪是 FTIR 的核心装置，其高精度扫描是高灵敏度测定的关键。FTIR-8400S 型 FTIR 采用稳定无磨损动镜驱动系统 FJS（flexible joint support）机构，同时结合计算机程序设计语言（ADA）机构，使干涉仪的状态达到最优化与稳定化。FTIR-8400S 型 FTIR 预热时间短，测定状态稳定。另外即使在更换分束器时，也可自动地调整干涉信号至最佳状态。

3. 独特的防潮性能

FTIR 的干涉仪中，分束器部分极易吸附水汽受潮劣化，影响测定性能。FTIR-8400S 型 FTIR 在防潮性能方面采取了很多独特的措施。岛津 FTIR-8400S 型 FTIR 干涉仪窗板采用 KRS-5 材质，与普通的 KBr 窗板相比，具有极佳的防潮性能。另外，干涉仪采取密封措施，内置硅胶干燥剂。

4. 灵活的扩展性能

岛津 FTIR-8400S 型 FTIR 的扩展性能体现在外接附件的扩展。可以外接衰减全反射（ATR）、漫反射、镜反射附件，另外还可以外接红外显微镜。

5. 强大的中英文双语操作软件

岛津 FTIR-8400S 型 FTIR 的操作软件采用中英文双语版的 IRSolution，功能强大，操作简单方便。具有光谱测定、数据显示、图谱比较、数据处理、定量分析、光谱检索、报告打印等功能。

二、FTIR-8400S 型 FTIR 的使用

1. 开机

① 打开仪器前部面板上的电源开关。

② 打开计算机，至 Windows 2000 界面出现。

③ 双击桌面 IRsolution 快捷键，输入设定的密码，然后点击"OK"。

2. 选择仪器及初始化

① 选择菜单条上的"Environment"（环境）—"Instrument Preferences"（仪器参数选择）—"Instruments"（仪器），选择仪器"FTIR8000series"。

② 选择菜单条上的"Measurement"（测量）—"Initialize"（初始化），初始化仪器至两只绿灯亮起，即可进行测量。

3. 光谱测定

（1）测定参数的设定　如图 4-12 所示，点击功能条中"Measure"键。

图 4-12　功能条界面

① 在 Data 页中，设置如图 4-13 所示。

a．Measurement Mode，选择"% Transmittance"（透过率）。

b．Apodization（变迹函数），选择"Happ-Genzel"（哈-根函数）。

c．No. of Scans（扫描次数），设置"40"。

d．Resolution（分辨率），设置"4.0"cm^{-1}。

e．Range（波数范围），设置"400～4600"cm^{-1}。

② 在 Instrument 页中，设置如图 4-14 所示。

a．Beam（光束），选择"Internal"（内部）。

b．Detector（检测器），选择"standard"（标准）。

c．Mirror Speed（动镜速度），选择"2.8"mm/s。

③ 在 More 页中，如下图 4-15 设置。

④ 在 Files 页中，输入文件名，保存为 Parameter files（参数文件.ftir）。

⑤ 在 Data file 框中，写入待测谱图的文件名，选择合适的路径，在 Comment 框中输入文本加以说明。

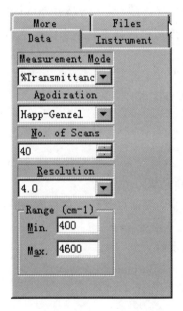

图 4-13　Data 页参数设置界面

图 4-14　Instrument 页参数设置界面

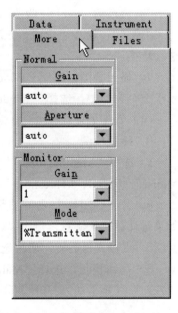

图 4-15　More 页参数设置界面

（2）光谱测定

① 点击此窗口的 BKG 键，进行背景扫描。

② 插入样品，点击 Sample 键，即可进行样品扫描。

③ 自动保存或换名保存为 smf 文件（*.smf）。

（3）显示

① 波数范围以及纵轴范围的变更图谱范围十分简单，只需点击图像上 X 轴、Y 轴，在对话框中输入适当的数字即可。

② 放大谱图。按下鼠标左键拖曳产生一个方框，到合适的大小后放开左键，放大的谱图

范围就定义好了。用左键拖曳方框到需要放大的部位，松开左键，方框内的部分就被放大成整张谱图大小。

③ 范围列表。选择"Graph"（谱图）—"Range"（范围）—"Range List"（范围列表），对话框中输入 X 轴、Y 轴范围，点击 `Add to List` 键，添加到表中。也可点击 `Save As` 将其保存为范围文件（*.rng）。

④ 显示全谱。在已放大的谱图的任意位置点击鼠标右键，选择"Full view"谱图即恢复原状。

⑤ 显示或隐藏谱图。右键点击文件树中文件名，对话框中点击 `Display`，选择是否显示，`Close` 用于隐藏谱图，`Clear All` 用于隐藏所有谱图。

⑥ 打开或关闭谱图。打开谱图：选择主菜单"File"—"Open"，列表中选择目录并双击，选择文件类型，出现该目录下的所有文件，双击所要打开的文件；或通过工具条中的 图 键打开。

关闭谱图：选择主菜单"File"—"Close"，关闭激活的谱图，选择主菜单"File"—"Close All"，关闭所有打开的谱图。

⑦ 透过谱（%τ）—吸收谱（Abs）的转换。选择"Graph"（谱图）—"Y-Axis Mode"（Y 轴模式），选择"Tra"（透过率）或"Abs"（吸光度）；或通过选择工具条中的 图 键进行转换。

⑧ 显示叠图。选择"Window"（窗口）—"Join Visible"（重叠显示），将所有谱图显示于一个窗口中；选择"Window"—"Split"（拆分），将重叠图拆开分别显示。

（4）数据处理

① 峰值检测

a. 选择"Manipulation 1"（图谱操作 1）—"Peaktable"（峰表），设置参数如图 4-16："Noise"（噪声）、"Threshold"（峰阈值）、"Min Area"（最小峰面积）。

b. 点击 `Calc`，各峰波数标在峰的旁边，选取峰数的多少，可通过改变各参数值调整，如果对计算结果满意，点击"OK"。峰表显示于"View"页。

c. 点击鼠标右键，通过选择 `Show Peak Table`，设置是否显示峰表。

② 基线校正。选择"Manipulation 1"（图谱操作 1）—"Baseline"（基线校正）—"Zero"（零基线），基线校正操作中可选择 0 点、3 点或多点，如图 4-17 所示。

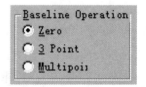

图 4-16　峰值检测设置参数界面　　　　图 4-17　基线校正参数界面

a. 0 点，基线调整到最大透过率为 100%（最小 $A=0$）。

b. 3 点，选择谱图中 3 处波数，调整到预定透过率。

c. 多点，选择谱图中多处波数，调整到最大透过率为 100%；点击"Add"键，利用光标在需要成为基线的波数上点击，选择多个点，完毕后，点击 Calc ，点击"OK"确认。

（5）谱图运算

① 与常数之间的四则运算。激活谱图，选择"Manipulation 1"（谱图操作 1）—"Arithmetic"（四则运算），选择一种运算（+、-、×、÷），输入与之计算的常数值，点击 Calc ，如对结果满意，点击"OK"。

② 与谱图之间的运算。以差谱为例，激活被减谱图（Source），选择"Manipulation 2"（谱图操作 2）—"Dataset"（谱图间运算），从文件树中选择待减去的谱图（Reference），在"Factor"框中输入因子，点击 Calc ，如对结果满意，点击"OK"。

4. 定量分析

根据朗伯-比尔定律进行定量分析，共有以下几种定量方法：multipoint calibration curve method（多点校正曲线法）、multiple linear regression method（MLR 多线性回归）、partial least squares method（PLS 偏最小二乘法）。

点击工具条上 Quant 键，菜单中选择"Analyze Method"（分析方法）—"Multi Point"（多点校正）。

（1）Calibration（校正）　"Name"栏输入组分名称，"Unit"栏输入单位名称；选择文件树中标准谱图，双击或拖曳谱图至"Spectrum"栏中，谱图显示于下部窗口中；"Concentration"栏输入各标准谱图的浓度值。

（2）选择定量方式　设置"Single wavenumber"（单波数）、"Peak area"（峰面积）或"Peak height"（峰高）。选择单波数法，"Wavenumber"中输入定量波数，或点击 >> 键用鼠标在谱图中选择。

（3）设置校正曲线参数　"Order"（曲线次数）选择"Linear"（一次曲线）、"Square"（二次曲线）或"Cubic"（三次曲线），"Origin"（原点）选择"Ignore"（忽略）、"Fit"（应用）或"Force"（强制）。

（4）校正曲线　以上参数设置好后，点击 Calibrate 键，校正曲线即显示在右下窗口中，点击窗口中 Result 页，显示校正曲线方程式。

（5）测量未知样品　点击窗口中 Analyze 页，选择文件树中未知样品谱图，双击或拖曳谱图至表中，测量结果即显示出。

以上方法用于分析单组分样品，进行多组分样品的分析时采用 MLR 多线性回归分析方法。

5. 谱图检索

IRsolution 软件中含有 IRs ATR Reagent、IRs Polymer 和 IRs Reagent 三个谱库，共 430 多张谱图，以供检索。检索方法如下：

① 激活未知谱图。

② 功能条中"Search"键。

a."Libraries"页中定义使用的谱库。

b."Parameters"页中输入有关检索参数，"Maximum hits"中输入显示命中谱图数量，"Minimum quality"中输入最小匹配度（HQI 分值 0~1000）；"Algorithm"（运算法则）中选择"Pearson"（皮尔森）或"Euclidean"（欧几里得）；"Skip Points"（跳读点）中选择 4。

③ 点击 Search 键，显示检索结果。如图 4-18 所示，上半部分是未知谱图，中间是与之

相匹配的谱图,下半部分是检索报告。

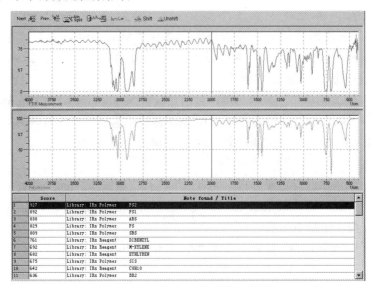

图 4-18　谱图检索结果界面

6. 打印报告
软件中有常用报告模板,也可自己创建。
① 激活要打印的谱图。
② 选择"File"—"Print",点击"确定",在接下来的窗口中选择模板报告,点击"打开"。
③ 点击"Print"打印报告。
④ 打印前可选择"File"—"Print Preview"预览打印报告。

7. 关机
① 选择"File"—"Exit",退出程序。
② 从计算机桌面的开始菜单中选择关机,出现安全关机提示。
③ 关闭计算机电源。
④ 关闭仪器电源。

三、红外试样的制备技术

红外光谱仪的样品制备技术

红外光谱的优点是应用范围非常广泛。测试的对象可以是固体、液体或气体,单一组分或多组分混合物,各种有机物、无机物、聚合物、配位化合物、复合材料、木材、粮食、土壤、岩石等。对不同的样品要采用不同的制样技术,对同一样品,也可以采用不同的制样技术,但可能得到不同的光谱。所以要根据测试目的和要求选择合适的制样方法,才能得到准确可靠的测试数据。

1. 红外光谱法对试样的要求
样品可以是液体、固体或气体的,一般有以下几个要求:
① 试样应该是纯度>98%或符合商业规格的纯物质,这样便于与纯物质的标准光谱进行对照。多组分试样应在测定前尽量预先用分馏、萃取、重结晶或色谱法进行分离提纯,否则各组分光谱相互重叠,难于判断。

② 试样中不应含有游离水。水本身有红外吸收，会严重干扰样品谱，而且会侵蚀吸收池的盐窗。

③ 试样的浓度和测试厚度应选择适当，以使光谱图中的大多数吸收峰的透射比处于10%～80%范围内。

2. 红外试样的制备方法

（1）气体样品　气体样品是在气体池中进行测定的，先把气体池中的空气抽掉，然后注入被测气体进行测谱。

（2）液体样品

① 液体池法。液体池法适用于沸点低、易挥发的样品。

② 液膜法。液膜法也称为夹片法。在可拆池两侧之间，滴上1～2滴液体样品，使之形成一层薄薄的液膜。液膜厚度可借助于固紧螺丝做微小调节。该法操作简便，适用于高沸点及不易清洗的样品的定性分析。

③ 溶液法。将液体或固体样品溶于适当的红外用溶剂中，如 CS_2、CCl_4、$CHCl_3$ 等，然后注入固体池中进行测定。该法特别适用于定量分析。此外，它还能用于红外吸收很强、用液膜法不能得到满意谱图的液体样品的定性分析。在使用溶液法时，必须特别注意红外溶剂的选择，要求溶剂在较大范围内无吸收，样品的吸收带尽量不被溶剂吸收带所干扰，同时还要考虑溶剂对样品吸收带的影响。

（3）固体样品

① 压片法。把1～2mg固体样品放在玛瑙研钵中研细，加入100～200mg磨细干燥的碱金属卤化物（多用KBr）粉末，混合均匀后，加入压模内，在压片机上边抽真空边加压，制成厚约1mm、直径约为10mm的透明片子，然后进行测定。

② 糊状法。将固体样品研成细末，与糊剂（液体石蜡油）混合成糊状，然后夹在两窗片之间进行测定，但用石蜡做糊剂不能用来测定饱和碳氢键的吸收情况，此时可以采用六氯丁二烯代替石蜡油。

③ 薄膜法。把固体样品制成薄膜来测定，薄膜的制备有两种：一种是直接将样品放在盐窗上加热，熔融样品涂成薄膜；另一种是先把样品溶于挥发性溶剂中制成溶液，然后滴在盐片上，待溶剂挥发后，样品遗留在盐片上而形成薄膜。

四、红外光谱仪辅助设备的使用

1. 压片机

（1）手动红外压片机的结构　手动红外压片机是用于压制粉末试片以进行红外光谱分析的设备，它是一体式结构，油池、主板和油缸在一个主体上。手动红外压片机的结构如图4-19所示。仪器依据液压原理设计而成。摇动压油手柄时可以向工作台施加向上的压力。固体压片模具制备

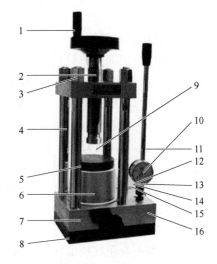

图4-19　手动红外压片机

1—手轮；2—丝杠；3—固定螺母；4—立柱；5—工作台；6—活塞；7—放油阀；8—油池；9—模具；10—压力表；11—手动压把；12—柱塞泵；13—注油孔螺钉；14—限位螺钉；15—吸油孔；16—出油阀

样品试片时,将样品和溴化钾粉末研细后放入压片模具中,将该模具置于工作台上加压,压片模具的顶模片和底模片应具有较高的光洁度,以保证压出的薄片表面光滑。

(2) 手动红外压片机压片的操作步骤

① 在玛瑙研钵中加入 KBr 粉末,然后再加入测量的样品,其中样品含量约占总含量的 2%即可。将 KBr 粉末和样品粉末充分研磨混合均匀,如果有条件应在红外灯下进行该操作。

② 将研磨好的混合物均匀地放入模具,然后把模具放入压片机中,旋紧手轮和放油阀,快速压动手动压把,观察压力表的压力达到 8~10t 后停止加压。静置半分钟后,拧松放油阀,旋松手轮取出模具。

③ 将模具的压头和模底取下,此时样品在内套中,将内套插入样品架上即可以测量样品。

④ 测量结束后,直接将内套中的样品破坏取出,清洁模具继续使用或者保存。当长时间不用时,可以用酒精清洁模具再将整套模具放入干燥器中保存。

手动红外压片机压片和取片过程如图 4-20 所示。

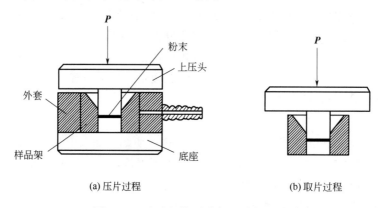

图 4-20　手动红外压片机压片与取片过程

(3) 手动压片机的维护与保养

① 定期检查油池中油量是否达到 3/4 高度(工作活塞复位后),若高度不够可打开注油孔螺钉,注入清洁的不含杂质的液压油。

② 小活塞及其连动部位,应定期加适量机油润滑。

③ 加压决不允许超过机器的压力范围,否则会发生危险。

④ 手轮平时应适度拧紧,防止油液溢出,并经常保持清洁。

⑤ 压片机使用清洁的 46 号抗磨液压油为宜。

⑥ 加压时感觉手动压把有力,但压力表无指示,应立即卸荷检查压力表。

⑦ 新机器或较长一段时间没有使用时,在用之前稍紧放油阀,加压到 20~25MPa 时卸荷,连续重复 2~3 次,即可正常使用。

⑧ 大活塞不要超过规定行程,否则会导致拉簧变形,油缸无法回到初始位置。

⑨ 压片机手动压把摇动无力,压力表不上压,螺钉松开,用手堵住低压阀口,摇动压把,油会从螺钉处流出,若手堵不住阀门而油冒出的时候,将螺钉还原紧死。

⑩ 压片机必须安放在强度足够的工作台面上,必要时压片机用螺栓固定在工作台上。

(4) 模具的维护与保养

① 将模具置于压片机的中心位置,加压时不得超过模具的最大承受能力。

② 模具表面如有样品残留且无法清除，请不要用化学试剂清洗及浸泡。
③ 模具长时间不使用，可以在模具的表面涂抹上防锈油以免模具生锈。
④ 模具长时间不使用，需要将模具放置在干燥环境中保存。

（5）压片机常见的故障及排除方法　压片机常见的故障及排除方法见表4-5。

表4-5　压片机常见的故障及排除方法

故障	故障原因	排障方法
无压	进油阀、出油阀不严或钢球阀口有异物	清除阀口处异物后，稍敲打一下钢球使之与阀座密封
	有漏油处	找到漏油处，更换密封或排除
	卸压阀手轮未拧紧	拧紧卸压阀手轮
	大活塞升高超过20mm	让大活塞复位后再工作
掉压或上压慢	卸压阀不严或未关紧	清除阀口处异物后，稍敲打一下钢球使之与阀座很好密封
	有漏油处	找到漏油处，更换密封或排除
	大活塞有残余气体	松开大活塞顶部密封螺钉，拧松里面的内六角螺钉，关紧卸压阀，摇动压把至油从顶部溢出再逐一复位
机构变形影响使用	加压超过34MPa，丝杠弯曲或结构损坏	加压不允许超过规定范围，更换损坏零件
	频繁使用使螺钉松动	拧紧螺母

2. 液体池

（1）可拆式液体池

① 液体池的结构。常用的HF-7可拆式液体池的结构如图4-21（a）所示，采用直径25mm窗片，可进行0.1mm、0.2mm、0.5mm几种液体厚度的红外测量。

② 液体池的装样操作。具体操作必须在干燥的场合进行，如在有去湿机的房间，或在工作台上放置一红外照明灯，手戴指套。

a．HF-7型可拆液体池先把池座平放在桌面上，大面朝下。放一片橡胶垫于孔中央对齐。

b．放置一窗片与橡胶垫对齐。注意不要直接用手指拿以防手上汗水侵入窗片。

c．选择所需厚度的某种垫片放于窗片上对齐，并把适量的无水测试样滴定在窗片中央。

d．盖上另一块窗片，再放另一橡胶垫与之对齐。

e．压上上方池盖，拧入四个压紧螺母（对角渐进拧入，不宜用力过大，液体基本不漏即可，以防压裂窗片）。组装完成后见图4-21（b）。

（2）密封式液体池的结构

① 液体池的结构。密封式液体池是红外光谱仪的专用附件，用来测量可拆液体池不能测定的挥发性液体样品。如图4-22（a）所示，液体池是由后框架、窗片框架、垫片、后窗片、间隔片、前窗片和前框架七个部分组成。后框架和前框架由金属材料制成；前窗片和后窗片所用材料为氯化钠、溴化钾、KRS-5和ZnSe晶体薄片等；间隔片常由聚四氟乙烯材料制成，起着固定液体样品的作用，厚度一般为0.025mm、0.05mm、0.1mm、0.5mm、1.0mm这5种厚度。

② 液体池的装样操作。具体操作同样必须在干燥的场合进行。

a．先将液体池平放在桌面上，拔下四氟塞子。

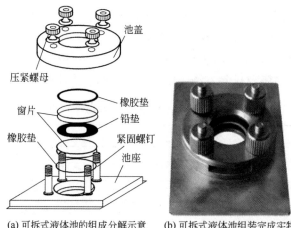

(a) 可拆式液体池的组成分解示意　　(b) 可拆式液体池组装完成实物

图 4-21　HF-7 可拆式液体池的结构

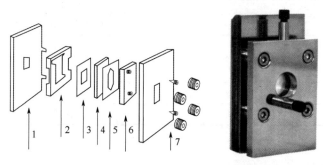

(a) 密封式液体池组成分解示意　　(b) 密封式液体池组装完成实物

图 4-22　密封式液体池的结构

1—后框架；2—窗片框架；3—垫片；4—后窗片；5—聚四氟乙烯隔片；6—前窗片；7—前框架

b. 将样品用注射器取出。

c. 将注射器插入密封式液体池的进样口。将样品注入液体池中，然后插上密封塞。组装完成后见图 4-22（b）。

d. 分析完毕后，把密封式液体池的密封塞拔下，用针头注射器反复吹气，将液体池的液体排出。

（3）液体池的维护和保养

a. 可拆式液体池在样品分析完毕后，应及时拆开，用四氯化碳清洗残余的试样，干燥后置入干燥器中存放。

b. 液体池再次使用前，窗片若透明度较差时，可用麂皮吸附少许乙醇进行研磨后再使用。

c. 密封式液体池用注射针管进行操作时样品间不要混用，并且随时用清洗剂清洗针管。

d. 密封式液体池装配比较复杂，所以在使用时要非常小心，以免碰损窗片。

e. 密封式液体池存放时除去固定池的出入塞子，并保存在干燥容器中。

f. 密封式液体池尽量不要松动螺钉。

3. 气体池

（1）气体池的结构　　红外气体池是红外光谱仪的专用附件，用于测量气体的红外吸收光谱。正常使用为一个大气压。玻璃气体池的结构如图 4-23 所示，它的两端黏合有可透过红外光的窗片，窗片材料一般为 NaCl、KBr 和 CaF_2 等。

（2）气体池的装样操作　气体池进样装置如图 4-24 所示。

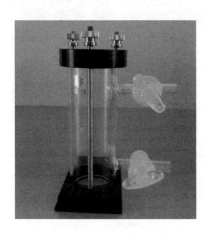

图 4-23　玻璃气体池

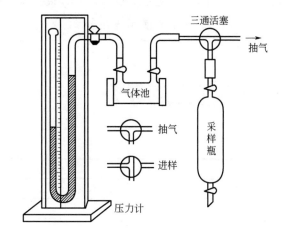

图 4-24　气体池进样装置

① 先用干燥空气流冲洗气体池。
② 按图将装置连接好。
③ 关闭采样活塞，开启气体池的进出口活塞，使三通活塞处于抽气的位置。
④ 用真空泵抽去系统中的空气和水蒸气，在保护样品的情况下（例如将采样瓶预先置于冷阱中使待测气体充分冷却），间隙地稍微打开采样瓶上端活塞 1～2 次，以抽去气样中及管道接口中的杂质气体。
⑤ 当水银压力计指示到泵的极限抽空值时，将三通活塞转换至进样位置，并停止抽气。观察压力计的指示值 1～2min，如压力计指示值不下降则说明系统不漏气。
⑥ 进样时缓缓开启气体采样瓶上端的活塞，待压力计的汞柱指示到所需压力时，关闭气体和采样瓶的活塞，取下气体池即可进行气体的光谱测绘。
⑦ 气体池和进样系统用毕后，用干燥空气流（或干燥氮气流）冲洗残留气体，以免影响下次测定结果。

（3）气体池的维护和保养
① 气体池管为玻璃器皿，所以避免磕碰。
② 存放时必须要放在干燥器中。
③ 千万不要松动螺钉。

【思考与交流】

1．如何使用 FTIR-8400S 型傅里叶变换红外光谱仪进行光谱测定？
2．红外光谱仪日常维护和保养包括哪些方面？
3．红外试样的制备方法有哪些？
4．如何使用压片机及排除其常见的故障？

项目四　红外光谱仪

任务四　FTIR-8400S 型傅里叶变换红外光谱仪的使用与维护

姓名：　　　　班级：

日期：　　　　页码：

【任务检查与评价】

1. 检查

工作任务	任务内容	完成时长
FTIR-8400S 型傅里叶变换红外光谱仪的特点		
FTIR-8400S 型 FTIR 的使用		
红外试样的制备技术		
红外光谱仪日常维护和保养		
红外光谱仪辅助设备的使用		

2. 评价

项目		序号	检验内容	配分	评分标准	自评	互评	得分
计划		1	制订是否符合规范、合理	10	一处不符合扣 0.5 分			
实施	仪器特点	1	FTIR-8400S 型傅里叶变换红外光谱仪的特点	5	一处错误扣 1 分			
	仪器使用	1	开机	3	一处错误扣 1 分			
		2	选择仪器及初始化	3	一处错误扣 1 分			
		3	光谱测定	5	一处错误扣 1 分			
		4	定量分析	5	一处错误扣 1 分			
		5	谱图检索	5	一处错误扣 1 分			
		6	打印报告	3	一处错误扣 1 分			
		7	关机	3	一处错误扣 1 分			
	红外试样的制备技术	1	红外光谱法对试样的要求	5	一处错误扣 1 分			
		2	红外试样的制备方法	5	一处错误扣 1 分			
	维护和保养	1	红外光谱仪日常维护和保养	5	一处错误扣 1 分			
	红外光谱仪辅助设备的使用	1	压片机	10	一处错误扣 1 分			
		2	液体池	10	一处错误扣 1 分			
		3	气体池	8	一处错误扣 1 分			
职业素养		1	团结协作 自主学习、主动思考 遵守课堂纪律	10	违规 1 次扣 5 分			
安全文明及 5S 管理		1		5	违章扣分			
创新性		1		5	加分项			
检查人						总分		

项目四 红外光谱仪	姓名：	班级：
操作5 液体、固体薄膜样品透射谱的测定	日期：	页码：

【任务描述】

通过对红外光谱仪的使用及液体、固体薄膜样品制样方法的学习，掌握液体、固体薄膜样品透射谱测定的方法。

一、学习目标

1. 掌握液体、固体薄膜样品的制样方法。
2. 了解红外光谱仪的工作原理。
3. 掌握红外光谱仪的一般操作。

二、重点难点

液体、固体薄膜样品的制样方法。

三、参考学时

90min。

项目四　红外光谱仪	姓名：	班级：
操作5　液体、固体薄膜样品透射谱的测定	日期：	页码：

【任务提示】

一、工作方法
- 回答引导问题。观看 WQF-520A 型傅里叶变换红外光谱仪的结构视频,掌握仪器的使用方法以及使用注意事项等
- 以小组讨论的形式完成工作计划
- 按照工作计划,完成液体、固体薄膜样品透射谱的测定
- 与培训教师讨论,进行工作总结

二、工作内容
- 熟悉液体、固体薄膜样品透射谱测定的技术要求
- 完成液体、固体薄膜样品透射谱的测定
- 利用检查评分表进行自查

三、工具
- WQF-520A 型傅里叶变换红外光谱仪
- 压片机
- 压片模具
- 镊子
- 玛瑙研钵
- 红外灯
- 液体池

四、知识储备
- 安全用电
- 电工知识
- WQF-520A 型傅里叶变换红外光谱仪的使用

五、注意事项与工作提示
- 注意 WQF-520A 型傅里叶变换红外光谱仪及辅助设备的零部件

六、劳动教育
- 参照劳动安全的内容
- 第一次进行液体、固体薄膜样品透射谱的测定必须听从指令和要求
- 禁止佩戴首饰
- 工作时应穿工作服,劳保鞋
- 操作前应对设备功能进行检测
- 禁止带电操作
- 发生意外时,应使用急停按钮
- 发生意外时应及时报备

七、环境保护
- 参照环境保护与合理使用能源内容

【任务实施】

操作 5　液体、固体薄膜样品透射谱的测定

一、技术要求（方法原理）

不同的样品状态（固体、液体、气体及黏稠样品）需要相应的制样方法。制样方法的选择和制样技术直接影响谱带的频率、数目和强度。在制备试样时，应选择适当的试样浓度和厚度，使最高峰的透射比在1%～5%，基线在90%～95%，大多数吸收峰透射比在20%～60%。试样中应不含游离水。若是多组分试样，则应在测绘红外光谱前预先分离。

二、仪器与试剂

1. 仪器

WQF-520A型傅里叶变换红外光谱仪，压片机和压片模具，固体、液体装样器具，玛瑙研钵，不锈钢药勺，镊子，红外灯。

2. 试剂

分析纯的聚甲基丙烯酸甲酯、正丁醇、苯甲酸、聚苯乙烯、四氯化碳，光谱纯KBr粉末，石蜡油。

三、实验内容与操作步骤

1. 准备工作

① 打开WQF-520A型傅里叶变换红外光谱仪主机电源，打开显示器电源，仪器预热20min；点击桌面上WQF-520A型ETIR的"MainFTOS"图标，程序启动进入主菜单界面。

② 用无水乙醇清洗玛瑙研钵，用擦镜纸擦干后，再用红外灯烘干。

2. 样品的制备

（1）固体样品的制备

① 压片法。取2～3mg苯甲酸和200～300mg干燥的KBr粉末，置于玛瑙研钵中，在红外灯下充分研磨后，用不锈钢药勺取70～90mg混合物均匀铺洒在干净的压模内，于压片机上在29.4MPa下，压制1min，制成透明薄片。用不锈钢镊子小心取出压制好的试样薄片，置于样品架中。

② 糊状法。取2～3mg聚甲基丙烯酸甲酯试样于干净的玛瑙研钵中研细，滴加1～2滴液体石蜡后，充分研磨混匀呈糊状，在红外灯下干燥，取出样品架和KBr（或NaCl）盐片，将研磨好的样品用不锈钢刀刮到盐片上，涂匀后压上另一盐片，装入样品架下面板，位置调整适当后，插入上面板，将样品架的对角用螺丝旋紧固定，然后插入检测池测定红外光谱图。

③ 薄膜法（多用于高分子化合物的测定）。通常将试样热压成膜，将膜夹在两盐片之间，放入样品架固定，测定其红外图谱（薄膜样品可直接采用此法测定）。也可将聚合物溶于适当的溶剂中（浓度为1%～20%），然后将溶液滴在盐片上摊匀，在红外灯下使溶剂逐渐挥发成膜。配制质量浓度大约为120g/L的聚苯乙烯四氯化碳溶液，用滴管吸取此溶液于干净的玻璃

板上，立即用两端绕有细铅丝的玻璃棒将溶液推平，在室温下让其自然干燥（1~2h)，将玻璃板浸于水中，用镊子小心揭下薄膜。用滤纸吸去薄膜上的水，将薄膜置于红外灯下烘干。将薄膜放在薄膜架夹上扫描红外光谱图。

（2）液体样品的制备　对于高沸点、低黏度的样品，采用液膜法制样，可将样品直接滴在盐片上，盖上另一盐片；对于黏度较大的样品，用毛细管蘸取少许样品涂在盐片表面，在红外灯下烘烤，将样品刮匀，盖上另一盐片，使两盐片之间形成一定厚度的液膜，装入样品架固定，插入检测池测定红外光谱图。对于低沸点易挥发的样品，应采用封闭型液体池检测。

用注射器装上无水乙醇清洗两块 KBr 晶片，用擦镜纸擦干后，置于红外灯下干燥。用毛细管蘸取少量的正丁醇均匀涂渍于一块洁净 KBr 晶片上，盖上另一块 KBr 晶片，用夹具轻轻夹住后置于样品室中，迅速扫描正丁醇的红外光谱图。测量完毕，用无水乙醇洗去晶片上的样品，用擦镜纸擦净抛光后，置于干燥器内保存。

3. 样品检测
① 背景扫描。在未放入试样前，扫描背景 1 次。
② 试样扫描。将预先制备好的样品放入样品架，测定红外图谱。

4. 结束工作
① 按操作规范关机，罩上防尘罩。
② 用无水乙醇清洗玛瑙研钵。
③ 整理操作台面和实验室，填写仪器使用记录。

四、注意事项

注意事项如下所示：
① KBr 样品的浓度和片的厚度应适当，在样品研磨、放置的过程中应特别注意干燥。
② 不可用手触摸盐片表面；用丙酮清洗盐片，镜头纸擦拭后，放入干燥器保存。
③ 制薄膜用的平板玻璃要光滑、干净。
④ 用液膜法测定试样时要迅速，以防止试样的挥发。

五、数据处理

数据处理如下所示：
① 采用常规图谱处理功能，对所测图谱进行基线校正及适当的平滑处理，标出主要吸收峰的波数值，储存数据。
② 判别官能团的归属。
③ 归纳不同化合物中相同基团出现的频率范围。

【思考与交流】

1. 为什么进行红外吸收光谱测试时要做空气背景扣除？
2. 为什么一般选用 KBr 作为承载样品的介质？
3. 红外光谱法对试样有什么要求？

项目四 红外光谱仪	姓名：	班级：
操作5 液体、固体薄膜样品透射谱的测定	日期：	页码：

【任务检查与评价】

1. 检查

工作任务	任务内容	完成时长
液体、固体薄膜样品透射谱测定的技术要求		
仪器准备工作		
样品的制备		
样品检测		
图谱处理		

2. 评价

项目		序号	检验内容	配分	评分标准	自评	互评	得分
计划		1	制订是否符合规范、合理	10	一处不符合扣0.5分			
实施	准备工作	1	仪器外表检查	2	未检查扣2分			
		2	仪器功能键检查	2	未检查扣2分			
		3	玛瑙研钵清洗	2	未清洗扣2分			
		4	玛瑙研钵干燥	2	未干燥扣2分			
	样品制备	1	样品的称量	2	不规范扣2分			
		2	溴化钾的称量	2	不规范扣2分			
		3	样品干燥	2	不合格扣2分			
		4	取样操作	2	不正确扣2分			
		5	压片操作	2	不正确扣2分			
		6	样品外观	2	不合格扣2分			
	样品检测	1	背景扫描	2	不正确扣2分			
		2	样品扫描	2	不正确扣2分			
		3	仪器操作	2	不正确扣2分			
		4	图谱打印	2	不正确扣2分			
	数据处理	1	图谱分析	20	不正确扣20分			
		2	报告	6	不清晰完整扣6分			
	原始记录	1	项目齐全、不空项	2	不规范扣2分			
		2	数据填在原始记录上	2	不规范扣2分			

续表

项目		序号	检验内容	配分	评分标准	自评	互评	得分
实施	文明操作 结束工作	1	关机	2	未关闭扣2分			
		2	模具后处理	2	不正确扣2分			
		3	实验过程台面	2	脏乱扣2分			
		4	废纸、废液	2	乱扔乱倒扣2分			
		5	结束后清洗仪器	2	未清洗扣2分			
		6	结束后仪器处理	2	未处理扣2分			
	总时间	1	完成时间	5	超时扣5分			
职业素养		1	团结协作 自主学习、主动思考 遵守课堂纪律	10	违规1次扣5分			
安全文明及5S管理		1		5	违章扣分			
创新性		1		5	加分项			
检查人							总分	

项目四　红外光谱仪
操作6　红外吸收光谱测定

姓名：　　　　班级：

日期：　　　　页码：

【任务描述】

通过对FTIR-8400S型FTIR的使用与用KBr压片法制备固体样品的学习，掌握谱图解析及标准谱图的检索和由红外光谱鉴定未知物的一般过程。

一、学习目标

1. 掌握红外光谱分析法的基本原理。
2. 掌握FTIR-8400S型FTIR的操作方法。
3. 掌握用KBr压片法制备固体样品进行红外光谱测定的技术和方法。
4. 通过谱图解析及标准谱图的检索，了解由红外光谱鉴定未知物的一般过程。

二、重点难点

由红外光谱鉴定未知物。

三、参考学时

90min。

项目四　红外光谱仪	姓名：	班级：
操作6　红外吸收光谱测定	日期：	页码：

【任务提示】

一、工作方法

- 回答引导问题。观看 FTIR-8400S 型 FTIR 的结构视频，掌握仪器的使用方法以及使用注意事项等
- 以小组讨论的形式完成工作计划
- 按照工作计划，完成红外吸收光谱测定
- 与培训教师讨论，进行工作总结

二、工作内容

- 熟悉红外吸收光谱测定的技术要求
- 完成红外吸收光谱测定
- 利用检查评分表进行自查

三、工具

- FTIR-8400S 型 FTIR
- 压片机
- 压片模具
- 镊子
- 玛瑙研钵
- 红外灯

四、知识储备

- 安全用电
- 电工知识
- FTIR-8400S 型 FTIR 的使用

五、注意事项与工作提示

- 注意 FTIR-8400S 型 FTIR 及辅助设备的零部件

六、劳动教育

- 参照劳动安全的内容
- 第一次采用 FTIR-8400S 型 FTIR 进行未知物的鉴定必须听从指令和要求
- 禁止佩戴首饰
- 工作时应穿工作服，劳保鞋
- 操作前应对设备功能进行检测
- 禁止带电操作
- 发生意外时，应使用急停按钮
- 发生意外时应及时报备

七、环境保护

- 参照环境保护与合理使用能源内容

【任务实施】

操作 6 红外吸收光谱测定

一、技术要求（方法原理）

红外光谱反映分子的振动情况。当用一定频率的红外光照射某物质时，若该物质的分子中某基团的振动频率与之相同，则该物质就能吸收此种红外光，使分子由振动基态跃迁到激发态。若用不同频率的红外光通过待测物质时就会出现不同强弱的吸收现象。

由于不同化合物具有各自特征的红外光谱，因此可以用红外光谱对物质进行结构分析。同时根据分光光度法原理，若选定待测物质的某特征波数吸收峰也可以对物质进行定量测定。

二、仪器与试剂

1. 仪器

FTIR-8400S 型 FTIR、压片机、玛瑙研钵、盐片、红外灯。

2. 试剂

KBr、无水乙醇、乙酸乙酯、苯甲酸、某未知物。

三、实验内容与操作步骤

1. 准备工作

① 打开 FTIR-8400S 型 FTIR 主机电源，打开显示器电源，仪器预热 20min；点击桌面上 FTIR-8400S 型 FTIR 的"IRSolution"软件图标；程序启动进入主菜单界面。

② 用无水乙醇清洗玛瑙研钵，用擦镜纸擦干后，再用红外灯烘干。

2. 样品测试

① 固体样品苯甲酸（测试样品）的红外光谱测定。取约 2mg 苯甲酸样品于干净的玛瑙研钵中，加约 200mg 的 KBr 粉末在红外灯下研磨成粒度约 2μm 细粉后，移入压片模具中，将模子放在油压机上，加压力，在 $12t/cm^2$ 的压力下维持 2min，放气去压，取出模子进行脱模，可获得一片直径为 13mm 的半透明盐片，将片子装在样品架上，即可进行红外光谱测定。

② 未知物的红外光谱测定。根据教师提供的未知物，确定样品制备方法并测定其红外光谱。

3. 结束工作

① 按说明书操作方法正常关机。

② 用无水乙醇清洗样品池。

③ 整理台面，填写仪器使用记录。

四、注意事项

注意事项如下所示：

① 固体样品经研磨（红外灯下）后仍应防止吸潮。

② 盐片应保持干燥透明，每次测定前均应用无水乙醇及滑石粉抛光，切勿水洗。

五、数据处理

相应数据处理如下所示：

① 采用常规图谱处理功能，对所测图谱进行基线校正及适当的平滑处理，标出主要吸收峰的波数值，储存数据。

② 对苯甲酸的特征谱带进行归属。

③ 根据未知物的红外吸收光谱图推测未知物的结构。

【思考与交流】

1. 进行固体样品测试时，为什么要将样品研磨至 $2\mu m$ 左右？
2. 影响基团振动频率的因素有哪些？这对于由红外光谱推断分子的结构有什么作用？

项目四 红外光谱仪	姓名：	班级：
操作6 红外吸收光谱测定	日期：	页码：

【任务检查与评价】

1. 检查

工作任务	任务内容	完成时长
红外吸收光谱测定的技术要求		
固体样品苯甲酸的红外光谱测定		
未知物的红外光谱测定		
图谱处理及未知物结构分析		

2. 评价

项目		序号	检验内容	配分	评分标准	自评	互评	得分
计划		1	制订是否符合规范、合理	10	一处不符合扣0.5分			
实施	准备工作	1	仪器外表检查	2	未检查扣2分			
		2	仪器功能键检查	2	未检查扣2分			
		3	玛瑙研钵清洗	2	未清洗扣2分			
		4	玛瑙研钵干燥	2	未干燥扣2分			
	样品制备	1	样品的称量	2	不规范扣2分			
		2	溴化钾的称量	2	不规范扣2分			
		3	样品干燥	2	不合格扣2分			
		4	取样操作	2	不正确扣2分			
		5	压片操作	2	不正确扣2分			
		6	样品外观	2	不合格扣2分			
	样品检测	1	背景扫描	2	不正确扣2分			
		2	样品扫描	2	不正确扣2分			
		3	仪器操作	2	不正确扣2分			
		4	图谱打印	2	不正确扣2分			
	数据处理	1	图谱分析	20	不正确扣20分			
		2	报告	6	不清晰完整扣6分			
	原始记录	1	项目齐全、不空项	2	不规范扣2分			
		2	数据填在原始记录上	2	不规范扣2分			
	文明操作结束工作	1	关机	2	未关闭扣2分			
		2	模具后处理	2	不正确扣2分			

続表

项目		序号	检验内容	配分	评分标准	自评	互评	得分
实施	文明操作结束工作	3	实验过程台面	2	脏乱扣2分			
		4	废纸、废液	2	乱扔乱倒扣2分			
		5	结束清洗仪器	2	未清洗扣2分			
		6	结束后仪器处理	2	未处理扣2分			
	总时间	1	完成时间	5	超时扣5分			
职业素养		1	团结协作 自主学习、主动思考 遵守课堂纪律	10	违规1次扣5分			
安全文明及5S管理		1		5	违章扣分			
创新性		1		5	加分项			
检查人						总分		

【知识拓展】

1800年，英国天文学家赫歇尔（F.W.Herschel）用温度计测量太阳光可见光区内、外温度时，发现红色光以外"黑暗"部分的温度比可见光部分的高，从而意识到在红色光之外还存有一种肉眼看不见的"光"，因此把它称之为红外光，而对应的这段光区便称之为红外光区。接着，赫歇尔在温度计前放置了一个水溶液，结果发现温度计的示值下降，这说明溶液对红外光具有一定的吸收。然后，他用不同的溶液重复了类似的实验，结果发现不同的溶液对红外光的吸收程度是不一样的。赫歇尔意识到这个实验的重要性，于是，他固定用同一种溶液，改变红外光的波长做类似的实验，结果发现同一种溶液对不同的红外光也具有不同程度的吸收，也就是说对某些波长的红外光吸收得多，而对某些波长的红外光却几乎不吸收。所以说，物质对红外光具有选择性吸收。

如果用一种仪器把物质对红外光的吸收情况记录下来，就形成了该物质的红外吸收光谱图，横坐标是波长，纵坐标为该波长下物质对红外光的吸收程度。由于物质对红外光具有选择性吸收，因此，不同的物质便有不同的红外吸收光谱图，所以，我们便可以从未知物质的红外吸收光谱图反过来求证该物质究竟是什么。这正是红外光谱定性的依据。

红外光区在可见光区和微波光区之间，其波长范围为 $0.75\sim1000\mu m$。根据实验技术和应用的不同。通常将红外光区划分为近红外光区（$0.75\sim2.5\mu m$）、中红外光区（$2.5\sim25\mu m$）、远红外光区（$25\sim1000\mu m$）三个区域。其中，远红外光谱是由分子转动能级跃迁产生的转动光谱；中红外和近红外光谱是由分子振动能级跃迁产生的振动光谱。只有简单的气体或气态分子才能产生纯转动光谱，而对于大量复杂的气、液、固态物质分子主要产生振动光谱。目前广泛用于化合物定性、定量和结构分析以及其他化学过程研究的红外吸收光谱，主要是波长处于中红外光区的振动光谱。

【项目小结】

红外光谱仪是利用物质对不同波长的红外辐射的吸收特性，进行分子结构和化学组成分析的仪器。红外光谱仪应用于染织工业、环境科学、生物学、材料科学、高分子化学、催化、煤结构研究、石油工业、生物医学、生物化学、药学、无机和配位化学基础研究、半导体材料、日用化工等研究领域。红外光谱仪的种类很多，本项目中介绍了 WQF-520A 型和 FTIR-8400S 型傅里叶变换红外光谱仪，学习内容归纳如下：

1．红外光谱仪的结构、分类、工作原理。
2．WQF-520A 型傅里叶变换红外光谱仪的结构、使用、维护方法。
3．FTIR-8400S 型傅里叶变换红外光谱仪的使用。
4．液体、固体薄膜样品透射谱的测定。
5．红外吸收光谱测定。

【练一练测一测】

一、单项选择题

1．红外光谱是（　　）。
　　A．分子光谱　　　B．原子光谱　　　C．吸收光谱　　　D．电子光谱
2．红外吸收光谱的产生是由于（　　）。
　　A．分子外层电子、振动、转动能级的跃迁
　　B．原子外层电子、振动、转动能级的跃迁
　　C．分子振动-转动能级的跃迁
　　D．分子外层电子的能级跃迁
3．一种能作为色散型红外光谱仪色散元件的材料为（　　）。
　　A．玻璃　　　　　B．石英　　　　　C．卤化物晶体　　D．有机玻璃
4．对高聚物多用（　　）法制样后再进行红外吸收光谱测定。
　　A．薄膜　　　　　B．糊状　　　　　C．压片　　　　　D．混合
5．液体池的间隔片常由（　　）材料制成，起着固定液体样品的作用。
　　A．氯化钠　　　　B．溴化钾　　　　C．聚四氟乙烯　　D．金属制品
6．下列红外光源中，（　　）可用于远红外光区。
　　A．碘钨灯　　　　B．高压汞灯　　　C．能斯特灯　　　D．硅碳棒
7．红外光谱分析中，对含水样品的测试可采用（　　）材料作载体。
　　A．NaCl　　　　　B．KBr　　　　　C．KRS-5　　　　D．玻璃材料
8．在红外光谱分析中，用 KBr 制作试样池，这是因为（　　）。
　　A．KBr 晶体在 4000～400cm^{-1} 范围内不会散射红外光
　　B．KBr 在 4000～400cm^{-1} 范围内有良好的红外光吸收特性
　　C．KBr 在 4000～400cm^{-1} 范围内无红外光吸收
　　D．在 4000～400cm^{-1} 范围内，KBr 对红外无反射
9．能与气相色谱仪联用的红外光谱仪为（　　）。
　　A．色散型红外光谱仪　　　　　　　B．双光束红外光谱仪
　　C．傅里叶变换红外光谱仪　　　　　D．快扫描红外光谱仪

10．Michelson 干涉仪是傅里叶变换红外光谱仪的（　　）。
　　A．辐射源　　　　B．单色器　　　　C．转换器　　　　D．检测器

二、填空题

1．红外光谱仪可分为_____型和_____型两种。
2．红外光区位于可见光区和微波光区之间，习惯上又可将其细分为_____、_____和_____三个光区。
3．可用于 FTIR 的检测器有_____和_____。
4．红外固体制样方法有_____、_____和_____。

三、判断题

1．傅里叶变换红外光谱仪与色散型仪器不同，采用单光束分光元件。（　　）
2．红外光谱不仅包括振动能级的跃迁，也包括转动能级的跃迁，故又称为振转光谱。（　　）
3．红外光谱定量分析是通过对特征吸收谱带强度的测量来求出组分含量。其理论依据是朗伯-比尔定律。（　　）
4．红外与紫外分光光度计在基本构造上的差别是检测器不同。（　　）
5．能斯特灯在常温下是非导体，必须加热后才能通电工作。（　　）
6．傅里叶变换就是对检测到的干涉图进行变换计算转化为光谱图。（　　）
7．挥发性较强的液体试样必须用有密封塞的液体池进行测定。（　　）
8．红外光谱实验室的相对湿度维持在 30%左右即可。（　　）
9．FTIR 进行背景扫描的目的是扣除光源波动的影响。（　　）
10．FTIR 除了红外光源的主干涉仪外，还有两种辅助干涉仪系统。（　　）

项目五
气相色谱仪

【项目引导】

气相色谱仪,是指用气体作为流动相的色谱分析仪器。其原理主要是利用物质的沸点、极性及吸附性质的差异实现混合物的分离。待分析样品在汽化室汽化后被惰性气体(即载气,亦称流动相)带入色谱柱内,柱内含有液体或固体固定相,样品中各组分都倾向于在流动相和固定相之间形成分配或吸附平衡。随着载气的流动,样品组分在运动中进行反复多次的分配或吸附/解吸,在载气中分配浓度大的组分先流出色谱柱,而在固定相中分配浓度大的组分后流出。组分流出色谱柱后进入检测器被测定,常用的检测器有电子捕获检测器(ECD)、火焰离子化检测器(FID)、火焰光度检测器(FPD)及热导检测器(TCD)等。广泛地应用于石油化工、生物化学、医药卫生、环境保护、食品检验和临床医学等行业。

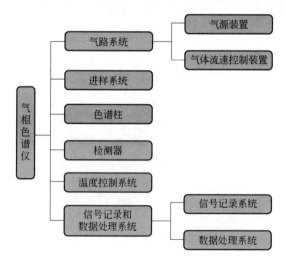

【想一想】

1. 如果要测定土壤中热稳定且沸点不超过500℃的有机物,如挥发性有机物、有机氯、有机磷、多环芳烃、酞酸酯等,可以用什么仪器完成测定?

2. 气相色谱仪在分析时,如果不出峰,该如何处理呢?

项目五　气相色谱仪	姓名：	班级：
任务一　认识气相色谱仪的基本结构	日期：	页码：

【任务描述】

通过对气相色谱仪原理的理解，了解气相色谱仪的应用，掌握气相色谱仪的组成结构、分类、工作流程及性能参数等知识。

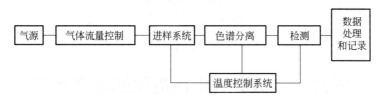

气相色谱仪的工作流程

一、学习目标

1. 熟悉气相色谱仪的结构。
2. 了解气相色谱仪的分类。
3. 掌握气相色谱仪各组成部分的结构、工作原理。

二、重点难点

气相色谱仪结构。

三、参考学时

90min。

【任务实施】

◆引导问题：描述气相色谱仪上的各个部件名称。

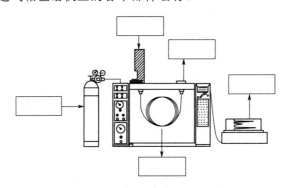

任务一　认识气相色谱仪的基本结构

气相色谱仪，将分析样品在进样口中汽化，由载气带入色谱柱，通过对欲检测混合物中不同组分有不同保留性能的色谱柱，使各组分分离，依次导入检测器，以得到各组分的检测信号。按照导入检测器的先后次序，经过对比，可以区别出是什么组分，根据峰高度或峰面积可以计算出各组分含量。通常采用的检测器有：热导检测器、火焰离子化检测器、氦离子化检测器、超声波检测器、光离子化检测器、电子捕获检测器、火焰光度检测器、电化学检测器、质谱检测器等。

一、气相色谱仪的结构和分类

随着气相色谱法的发展，气相色谱仪的应用十分广泛。根据载气流路的连接方式，气相色谱仪大致可分为单柱单气路、双柱双气路两类。不管采取哪一种载气流路形式，仪器的基本结构部分是相同的，主要由气路系统、进样系统、色谱柱、检测器、温度控制系统、信号记录和数据处理系统等部分组成。

目前常用的气相色谱仪型号很多，国产的有 GC126、GC128 等，进口的有 Agilent7890A、Agilent7890B、TRACE 1310、岛津 GC-2010 等。常用气相色谱仪性能和主要技术指标见表 5-1。

二、气相色谱系统

1. 气路系统

气路系统是指载气和辅助气体流经的管路和相关的一些部件，具体包括气源装置，气体流速的控制、测量装置等，其作用是提供气体并对进入仪器的载气或辅助气体进行稳压、稳流、控制和指示流量。

（1）气源装置　气相色谱分析中所用的气体，除空气可由空气压缩机供给外，一般都由高压钢瓶供给。近年来，某些气体越来越多地采用气体发生器作为气源，如氢气发生器、氮气发生器等。

表 5-1 常用气相色谱仪性能和主要技术指标

仪器型号	产地	性能和主要技术指标	主要特点
GC126	上海	柱温箱： 温控范围：室温上 15～399℃ 温控精度：±0.1℃ 进样器： 温控范围：室温上 15～399℃ 控温方式：独立控温 压力控制精度：0.1kPa 检测器： 温控范围：室温上 15～399℃ 火焰离子化检测器（FID）检出限：4×10^{-12}g/s（正十六烷），RSD：≤3% 热导检测器（TCD）灵敏度：5000mV·mL/mg（正十六烷） 电子捕获检测器（ECD）检出限：≤8×10^{-14}g/s（r666） 火焰光度检测器（FPD）检出限：≤2×10^{-12}g/s（P），≤4×10^{-11}g/s（S） 样品：甲基对硫磷	控温精度高（优于±0.1℃），可靠性和抗干扰性能优越 具有柱箱自动降温即后开门功能，实现快速升温和快速冷却 仪器基型配有双和单高灵敏度火焰离子化检测器（FID），可选配检测器、气体进样阀、转化炉等附件，可同时安装两种检测器，且检测器灵敏度高（如 FID 的测试结果为：DFID≤3×10^{-12}g/s，稳定时间短，喷口的清洗和安装方便
Agilent7890B	美国	柱温箱： 温控范围：室温上 4～450℃ 温控精度：±0.1℃ 顶空进样器： 进样重复性：≤1.5%RSD 检测器： 火焰离子化检测器（FID）检出限：<1.4pgC/s 电子捕获检测器（ECD）检出限：<6fg/mL（六氯化苯）	快速柱箱降温、新的反吹功能和先进的自动化性能使分析时间更短，使每个样品分析的成本降到最低 采用先进光电倍增管，及对部件脱活处理，使得 FPD 最高耐温从 250℃ 提升至 400℃，检出限也获得提高

（2）气体流速的控制装置 稳定而可调节的载气及辅助气流不仅是气相色谱仪正常运转的保证，而且直接影响到色谱分析结果的准确度。气源（如高压钢瓶）必须与减压阀、稳压阀、稳流阀等部件配合才能提供稳定而具有一定流量（流速）的气流。

① 减压阀。高压钢瓶中气体压力很高（10MPa 以上），需用减压阀将其衰减至 0.5MPa 以下。减压阀的结构如图 5-1 所示。

② 稳压阀。又称压力调节器，其功能是为它后边的针形阀提供稳定的气压；为它后边的稳流阀提供恒定的参考压力。稳压阀通常采用橡胶膜片和金属波纹管双腔式的结构，如图 5-2 所示。

图 5-2 中空腔 A 和金属波纹管 B 的空腔通过三根连动杆的间隙互相连通，针形阀用三根连动杆（图中只画出一根）连在波纹管底座上。若将手柄右旋，向左压缩弹簧，波纹管被压缩，阀体左移，增大阀针与阀座间隙，出口流速加大，即输出压力升高；反之，手柄左旋，过程相反，输出压力下降。这是稳压阀可以调节输出压力的原因。稳压阀的稳压原理是用调节手柄通过弹簧可把针形阀旋到一定的开度，当压力达到一定值时就处于平衡状态，达到平衡后当气体进口压力 p_1 微有增加产生波动时，针形阀的结构必然导致 p_2 也增加，B 腔压力增大的结果，迫使弹簧向右压缩，波纹管就向右移动而伸长，并带动三根连动杆也向右移动，使阀针与阀体的间隙减小，气流阻力增加，使出口压力 p_3 保持不变。同理，当输入压力 p_1 有微小的下降时，由于压力负反馈自动调节的作用，使系统可以自动恢复到原有平衡状态，从而达到稳定出口压力的效果。

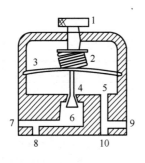
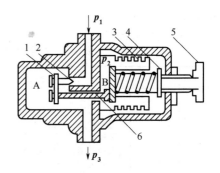

图 5-1 减压阀结构示意

1—调节手柄；2—弹簧；3—隔膜；4—提升针阀；
5—出口腔；6—入口腔；7—气体入口；8—高压压力表；
9—气体出口；10—低压压力表

图 5-2 稳压阀示意

1—阀座；2—针形阀（或平面阀）；3—波纹管；
4—弹簧；5，6—阀针

③ 针形阀。针形阀是气体流量的调节装置，它是通过改变阀针和阀门之间的接触程度，达到改变流量大小的目的。在气相色谱仪中，常用的是锥式针形阀，阀针和阀体由不锈钢制成，其结构如图 5-3 所示。

应该指出的是，针形阀在气路中只能起连续调节气体流量大小的作用，既不能起稳定出口压力的作用，也无法维持出口流量的恒定。

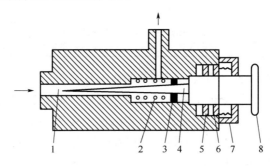

图 5-3 针形阀结构示意

1—阀门；2—压缩弹簧；3—阀针密封圈；4—阀针；5—密封环；6—密封垫圈；7—螺帽；8—调节手柄

④ 稳流阀。在程序升温气相色谱仪中，色谱柱对载气的阻力随着柱温的上升而增加，使得柱后载气的流速也将发生变化，从而引起基线的漂移。为了使仪器在程序升温操作过程中，载气流速不随柱温改变而变化，往往需要在稳压阀的后面加装稳流阀，这样，柱温的改变而引起的色谱柱对载气的阻力虽有变化，但柱后载气的流速保持不变，从而改善仪器基线的稳定性，实现对宽沸程样品快速分析的目的。

目前，在气相色谱仪中常用的是膜片反馈式稳流阀，它的结构如图 5-4 所示。其工作原理是：针阀在输入压力保持不变的情况下旋到一定的开度，使流量稳定不变。流量控制器由弹性膜片隔开的 A 腔和 B 腔组成，膜片中心与球阀 C 相连接。由针阀、流量控制器和上游反馈管组成一个自控系统，它是用维持气流在针阀进出口处压力差恒定的办法使气流速度稳定。当进口压力 p_1 稳定，针阀两端的压力差等于 p_1-p_2，即 $\Delta p=p_1-p_2$，Δp 等于弹簧压力时，膜片两边达到平衡。当柱温升高时，气体阻力发生变化，阻力增加，出口压力 p_4 增加，流量降低，因为 p_1 是恒定的，所以 p_1-p_2 小于弹簧压力，这时弹簧向上压动膜片，球阀开度增加，出口

压力 p_4 增大，流量增加，p_2 也相应下降，直到 p_1-p_2 等于弹簧压力时，膜片又处于平衡状态，从而使载气流速维持不变。

调节针形阀的开度大小，可以选择载气流量。

（3）气体流速的测量装置　气体的流速是以单位时间内通过色谱柱或检测器的气体体积大小来表示的，单位一般用 mL/min。在气相色谱中，常用的气体流速测量装置是转子流量计或皂膜流量计，其中测出的流速要经过温度、压力及水蒸气压的校正，才是色谱柱后的载气平均流速。

2. 进样系统

（1）液体进样装置　在气相色谱中，液体样品必须经汽化室将其瞬间汽化后，才可进入色谱柱分离。

① 汽化室。汽化室实际上是一个温度连续可调并能恒定控制的加热炉。一种金属式汽化室的结构如图 5-5 所示。载气通常在进入汽化室之前应经过盘旋在加热器外壳的预热管进行预热，使载气温度接近汽化室的温度，预热后的载气经过进样口和汽化管直接与色谱柱相接。注射器针头在进样口刺破硅橡胶垫后进样，并在汽化管中瞬时汽化，然后被载气携带进入色谱柱。汽化管被外部电加热器加热，加热器由温度控制器控制，以实现汽化温度连续可调和恒定操作的要求。

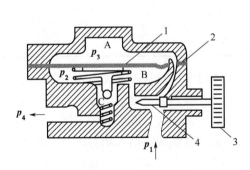

图 5-4　稳流阀示意

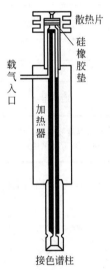

图 5-5　汽化室结构示意

1—弹性膜片；2—上游反馈管；3—手柄；4—针阀

② 微量注射器。液体进样多采用微量注射器，进样的重复性一般在 2.0% 左右。

（2）气体进样装置　气体进样常采用六通阀，也可以用 0.25mL、1mL、2mL、5mL 的医用注射器。六通阀由于进样重复性好，且可进行自动操作而得到广泛使用。目前，在气相色谱仪中经常采用的有两种：一种是推拉式六通阀，另一种是平面旋转式六通阀。

3. 色谱柱

色谱柱的结构较为简单，由一根柱管及填装在管内的固定相组成。

柱管制作材料很多，如不锈钢、铜、玻璃、塑料等，其中不锈钢柱由于质地坚固、化学稳定性好而使用十分广泛。色谱柱常制成 U 形或螺旋形等形状，常用的色谱柱基本上可分为填充柱和毛细管柱两类。

色谱柱一般放置在柱箱中使用。柱箱亦称恒温箱或层析室,是使色谱柱处于一定温度环境的装置,一般采用空气浴,由鼓风电机强制空气对流,以减少热辐射等造成的温度分布不均匀的现象,加快升温速度。

4. 检测器

检测器又称鉴定器,它是把组分及其浓度变化以一定的方式转换为易于测量的电信号。因此,检测器实际上是一种换能装置。一些常用的气相色谱检测器的性能如表5-2所示。

(1)热导检测器　热导检测器是气相色谱法中最早出现并应用最广泛的一种通用型检测器,其特点是结构简单、性能稳定、线性范围较宽、操作方便,灵敏度虽然不算太高,但对无机气体和各种有机物均有响应,且对样品无破坏性,适宜常量分析以及含量在几个 μg/mL 以上的组分分析。目前,热导检测器是气相色谱仪的常备检测器之一,它由热导池及电气线路所组成。

表 5-2　常用的气相色谱检测器

项目	热导检测器（TCD）	火焰离子化检测器（FID）	电子捕获检测器（ECD）	火焰光度检测器（FPD）
响应特征	浓度	质量	一般为浓度	质量
噪声水平	0.005～0.01mV	$(1\sim5)\times10^{-14}$A	$1\times10^{-12}\sim1\times10^{-11}$A	$1\times10^{-10}\sim1\times10^{-9}$A
敏感度	$1\times10^{-10}\sim1\times10^{-6}$g/mL	$<2\times10^{-12}$g/s	1×10^{-14}g/mL	磷：$<1\times10^{-12}$g/s 硫：$<1\times10^{-12}$g/s
线性范围	10^4	10^7	10^4	10^3
响应时间	<1s	<0.1s	<1s	<0.1s
适用范围	通用型	含碳有机化合物	多卤及其他电负性强的化合物	含硫、磷化合物
设备要求	流速、温度要恒定,测量电桥用高精度供电电源	气源要求严格净化,放大器能测10^{-14}A 无干扰	载气要除O_2,采用脉冲供电	采用质量好的滤光片和光电倍增管、合适的 O/H

① 热导池的结构。热导池由热敏元件和金属池体构成,通常在金属池体上加工成一定结构的池腔,在其内装上合适的热敏元件即构成热导池的一个臂。热导池一般可分为双臂式和四臂式两种形式,四臂式热导池由于相对于双臂式其输出信号增大一倍,提高了灵敏度,稳定性亦得到进一步改善而被气相色谱仪所普遍采用。

② 热导检测器的电气线路。

a. 直流电桥。热导池电气测量线路就是一个简单的稳压供电的直流电桥,亦即"惠斯通电桥"。气相色谱仪中广泛采用四臂式热导池,其测量桥路如图 5-6 所示。R_2 和 R_4 为参考臂,R_1 和 R_3 则为测量臂,由于采用四个一组完全相同的热敏元件,故 $R_1=R_2=R_3=R_4$。全部插入同一块热导池体的四个池腔

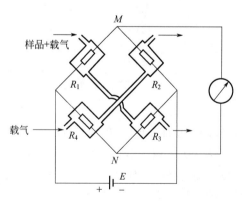

图 5-6　四臂式直流电桥

(两两相通)中未进样时,参考臂与测量臂通过的均为纯载气,阻值的变化为 ΔR_1、ΔR_2、ΔR_3 及 ΔR_4,且 $\Delta R_1=\Delta R_2=\Delta R_3=\Delta R_4$,此时 $(R_1+\Delta R_1)(R_3+\Delta R_3)=(R_2+\Delta R_2)(R_4+\Delta R_4)$,电桥平衡

无输出电压。

当进样后，组分随载气进入测量臂，此时 $\Delta R_1 = \Delta R_3 \neq \Delta R_2 = \Delta R_4$，所以

$$(R_1+\Delta R_1)(R_3+\Delta R_3) \neq (R_2+\Delta R_2)(R_4+\Delta R_4)$$

电桥失去平衡，分别造成 M、N 点的电位升高和降低，由于变化相反，导致电桥不平衡，输出电压增加了一倍，相应地使热导灵敏度也提高了一倍。

在测量桥路中，参考臂和测量臂不仅热敏元件的形状、阻值大小一致，所处池腔的体积也相同，其主要区别在于通过的气体组成不同。因此，不同形式的载气气路，它们的放置方法就有差别。

单柱单气路：参考臂应该连接在汽化室前，测量臂应该连接在色谱柱后。

双柱双气路：参考臂和测量臂均应连接在色谱柱后。在哪一个支路上进样，其热敏元件就作为测量臂，对应的另一支路的热敏元件作为参考臂。显然，对于双臂式热导池，某一热敏元件为测量，另一则为参考；对于四臂式热导池，R_1、R_3 与 R_2、R_4 互为测量，互为参考。

安装时应注意，在图 5-6 中，不能把 R_1、R_3、R_2、R_4 接成邻臂，否则在进样后，虽然样品气进入测量臂，但由于 R_1 和 R_3 在同一个气路中，阻值变化相同，结果电桥仍处于平衡状态，造成桥路没有信号输出。此时应按照气路和电路的安装要求，重新进行正确连接。

b．调零线路。由于电桥的调零电位器的接法不同，组成的电桥线路就有差异。目前，在热导池桥路中常采用串联式调零法和并联式调零法，它们的线路示意如图 5-7 所示。其中，并联式的调零接法使热导检测器具有更大的线性范围而应用较多。

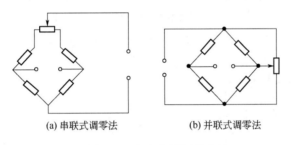

(a) 串联式调零法　　　(b) 并联式调零法

图 5-7　直流电桥调零方法

c．电桥的供电方式。目前，热导检测器多采用直流电桥，因此，桥路两端的供电电源就是直流电源，其形式可以是稳压电源或稳流电源两种。主要由整流滤波、调整电路、比较放大、取样电路、基准电压以及辅助电源等几部分组成，其方框图如图 5-8 所示。

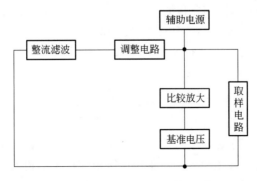

图 5-8　电桥供电电源方框图

稳压电源和稳流电源均采用串联调整线路,基本环节亦相同,不同点在于两者取样电路方式有所不同。

(2)火焰离子化检测器 火焰离子化检测器是离子化检测器的一种,其特点是灵敏度高,结构简单、响应快、线性范围宽,对温度、流速等操作参数的要求不严格,操作比较简单、稳定、可靠。因而应用十分广泛,已成为气相色谱仪常备检测器之一。火焰离子化检测器主要由离子室和相应的电气线路组成,其工作原理如图5-9所示。

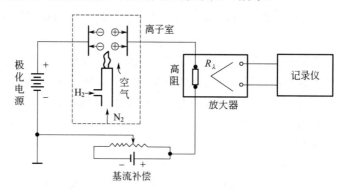

图 5-9 火焰离子化检测器工作原理

① 离子室的结构。火焰离子化检测器的核心是离子室,其结构如图5-10所示。它主要由喷嘴、电极和气体入口等部分组成。

a. 喷嘴。火焰离子化检测器常采用绝缘型喷嘴,主要由不锈钢及石英等材料制成,某种喷嘴的结构如图5-11所示。喷嘴通常可以拆卸,以便清洗或更换。

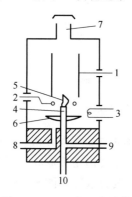

图 5-10 FID 离子室结构示意

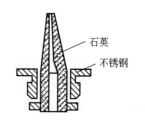

图 5-11 喷嘴结构示意

1—收集极;2—极化极;3—点火热丝;4—喷嘴;5—氢火焰;
6—空气分配挡板;7—气体出口;8—空气入口;
9—氢气入口;10—(载气+组分)入口

b. 电极。一个离子室性能的好坏常用收集效率的高低来评价,这就需要收集极和极化极,并要在两极间施加一定的极化电压,以形成一个足够强的电场,使生成的正负离子迅速到达两极,从而大大降低离子重新复合的可能性。安装时,应让收集极、极化极、喷嘴的截面构成同心圆结构,以提高收集效率。收集极接微电流放大器输入端,电位接近零,极化极则加正高压或负高压,从而在两极间形成局部电场,实现对离子流的收集。制作电极的材料应具有良好的高温稳定性,收集极多用优质的不锈钢材料制作,极化极多用铂制成。

c. 气体入口通路。火焰离子化检测器采用以 H_2 为燃气、空气为助燃气构成的扩散型火焰。H_2 从入口管进入喷嘴,与载气混合后由喷嘴流出进行燃烧,助燃空气由空气入口进入,通过空气扩散器均匀分布在火焰周围进行助燃,补充气从喷嘴管道底部通入。如图 5-10 所示。

② 火焰离子化检测器的电气线路。火焰离子化检测器的电气线路主要包括离子室的极化电压、微电流放大器以及基始电流补偿电路等。

a. 极化电压。离子室的极化电极所需±(250~300)V 的直流电压,可通过初级硅稳压管线路供给。典型的线路如图 5-12 所示,它由稳流、滤波和硅稳压管组成,稳定度可达 1% 左右,完全可满足氢火焰离子室对电场的要求。

b. 微电流放大器。经氢火焰的作用离解成的离子在外加定向电场中所形成的离子流十分微弱,必须经过一个直流微电流放大器放大后才能由记录仪记录。微电流放大器的工作原理方框图如图 5-13 所示。

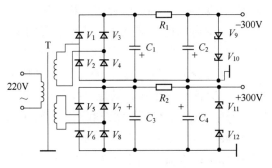 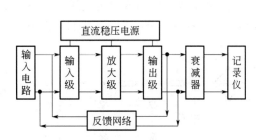

图 5-12 极化电压供给电路　　　图 5-13 直耦型微电流放大器原理方框图

c. 基始电流补偿电路。当色谱柱固定液存在微量的流失或气源纯度不够时,离子室在未进样之前,只要火焰被燃着,总有一定数量的本底电流存在,这种本底电流通常称为"基始电流",简称"基流"。基流的存在显然会影响痕量分析的灵敏度和 FID 的基线稳定性。因此,除了尽可能老化色谱柱或纯化气源外,在单柱单气路气相色谱仪的放大器中还必须采取基流补偿的措施。显然,这种措施也适合于电子捕获及火焰光度等检测器。

基流补偿根据在放大器中的连接方法不同,可分为串联基流补偿法和并联基流补偿法,图 5-14 所示为通常采用的"串联基流补偿法"的简化示意。该连接方法的优点是对输入的电流无分流作用,即不损失待测信号,而且省掉了并联补偿法需用的另一高值电阻,补偿所用的电源电压也较低。考虑到电子捕获检测器的需要,一般选择其补偿电压为 10~15V。该法的缺点是电源电压必须对地悬浮,不利于消除电源的交流干扰。

(3) 电子捕获检测器 电子捕获检测器是一种具有高灵敏度、高选择性的检测器,其应用范围之广仅次于热导、火焰离子化检测器而占第三位。电子捕获检测器也是一种离子化检测器,故可与火焰离子化检测器共用同一个放大器,所不同的是它对操作条件的选择要求更加严格。

与火焰离子化检测器相似,电子捕获检测器主要由能源、电极、气体供应及相应的电气线路等部分组成。

① 电子捕获检测器的结构。目前常用的是放射性电子捕获检测器,其结构常采用同轴圆筒式电极。图 5-15 所示为电子捕获检测器中典型的放射性同轴圆筒式电极结构。

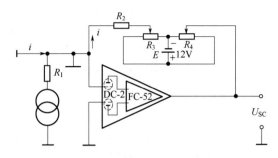
图 5-14 串联基流补偿电路

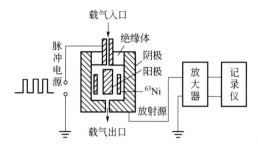
图 5-15 电子捕获检测器结构示意

能源采用圆筒状的 β 放射源，常用的为 ^{63}Ni 或 ^{3}H，并以其作为阴极，同时组成载气的出口；另一不锈钢电极作为阳极。供电方式可采用直流电压供电或脉冲电压供电两种。直流电压供电虽然比较简单，但由于线性范围窄，还会带来一些不正常的反应，因此呈现出以脉冲电压供电逐渐取代直流电压供电的趋势。绝缘体一般用聚四氟乙烯或陶瓷等材料制作。

② 电子捕获检测器的电气线路。直流供电和脉冲供电的电子捕获检测器所需要的电气线路主要包括三部分：连续可变的直流电压源、脉冲周期可调的脉冲电压源以及直流放大器。

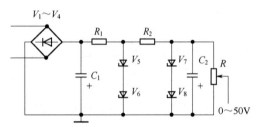
图 5-16 ECD 的直流供电线路

a. 连续可变的直流电压源。直流供电的 ECD，需要 -50～0V 的直流电压，其电气线路与 FID 极化电压一样。主要由整流、滤波和硅稳压管组成。这种初级硅稳压线路如图 5-16 所示。

其指标是：直流输出电压为 -50～0V 连续可调，输出电流 1mA，在电压 220V±10% 变化时，电压稳定度为 1% 左右。

b. 脉冲周期可调的脉冲电压源。脉冲式（也叫恒脉冲式）ECD 所需的脉冲电源多采用多谐振荡器，并经放大后输出。它的典型线路如图 5-17 所示。

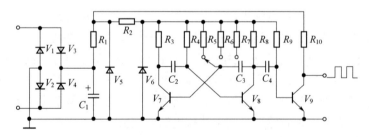
图 5-17 ECD 的脉冲供电线路

上述线路所产生的脉冲参数如下：脉冲宽度为 0.75～1μs；脉冲电压幅值为 45V；脉冲周期为 15μs、75μs、150μs 三挡可变。

c. 直流放大器。由于 ECD 和 FID 机理不一样，虽然同属离子化检测器，但在使用同一个直流放大器时还是有一定差别的。

众所周知，ECD 的基流为 10^{-9}～10^{-8}A，FID 要求的基流最好在 10^{-12}A 以下。这就是说，ECD 有效的基流比 FID 大近两个或三个数量级。因此，ECD 信号源的内阻就比 FID 信号源的内阻低两个或三个数量级。显然，采用同一个直流放大器时，对放大器的输入阻抗的要求就不同。FID 可以在放大器 $10^6 \sim 10^{10}\Omega$ 灵敏挡使用，ECD 一般只能在 $10^6 \sim 10^8\Omega$ 挡，并根据实际基流大小加以选择使用。当载气流速、检测室温度、供电电压一定时，基流大小便一定。可以采用的放大器的最大高阻挡也就确定。不能无限制地利用放大器的高阻挡来提高响应值。因为到了一定程度后，ECD 信号源内阻与放大器输入阻抗失去合理的匹配，放大器中"基流补偿调节"便不起作用，无法建立起正常的工作状态。

当检测器所需的最大高阻挡确定后，放大器中输出衰减最小挡如何确定呢？一般说来，为了满足痕量分析的要求，采用的最小输出衰减挡应由基线所能允许的噪声水平确定。

为了实现对高浓度样品的分析，最小高阻挡如何确定呢？在相应选定的高阻挡上，以检测器加或不加直流电压或脉冲电压时，记录仪指针可达到满刻度偏转确定。如达不到要求，就说明上述两者必有其一选择不佳，在此情况下进样分析，会产生样品色谱峰的平头故障。

（4）火焰光度检测器　火焰光度检测器是继热导检测器、火焰离子化检测器及电子捕获检测器之后的第四个在气相色谱中得到广泛使用的检测器。由于它对硫、磷的选择性强、灵敏度高、结构紧凑、工作可靠，因此成为检测硫、磷化合物的有力工具。

① 火焰光度检测器的结构。从结构来看，火焰光度检测器可视为 FID 和光度计的结合体。其结构如图 5-18 所示，它主要包括燃烧系统和光学系统两部分。若在燃烧系统火焰上方附加一个收集极，就相当于一个氢火焰离子化检测器。该部分包括火焰喷嘴、遮光环、点火装置及用作火焰离子化检测器的离子化收集电极环。喷嘴一般比 FID 粗，常采用 $\phi 1 \sim 2mm$ 内径的不锈钢或铂管做成。在单火焰形式的 FPD 中，为了消除烃类干扰，可采用遮光环，以将杂散光挡住，减小基流和噪声，使基线进一步稳定。此外，在火焰的上方同时安装一个 FID 的收集环，以收集硫、磷化合物中的烃类物质。

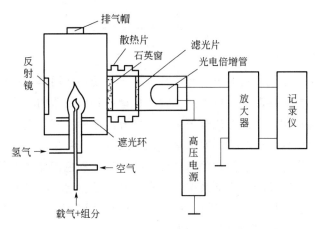

图 5-18　火焰光度检测器示意

光学系统由光源、富氢火焰反射镜、石英窗、干涉滤光片和光电倍增管组成。石英窗的作用是保护滤光片不受水汽和其他燃烧产物的侵蚀。为使滤光片和光电倍增管不超过使用温度，避免热的影响，常在滤光片前装有金属散热片或水冷却系统降温。光电倍增管的作用是将发射光能转变成电能的元件，产生的光电流经放大后由记录仪记录出相应的色谱峰。按其入射光接收方式不同，光电倍增管可分为顶窗型和侧窗型两种。无论哪种受光窗口，当光线射入时，从阴极上便溅射出光电子，再经过若干个倍增电极的倍增作用，最后阳极收集到的电子数量将是阴极发出光电子数的 $10^5 \sim 10^8$ 倍。可见，光电倍增管比普通光电管的灵敏度高数百万倍，致使微弱的光照亦能产生较大的光电流。

② 火焰光度检测器的电气线路。光电倍增管是将微弱的从滤光片来的硫、磷信号转变成相应的电信号，再经过放大器放大后由记录仪记录。从 FPD 的工作原理与放大器连接线路来看，放大器的性质及其作用与 FID 相同。特殊的条件是：由于光电倍增管的暗电流（指不点燃火焰时，光电倍增管在使用高压下所测得的电流）为 10^{-9}A。点燃火焰后的基流为 $10^{-9} \sim 10^{-8}$A。FPD 多采用单柱单气路操作，因此与 ECD 对放大器的要求相同。通常使用在 $10^6 \sim 10^8 \Omega$ 挡，也必须采用基流补偿装置。至于放大器的灵敏度挡和输出衰减挡的选择一般以基线允许的噪声或进样量的大小来决定。这一点又与 FID 的使用要求相同。

光电倍增管所需的 $500 \sim 1000$V 高压，一般采用将稳定输出的低电压、大电流，经过直流电压变换器变成高电压、低电流，然后供给管子使用。其指标是：输出电流在 1mA 以下，电压稳定度为 0.5% 左右。这种形式的实用线路如图 5-19 所示。

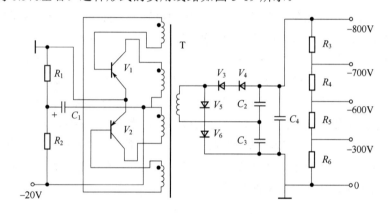

图 5-19 高压电源线路

5. 温度控制系统

温度控制系统是气相色谱仪的重要组成部分。该系统的作用是对色谱柱、检测器及汽化室等分别进行加热并控制其温度。由于汽化室、色谱柱和检测器的温度所起作用不同，故采取的温度控制方式也不同。温控方式有恒温和程序升温两种，汽化室和检测器一般采用恒温控制，色谱柱温度可根据分析对象的要求采用恒温或程序升温控制。

（1）色谱柱的温度控制　柱温是色谱柱分离物质时各种色谱操作条件中最重要的影响因素，因此，色谱柱的温度控制在色谱系统中要求最高。对色谱柱的温度控制一般要求：

① 控温范围要宽，对于恒温色谱分析，一般可控范围为室温～500℃。

② 控温精度要好，一般为±（0.1～0.5）℃。

③ 置放色谱柱的柱箱容积要大，热容量要小，以便有良好的保温效果。

④ 加热功率要大，以满足快速升温的要求。

色谱柱的温度控制是通过适量的热源及时地补充柱箱散失的热量来实现的。当供给和失去的热量平衡时，温度就维持在一个恒温点上，从而达到控制温度的目的。气相色谱仪主要采用电加热控制法，并在柱箱的四壁使用优质保温材料来隔热。常用的保温材料有：玻璃棉或毡，陶瓷纤维棉或毡，石膏玻璃棉复合材料保温块等。为了保证柱箱内温度均匀，普遍采用电风扇强制空气对流，以消除温度梯度。图 5-20 所示为色谱柱温度控制原理方框图。

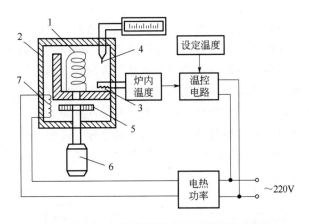

图 5-20　色谱柱温度控制原理方框图

1—色谱柱；2—柱恒温箱；3—铂电阻温度计；4—热电偶；5—风扇；6—电机；7—加热丝

① 恒温控制。一般来说，一个已知电加热丝阻值 R_T 的柱箱，要想产生不同的热量即控制不同的温度，可以改变通过加热丝的电流（I）值或改变通过加热丝的时间（t）来实现。根据这两种电功率控制方式的不同，气相色谱仪的温控线路相应地有通断式和连续式两种。

a. 通断式温度控制电路。这种控制方式的原理是：当柱箱温度低于设定温度时，控制电路自动接通加热丝，系统加热；达到控制温度后，电路断开加热丝电源，系统停止加热。重复上述过程，就可以在所需控制温度上下波动。所以叫做通断式或开关式温控电路。

在这种电路中，多采用固定式水银接点温度计为敏感元件，控制元件采用性能可靠的可控硅。图 5-21 所示为用于恒温色谱的最简单的通断式温度控制电路。

由于这种方式主要是控制通过加热电流的时间而不是均匀地提供加热功率，所以它的控温精度不够高。为了提高控温精度，常把加热炉丝分为两组，一组为主加热丝，一组为控制加热丝（副加热丝）。升温时采用主加热丝；温度恒定后，采用控制加热丝。采用这种主副加热的办法可以使控制精度达到±0.3℃。

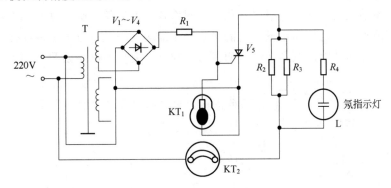

图 5-21　通断式温度控制电路

KT_1—固定式水银接点温度计（110℃）；KT_2—110℃温度保护继电器

b. 连续式温度控制电路。这种控制方式能按照柱箱温度和设定温度的差值连续地供给加热功率，温度差大时，加热功率大（通过加热丝的电流大）；温度差小时，加热功率亦小（通过加热丝的电流小）。这种连续式温控电路显然比通断式温控电路具有更高的控温精度。因此，在气相色谱仪中主要采用交流电桥测温的可控硅连续式温度控制电路。

任务一　认识气相色谱仪的基本结构

交流电桥测温的可控硅温控方式可以防止直流放大器的零点漂移,增强温度控制的稳定性,其电路由设定温度的电阻、测温铂电阻等组成交流测温电桥,由交流电源供电。由于柱箱的实际温度与设定温度的差值而产生的交流信号与电源具有相同的频率,需经交流放大和相敏检波后才能用来推动可控硅的触发电路,以便通过可控硅交流调压来调节加热功率。当需要升温且温差较大时,电桥产生的信号也较大,使触发脉冲的频率增高,可控硅控制角随之增大,加热丝便可获得较大的加热功率。当实际温度接近设定温度时,脉冲频率减小,加热功率也减小,从而使加热功率得到连续的调节。图 5-22 所示为这种控制方式的原理方框图。

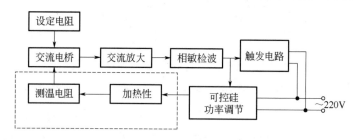

图 5-22 交流电桥测温可控硅温控原理方框图

② 程序升温控制。从以上恒温控制方式可看出,它们都是通过柱箱实际温度与预先设定温度的比较进行工作的,而程序升温的控制只要能够按一定的程序来改变设定温度的数值,就有可能达到程序升温的目的。总之,程序升温控制电路与恒温控制电路的区别,仅在于前者具有程序给定功能,而后者的温度设定值为一常量。所以,程序升温控制电路的特点和性能是由程序控制装置决定的。常用的程序控制器有以下两种。

机电式:通常利用步进电机带动电位器改变测温电桥中设定电阻的阻值实现程序升温。

电子式:全部采用电子电路进行程序控制,通过电路来改变设定电阻的数值而实现程序升温,并随时用数码管显示升温过程中的温度数值,去掉了机电式装置中的旋转驱动部件。它是一种较先进的电子式装置。

(2)汽化室的温度控制 一般气相色谱仪对汽化室温度的控制精度要求不是太高,汽化温度即使有些波动,对定性和定量分析的影响并不显著。因此可以采用可控硅交流调压方式来控制加热丝的加热功率,以实现温度的调节和控制,典型的电路如图 5-23 所示。

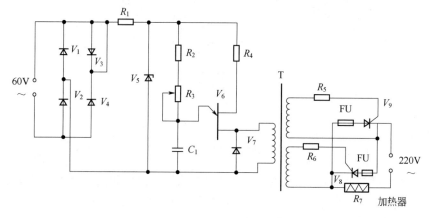

图 5-23 汽化温度控制电路

（3）检测室的温度控制　检测器一般均要求在恒温下操作，对于较低挡恒温操作的气相色谱仪，通常是将检测器与色谱柱一起置于柱层析箱内，同步进行温度控制；对于较高挡或程序升温气相色谱仪，对检测器温度控制的精度要求较高，一般单设检测室进行温度控制。温度控制的电路原理与柱箱温度的控制相同，而且还要采用惰性大的加热金属块间接加热，这样才能达到一定的控温精度，尤其是热导检测器，其控温精度的要求需更高一些。

6. 信号记录和数据处理系统

（1）信号记录系统　在气相色谱仪中，由检测器产生的电信号可以用记录仪来显示记录。早期记录仪是一台长方形自动平衡式电子电位差计，它可以直接测量并记录来自检测器或放大器的直流输出电压值。其结构原理如图 5-24 所示。补偿电压 U_{AB} 是由一个不平衡电桥的输出提供的。U_X 和 U_{AB} 串接相减后的差值 ΔU 由检零放大器放大，然后去控制可逆电机的正转或反转。电机转动又带动电桥中的滑线电阻器 R_W 的动点和记录笔左右移动。当 $U_X=U_{AB}$，可逆电机不转；当 $U_X>U_{AB}$，$\Delta U>0$，电机正转，带动滑线电阻 R_W 的动点向 U_{AB} 增加方向移动，最后使 $\Delta U=0$；当 $U_X<U_{AB}$，$\Delta U<0$，电机反转，带动滑线电阻 R_W 的动点向 U_{AB} 减小的方向转动，最后也使 $\Delta U=0$。总之，U_{AB} 跟踪 U_X 的变化而变化，U_{AB} 的数值就是 U_X 的值，用与电阻器 R_W 的动点同步的记录笔指示其确切的被测 U_X 的大小。

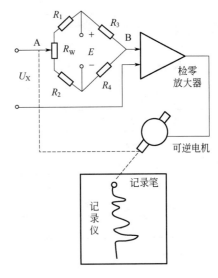

图 5-24　自动电子电位差计的工作原理

（2）数据处理系统　数据处理系统的作用是当仪器将被测气体成分量转换成电信号之后，再把电信号变成测定结果数据。气相色谱仪的数据处理方式，目前常用的是色谱工作站：先将被测成分的电信号直接通过仪器内部的数据处理，显示谱峰并同时直接打印出分析结果数据。同时设备具有存储功能。如需要仪器在线监测或自动进样进行重复多项测定时，色谱工作站可以具有自动按程序控制取样及切换阀门的作用，实现无人操作自动分析。

【思考与交流】

1. 气相色谱仪由哪些主要部分组成？各部分的作用是什么？
2. 稳压阀是怎样达到稳压目的的？
3. 为什么不能对色谱柱直接加热，而要将其放置在柱箱中使用？
4. TCD、FID、ECD 及 FPD 各有何特点？各自的结构、组成是怎样的？
5. 气相色谱仪对柱温的控制有哪些要求？

项目五	气相色谱仪	姓名：	班级：
任务一	认识气相色谱仪的基本结构	日期：	页码：

【任务检查与评价】

1. 检查

工作任务	任务内容	完成时长
气相色谱仪的工作原理		
气相色谱仪的结构		
气相色谱仪类型		
常用气相色谱仪型号		
常用气相色谱仪的主要技术指标		
气相色谱系统		

2. 评价

项目		序号	检验内容	配分	评分标准	自评	互评	得分
计划		1	制订是否符合规范、合理	10	一处不符合扣 0.5 分			
实施	工作原理	1	气相色谱仪工作原理及其应用	10	一处错误扣 1 分			
	仪器结构	1	气路系统	10	一处错误扣 1 分			
		2	进样系统	10	一处错误扣 1 分			
		3	色谱柱	10	一处错误扣 1 分			
		4	检测器类型及性能	10	一处错误扣 1 分			
		5	温度控制系统	5	一处错误扣 1 分			
		6	信号记录和数据处理系统	5	一处错误扣 1 分			
	常见型号及主要技术指标	1	常见型号	5	一处错误扣 1 分			
		2	主要技术指标	10	一处错误扣 1 分			
职业素养		1	团结协作 自主学习、主动思考 遵守课堂纪律	10	违规 1 次扣 5 分			
安全文明及 5S 管理		1		5	违章扣分			
创新性		1		5	加分项			
检查人						总分		

项目五　气相色谱仪	姓名：	班级：
任务二　GC126 型气相色谱仪的使用及维护	日期：	页码：

【任务描述】

通过对 GC126 型气相色谱仪的结构和仪器安装的学习，掌握 GC126 型气相色谱仪的使用以及其维护方法。

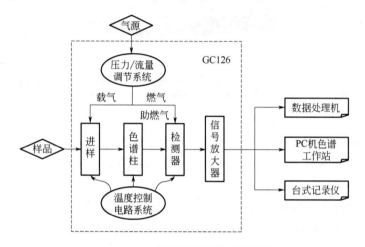

GC126 型气相色谱仪原理示意

一、学习目标

1. 熟悉 GC126 型气相色谱仪的结构。
2. 熟练使用 GC126 型气相色谱仪。
3. 掌握 GC126 型气相色谱仪的维护方法。

二、重点难点

GC126 型气相色谱仪的维护。

三、参考学时

90min。

【任务实施】

◆ 引导问题：描述 GC126 型气相色谱仪上的各个部件名称。

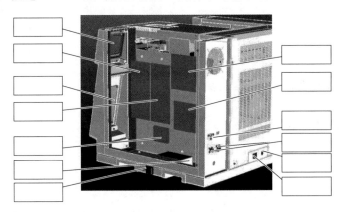

任务二　GC126 型气相色谱仪的使用及维护

气相色谱仪作为常用的大型分析检验设备应用十分广泛，其型号和类别也非常多，不同气相色谱仪的使用方法也各具特点。这里以常见的 GC126 型气相色谱仪说明其一般使用方法。

GC126 型气相色谱仪系微机化、高性能、低价格、全新设计的通用型气相色谱仪。GC126 型气相色谱仪具有稳定可靠、结构简洁合理、操作方便、外形美观等优点。该仪器应用范围广，适用于环境保护、大气、水源等污染物的痕量检测，毒物的分析、监测、研究，生物化学、临床应用、病理和病毒研究，食品发酵、石油化工、石油加工、油品分析、地质、探矿研究，有机化学合成研究，卫生检疫、公害检测分析和研究。

一、GC126 型气相色谱仪的使用方法

GC126 型气相色谱仪外形如图 5-25 所示。

1. 电源的要求

GC126 仪器电源（约 220V）应根据所需功率敷设（约 2kW），而且仪器使用电源避免与大功率耗电量负载或经常大幅度变化的用电设备共用一条线路。若电网电压超出 220V±22V 范围或干扰严重的场合，建议配备一个 3kW 的交流电子稳压器。仪器电源接地必须良好。

2. 气源的准备和处理

（1）气源　GC126 型气相色谱仪的 FID 检测器需三种气，即：载气（一般为氮气）、氢气和空气。氮气纯度不低于 99.99%，氢气纯度不低于 99.9%，空气中不应含有水、油及污染性气体。

（2）气源处理　三种气体进入仪器前须先经过严格净化处理，见图 5-26 所示。净化器由净化管及开关阀组成，接在仪器与气源之间。净化管加入经活化的 "5A" 分子筛及硅胶。若要输入气源到色谱仪，则将开关阀旋钮置于"开"位置。

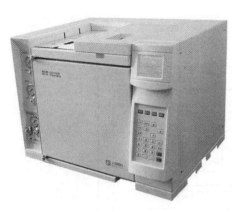
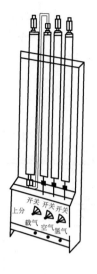
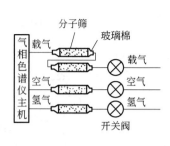

图 5-25　GC126 型气相色谱仪　　　　　　　　图 5-26　净化器

3. 外气路的连接

（1）连接输气管到气路接头　GC126 型气相色谱仪的气路输气管主要是 $\phi 3mm\times 0.5mm$ 聚乙烯管或 $\phi 2mm\times 0.5mm$ 不锈钢导管。螺帽为"M8×1，$\phi 3.2mm$"或"M8×1，$\phi 2.1mm$"。这两种导管与接头的连接示意见图 5-27。图中 $\phi 3mm\times 0.5mm$ 聚乙烯管采用密封衬垫的目的是增强导管在密封点的强度，以保证气体通畅和密封性能。如采用 $\phi 2mm\times 0.5mm$ 不锈钢连接管可不用 $\phi 2mm\times 0.5mm\times 20mm$ 的密封衬垫。图中密封环也可用 $\phi 5mm\times 1mm$ 聚四氟乙烯管切成长 5mm 的一段替代。密封环在使用中必须用 2 只，不然将不能保证密封性能。密封的最大压力 0.5～0.8MPa。检查气路接头是否漏气，不可用碱性较强的普通肥皂水，以免腐蚀零件，最好使用十二烷基硫酸钠的稀溶液作为试漏液。

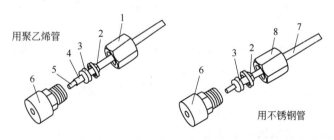

图 5-27　外气路接头示意

1—螺帽（M8×1，$\phi 3.2mm$）；2—密封垫圈（磷铜）；3—密封环 2 只；4—$\phi 3mm\times 0.5mm$ 聚乙烯管；5—密封衬垫（$\phi 2mm\times 0.5mm\times 20mm$ 不锈钢管）；6—接头；7—$\phi 2mm\times 0.5mm$ 不锈钢导管；8—螺帽（M8×1，$\phi 2.1mm$）

（2）减压阀安装　载气、氢气和空气钢瓶的减压阀安装步骤如下：

① 将两只氧气减压阀和一只氢气减压阀的低压出口头分别拧下，接上减压阀接头（注意：氢气减压阀螺纹是反方向的），旋上低压输出调节杆（不要旋紧）。

② 将减压阀装到钢瓶上（注意氢气减压阀接钢瓶接口处应加装减压阀包装盒内所附 O 型塑料圈）。旋紧螺帽后，打开钢瓶高压阀，减压阀高压表应有指示，关闭高压阀后，压力不应下降，否则就有漏气处，需予以排除才能使用。

(3) 连接外气路　将ϕ3mm×0.5mm聚乙烯管按需要的长度切成六段，连入减压阀接头至净化器进口（开关阀上接头）之间，以及净化器出口（干燥筒上接头）至主机气路进口之间，即完成外气路的连接。图5-28为外气路连接示意。

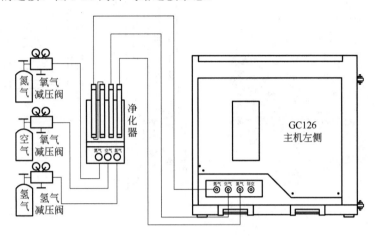

图5-28　外气路连接示意

(4) 外气路检漏　外气路连接完成后，需进行检漏。执行步骤如下所述：

① 将主机填充柱气路上的载气稳流阀，氢气、空气针形阀全部关闭（刻度指示约"1"）。

② 开启钢瓶高压阀（开启钢瓶高压阀前低调节杆一定要处于放松状态），缓慢旋动低压调节杆，直至低压表指示为0.3MPa。

关闭各钢瓶高压阀。此时减压阀上低压指示值不应下降。否则，外气路中存在漏气，需予以排除。

4. 安装填充柱

对于柱头进样，在进样口一端应留出足够的一段空柱（至少50mm）以便进样时注射器针能全部插入汽化器。

由于柱的刚性，ϕ5.7mm填充玻璃柱必须同时在进样口和检测器进口两端安装，每端安装程序一样。

当填充柱用于汽化进样时，在进样口一端无需留出一段空柱，但在填充柱的前端须加衬里（石英衬管和分流平板，需定期进行维护）。

5. 连接记录仪或色谱数据处理设备

GC126型气相色谱仪的FID放大器输出信号内部已连至主机电箱右侧下方的"检测器信号"插座。从仪器外部用信号导线部件可连接到记录仪或数据处理机或色谱工作站的信号端，该信号受控于面板上的调零旋钮。不论是接记录仪或接数据处理机及色谱工作站，FID放大器灵敏度（量程）、极性改变均由GC126主机微机面板来设定。但信号衰减功能则由记录仪或数据处理机或色谱工作站上来完成设定。连接步骤如下所述：

① 将记录仪信号导线部件的任何一端口或数据处理机信号导线部件的带插头端口，插入主机电箱右侧下方印有"检测器信号"字样的插座上（请注意：端口3号针芯为地线，1、2号针芯为色谱信号）。

② 两根导线部件的另一端口，分别连接相应记录仪或数据处理机的信号输入端。对色谱

工作站则接至色谱工作站输入信号线的接线端上。参见图 5-29。

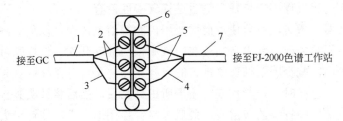

图 5-29　GC126 与色谱工作站信号连接示意

1—GC126 数据处理机信号导线部件；2、5—塑料导线，传送色谱信号；3、4—金属屏蔽线接地；
6—接线端子，为色谱工作站附件；7—色谱工作站信号导线部件，为色谱工作站附件

二、气相色谱仪的维护

气相色谱仪的工作性能与仪器在使用中是否精心维护保养密切相关，由于气相色谱仪结构复杂，其维护保养可分为各使用单元及整机两部分的维护保养。

（一）各使用单元的维护保养

1. 气路各部件的维护

（1）阀　稳压阀、针形阀及稳流阀的调节须缓慢进行。

① 稳压阀不工作，必须放松调节手柄（顺时针转动），以防止波纹管因长期受力疲劳而失效。

② 针形阀不工作时则相反，应将阀门处于"开"的状态，以防止压缩弹簧长期受力而失效和阀针密封圈粘贴在阀门口上。

③ 对于稳流阀，当气路通气时，必须先打开稳流阀的阀针，流量的调节应从大流量调到所需要的流量。

稳压阀、针形阀及稳流阀均不可作开关阀使用；各种阀的进、出气口不能接反，输入压力应达到 392.3～588.4kPa 左右，这样才能使阀的前后压差大于 49kPa，以获得较好的使用效果。

（2）转子流量计　使用转子流量计时应注意气源的清洁，若出现由于对载气中的微量水分干燥净化不够，在玻璃管壁吸附一层水雾造成转子跳动，或由于灰尘落入管中将转子卡住等现象时，应清洗转子流量计，其方法是：旋松上下两只大螺钉，小心地取出两边的小弹簧（防止转子吹入管道）及转子，用乙醚或酒精冲洗锥形管（也可将棉花浸透清洗液后塞入管内通洗）及转子，用电热吹风机把锥形管吹干，并将转子烘干，重新安装好。安装时应注意转子和锥形管不能放倒，同时要注意锥形管应垂直放置，以免转子和管壁产生不必要的摩擦。

（3）皂膜流量计　使用皂膜流量计时要注意保持流量计的清洁、湿润，要用澄清的皂水，或其他能起泡的液体（如：烷基苯磺酸钠等）。使用完毕应洗净、晾干放置。

2. 进样装置的维护

（1）汽化室进样口　由于仪器的长期使用，硅橡胶微粒积聚造成进样口管道阻塞，或气源净化不够使进样口沾污，此时应对进样口清洗，其方法是：首先从进样口出口处拆下色谱柱，旋下散热片，清除导管和接头部件内的硅

汽化管的清理

橡胶微粒（注意接头部件千万不能碰弯），接着用丙酮和蒸馏水依次清洗导管和接头部件，并吹干。然后按拆卸的相反程序安装好，最后进行气密性检查。

（2）微量注射器　微量注射器使用前均要用丙酮等溶剂洗净，以免沾污样品；有存液的注射器在正式吸取样品之前，针尖必须浸在溶液中来回抽动几次，这样既可以使样品溶液润湿注射器和针栓表面，减少因毛细现象带来的取样误差，又可以排除针管与针头中的空气，保证进样的精确度。进样时，一般抽取二倍于所进样品量，然后将针头竖直向上，排除过量的样品，用滤纸迅速擦掉针头的残留液，最后再将针栓倒退一点，使针头尖端充有空气之后再注射进样，以防止针头刚插入进样口时，针头中的样品比针管中的提前汽化，从而使溶剂的拖尾程度降低，改善色谱分离，进样时还需注意在针头插入进样口的同时，一定要用手稍稍顶住栓钮，以防止载气将针栓冲出，样品注进后要稍等片刻再把针头从进样口拔出，以保证样品被载气带走；微量注射器使用后应立即清洁处理，以免芯子受沾污而阻塞；切忌用重碱性溶液洗涤，以免玻璃受腐蚀失重和不锈钢零件受腐蚀而漏水漏气；对于注射器针尖为固定式，不得拆下；由于针尖内孔极为微小，所以注射器不宜吸取有较粗悬浮物质的溶液；一旦针尖堵塞，可用$\phi 0.1mm$不锈钢丝通一下；注射器不得在芯、套之间湿度不足时（将干未干时）将芯子强行多次来回拉动，以免发生卡住或磨损而造成损坏；如发现注射器内有不锈钢氧化物（发黑现象）影响正常使用时，可在不锈钢芯子上蘸少量肥皂水塞入注射器内，来回抽拉几次就可去掉，然后再洗清即可；注射器的针尖不宜在高温下工作，更不能用火直接烧，以免针尖退火而失去穿戳能力。

（3）六通阀　六通阀在使用时应绝对避免带有小颗粒杂质的气体进入，否则，在拉动阀杆或转动阀盖时，固体颗粒会擦伤阀体，造成漏气；六通阀使用时间长了，应该按照结构装卸要求卸下进行清洗。

3. 色谱柱的维护

色谱柱的温度必须低于柱子固定相允许的最高使用温度，严禁超过；色谱柱若暂时不用时，应将两端密封，以免被污染；当柱效开始降低时，会产生严重的基线漂移、拖尾峰等现象，此时应低流速、长时间地用载气对其老化再生，待性能改善后再正常使用，若性能改善不佳，则应重新制备色谱柱。当填充柱用于汽化进样时，在进样口一端无需留出一段空柱，但在填充柱的前端须加衬里（石英衬管和分流平板，需定期进行维护）。

4. 检测器的维护

（1）热导检测器

① 使用注意点如下。

a. 尽量采用高纯度气源；载气与样品气中应无腐蚀性物质、机械性杂质或其他污染物。

b. 载气至少通入 0.5h，保证将气路中的空气赶走后方可通电，以防热丝元件的氧化。未通载气严禁加载桥电流。

c. 根据载气的性质，桥电流不允许超过额定值。如当载气用氮气时，桥电流应低于 150mA；用氢气时，则应低于 270mA。

d. 不允许有剧烈的振动。

e. 热导池高温分析时，如果停机，除首先切断桥电流外，最好等检测室温度低于 100℃

以下时，再关闭气源，这样可以提高热丝元件的使用寿命。

② 热导检测器的清洗。当热导池使用时间长或沾污脏物后，必须进行清洗。清洗的方法是将丙酮、乙醚、十氢萘等溶剂装满检测器的测量池，浸泡一段时间（20min 左右）后倾出，如此反复进行多次，直至所倾出的溶液比较干净为止。

当选用一种溶剂不能洗净时，可根据污染物的性质先选用高沸点溶剂进行浸泡清洗，然后再用低沸点溶剂反复清洗。洗净后加热使溶剂挥发、冷却到室温后装到仪器上，然后加热检测器通载气数小时后即可使用。

（2）火焰离子化检测器

① 使用注意点如下。

a. 尽量采用高纯气源（如纯度为 99.99% 的 N_2 或 H_2），空气必须经过 5A 分子筛充分净化。

b. 在最佳的 N_2/H_2 以及最佳空气流速的条件下操作。

c. 色谱柱必须经过严格的老化处理。

d. 离子室要注意避免外界干扰，保证使它处于屏蔽、干燥和清洁的环境中。

e. 使用硅烷化或硅醚化的载体以及类似的样品时，长期使用会使喷嘴堵塞，因而造成火焰不稳、基线不佳、校正因子不重复等故障。应及时注意它的维修。

f. 应特别注意氢气的安全使用，切不可使其外溢。

② 火焰离子化检测器的清洗。若检测器沾污不太严重时，只需将色谱柱取下，用一根管子将进样口与检测器连接起来，然后通载气将检测器恒温箱升至 120℃ 以上，再从进样口中注入 20μL 左右的蒸馏水，接着再用几十微升丙酮或氟利昂（Freon-113 等）溶剂进行清洗，并在此温度下保持 1~2h，检查基线是否平稳。若仍不理想则可再洗一次或卸下清洗（在更换色谱柱时必须先切断氢气源）。

当沾污比较严重时，则必须卸下检测器进行清洗。其方法是：先卸下收集极、正极、喷嘴等。若喷嘴是石英材料制成的，则先将其放在水中进行浸泡过夜；若喷嘴是不锈钢等材料制成的，则可将喷嘴与电极等一起，先小心用 300~400 号细砂纸磨光，再用适当溶液（如 1∶1 甲醇-苯）浸泡（也可用超声波清洗），最后用甲醇清洗后置于烘箱中烘干。注意勿用卤素类溶剂（如氯仿、二氯甲烷等）浸泡，以免与卸下零件中的聚四氟乙烯材料发生反应，导致噪声增加。洗净后的各个部件要用镊子取，勿用手摸。各部件烘干后在装配时也要小心，否则会再度沾污。部件装入仪器后，要先通载气 30min，再点火升高检测室温度，最好先在 120℃ 的温度下保持数小时后，再升至工作温度。

氢火焰离子化检测器的清洗

（3）电子捕获检测器

① 使用注意点如下。

a. 必须采用高纯度（99.99%以上）的气源，并要经过 5A 分子筛净化脱水处理。

b. 经常保持较高的载气流速，以保证检测器具有足够的基流值。一般来说，载气流速应不低于 50mL/min。

c. 色谱柱必须充分老化，不允许将柱温达到固定液最高使用温度时操作，以防止少量固定液的流失使基流减小，严重时可将放射源污染。

d. 若每次进样后，基流有明显的下降，表明检测器有了样品的污染。最好使用较高的载气流速在较高温度下冲洗 24h，直到获得原始基流为止。

e．对于多卤化合物及其他对电子的亲和能力强的物质，进样时的浓度一定要控制在 $0.1\times10^{-9}\sim0.1\times10^{-6}$ 范围内，进样浓度不宜过大。否则，一方面会使检测器发生超负荷饱和，另一方面则会污染放射源。

f．一些溶剂也有电子捕获特性，例如，丙酮、乙醇及含氯的溶剂，即使是非常小的量，也会使检测器饱和。色谱柱固定相配制时应尽可能不采用上述溶剂，非用不可时，一定要将色谱柱在通氮气的条件下连续老化 24h。老化时，不可将色谱柱出口接至检测器上，以防止污染放射源。

g．空气中的 O_2，易沾污检测器，故当汽化室、色谱柱或检测器漏入空气时，都会引起基流的下降，因此，要特别注意气路系统的气密性，在更换进样口的硅橡胶垫时要尽可能快。

h．一旦检测器较长时间使用，建议中间停机时不要关掉氮气源，要保持正的氮气压力，即有 10mL/min 的流速一直通过色谱柱和检测器为佳。

i．一定要保证检测室温度在放射源允许的范围内使用（要按说明书的要求操作）。检测器的出口一定要接至室外，最后的出气口还应架设在比房顶高出 1m 的地方，以确保人身的安全。

② 电子捕获检测器的清洗。电子捕获检测器中通常有 ^3H 或 ^{63}Ni 放射源，因此，清洗时要特别小心。清洗方法如下：先拆开检测器，用镊子取下放射源箔片，然后用 2∶1∶4 的硫酸、硝酸、水溶液清洗检测器的金属及聚四氟乙烯部分。清洗干净后，改用蒸馏水清洗，然后再用丙酮清洗，最后将清洗过的部分置于 100℃左右的烘箱中烘干。

对 ^3H 源箔片，应先用己烷或戊烷淋洗（绝不能用水洗），清洗的废液要用大量的水稀释后弃去或收集后置于适当的地方。

对 ^{63}Ni 源箔片的清洗应格外小心。首先，这种箔片绝不能与皮肤接触，只能用长镊子来夹取操作。清洗的方法是：先用乙酸乙酯加碳酸钠或用苯淋洗，再放在沸水中浸泡 5min，取出烘干后装入检测器中。检测器装入仪器后要先通载气 30min，再升至操作温度，预热几小时后备用。清洗后的废液要用大量水稀释后才能弃去或收集后置放在适当的地方。

（4）火焰光度检测器

① 使用注意点如下。

a．使用高纯度的气源，确保仪器所需的各项流速值，特别应保证 O_2/H_2 有利于测硫或测磷。

b．色谱柱要充分老化。柱温绝对不能超过固定相的最高使用温度，否则会产生很高的碳氢化合物的背景，影响到检测器对有机硫或有机磷的响应。

c．色谱柱的固定液一定要涂渍均匀，没有载体表面的暴露，否则会引起样品的吸附，影响痕量分析。

d．要经常地使检测器比色谱柱的温度高（例如 50℃），这对于易冷凝物质的分析尤其需要。

e．注意烃类物质对测硫的干扰。使用单火焰光度检测器时，色谱柱应保证烃类物质与含硫物质的分离。

f．为了防止损坏检测器中的光电倍增管，延长其寿命，还须注意以下几点：未点火前不要打开高压电源。如果在实验过程中灭火，须先关掉高压电源后再重新点火。当冷却装置失去作用，不能保证光电倍增管在50℃以下工作时，最好停止实验。开启高压电源，最好从低到高逐渐调至所需数值。检测室温度低于120℃时不要点火，以免积水受潮，影响滤光片和光电倍增管的性能。实验完毕，先关掉高压电源，并将其值调至最小，等检测室温度降到50℃以下，再将冷却水关掉。

② 火焰光度检测器的清洗。正常操作时，在检测筒体内仅产生很少的污染物（如 SiO_2），甚至积累了大量污染物时也不影响检测器性能，此时可把筒体卸下刮去内部污染物即可。

如在检测器的任何光学部件上留有沉积物时，将减弱发射光，影响检测器的灵敏度。所以应避免在检测器窗、透镜、滤光片和光电倍增管上留下污染。尽管如此，正常操作检测器时，在检测器筒体窗内侧也会积聚脏物。此时可用清洁的软绒布蘸丙酮清洗检测器窗、透镜等被污染处。

当火焰喷嘴的上部被污染时，在较高灵敏挡会引起基线不稳定。此时可在带烟罩的良好通风场所，把喷嘴放在50℃的50%的硝酸中清洗20min。

5. 温度控制系统的维护

温度控制器和程序控制器是比较容易保养的，尤其是当它们是新型组件时。每月一次或按生产者规定的校准方法进行检查，就足以保证其工作性能。校准检查的方法可参考有关仪器说明书。

6. 记录仪的维护

要注意记录仪的清洁，防止灰尘等脏物落入测量系统中的滑线电阻上，应定期用棉花蘸酒精或乙醚轻微仔细擦去滑线电阻上的污物，不宜用力横向揩拭，更不能用硬的物件在滑线电阻上洗擦，以免在滑线电阻上划出划痕而影响精度。相关的机械部位应注意润滑，可以定期滴加仪表油，以保证活动自如。

（二）整机的维护保养

为了使气相色谱仪的性能稳定良好并延长其使用寿命，除了对各使用单元进行维护保养，还需注意对整机的维护和保养。

① 仪器应严格在规定的环境条件中工作，在某些条件不符合时，必须采取相应的措施。

② 仪器应严格按照操作规程进行工作，严禁油污、有机物以及其他物质进入检测器及管道，以免造成管道堵塞或仪器性能恶化。

③ 必须严格遵守开机时先通载气后开电源、关机时先关电源后断载气的操作程序，否则在没有载气散热的条件下热丝极易氧化烧毁。在换钢瓶、换柱、换进样密封垫等操作时应特别注意。

④ 仪器使用时，钢瓶总阀应旋开至最终位置（开足），以免总阀不稳，造成基线不稳。

⑤ 使用氢气时，仪器的气密性要得到保证；流出的氢气要引至室外。这些不仅是仪器稳定性的要求，也是安全的保证。

⑥ 气路中的干燥剂应经常更换，以及时除去气路中的微量水分。

⑦ 使用火焰离子化检测器时，"热导"温控必须关断，以免烧坏敏感元件。

⑧ 使用"氢火焰"时，在氢火焰已点燃后，必须将"引燃"开关扳至下面，否则放大器将无法工作。

⑨ 要注意放大器中高电阻的防潮处理。因为高电阻阻值会因受潮而发生变化，此时可用

硅油处理。方法如下：先将高电阻及附近开关、接线架用乙醚或酒精清洗干净，放入烘箱（100℃左右）烘干，然后把 1g 硅油溶解在 15～20mL 乙醚中（可大概按此比例配制），用毛笔将此溶液涂在已烘干的高阻表面和开关架上，最后再放入烘箱烘上片刻即可。

⑩ 汽化室进样口的硅橡胶密封垫片使用前要用苯和酒精擦洗干净。若在较高温度下老化 2～3h，可防止使用中的裂解。经多次（20～30次）使用后，就需更换。

⑪ 气体钢瓶压力低于 1471kPa 时，应停止使用。

⑫ 220V 电源的零线与火线必须接正确，以减少电网对仪器的干扰。

⑬ 仪器暂时不用，应定期通电一次，以保证各部件的性能良好。

⑭ 仪器使用完毕，应用仪器布罩罩好，以防止灰尘的沾污。

【思考与交流】

1. 稳压阀、针形阀及稳流阀的使用要注意哪些方面？这些阀为什么要求输入压力达到 392.3～588.4kPa？
2. 怎样对微量注射器进行维护？用微量注射器进样时如何操作，其效果才比较理想？
3. 对色谱柱的维护应注意哪些？
4. TCD、FID、ECD 及 FPD 的使用应注意哪些方面？如何对检测器进行清洗？
5. 如何对气相色谱仪进行维护？仪器整机的维护与各使用单元维护的关系是什么？

项目五　气相色谱仪

任务二　GC126 型气相色谱仪的使用及维护

姓名：　　　　　　班级：

日期：　　　　　　页码：

【任务检查与评价】

1. 检查

工作任务	任务内容	完成时长
GC126 型气相色谱仪的结构		
GC126 型气相色谱仪的使用方法		
气相色谱仪的维护		

2. 评价

项目		序号	检验内容	配分	评分标准	自评	互评	得分
计划		1	制订是否符合规范、合理	10	一处不符合扣 0.5 分			
实施	仪器结构	1	GC126 型气相色谱仪的结构	10	一处错误扣 1 分			
	仪器使用	1	电源的要求	5	一处错误扣 1 分			
		2	气源的准备和处理	10	一处错误扣 1 分			
		3	外气路的连接	10	一处错误扣 1 分			
		4	安装填充柱	10	一处错误扣 1 分			
		5	连接记录仪或色谱数据处理设备	10	一处错误扣 1 分			
	仪器维护	1	各使用单元的维护保养	10	一处错误扣 1 分			
		2	整机的维护保养	10	一处错误扣 1 分			
职业素养		1	团结协作 自主学习、主动思考 遵守课堂纪律	10	违规 1 次扣 5 分			
安全文明及 5S 管理		1		5	违章扣分			
创新性		1		5	加分项			
检查人						总分		

项目五　气相色谱仪	姓名：	班级：
任务三　安捷伦 7890B 型气相色谱仪的使用及维护	日期：	页码：

【任务描述】

通过对安捷伦 7890B 型气相色谱仪结构和使用的学习，掌握安捷伦 7890B 型气相色谱仪的维护以及故障排除的方法。

一、学习目标

1．熟悉安捷伦 7890B 型气相色谱仪的结构。

2．能够熟练使用安捷伦 7890B 型气相色谱仪。

3．掌握安捷伦 7890B 型气相色谱仪的维护方法。

二、重点难点

安捷伦 7890B 型气相色谱仪的维护。

三、参考学时

90min。

【任务实施】

◆ 引导问题：描述安捷伦 7890B 型气相色谱仪上的各个部件名称。

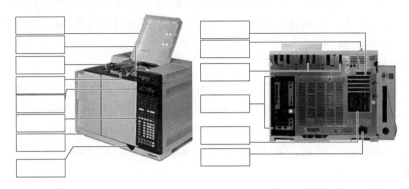

任务三　安捷伦 7890B 型气相色谱仪的使用及维护

安捷伦 7890B 型气相色谱仪适用于气态有机化合物或较易挥发的液体、固体有机化合物样品的分析。该仪器所有进样口和检测器气路均采用电子气路控制（EPC），从而提供更好的保留时间和峰面积的精准度。仪器使用者可以通过软件设置气体流速，保存分析方法的所有参数。数字电路使得每次运行、不同操作人员之间的设置值都保持一致。因此，可以获得更好的保留时间重现性和更一致可靠的结果。

一、安捷伦 7890B 型气相色谱仪的使用

安捷伦 7890B 型气相色谱仪的外形如图 5-30 所示。

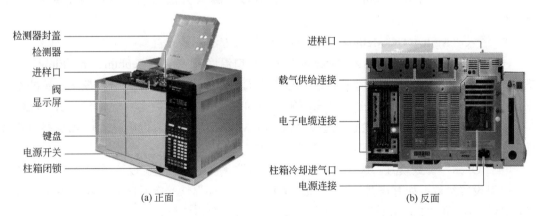

图 5-30　安捷伦 7890B 型气相色谱仪

（一）操作前准备

1. 色谱柱的检查与安装

首先打开柱温箱门看是否是所需用的色谱柱，若不是则旋下毛细管柱、进样口和检测器

的螺母，卸下毛细管柱。取出所需毛细管柱，放上螺母，并在毛细管柱两端各放一个石墨环，然后将两侧柱端截去 1~2mm，进样口一端石墨环和柱末端之间长度为 4~6mm，检测器一端将柱插到底，轻轻回拉 1mm 左右，然后用手将螺母旋紧，不需用扳手，新柱老化时，将进样口一端接入进样器接口，另一端放空在柱温箱内，检测器一端封住，新柱在低于最高使用温度 20~30℃以下，通过较高流速载气连续老化 24h 以上。

色谱柱安装

2. 气体流量的调节

（1）载气（氮气） 开启氮气钢瓶高压阀前，首先检查低压阀的调节杆应处于释放状态，打开高压阀，缓缓旋动低压阀的调节杆，调节至约 0.55MPa（400~690kPa）。

（2）氢气 打开氢气钢瓶，调节输出压至约 0.41MPa（400~690kPa）。

（3）空气 打开空气钢瓶，调节输出压至约 0.55MPa（550~690kPa）。

3. 检漏

用检漏液检查柱及管路是否漏气。

（二）主机操作

1. 接通电源

打开电脑，进入 Windows 主菜单界面。然后开启主机，主机进行自检，自检通过主机屏幕显示"power on successful"，进入 Windows 系统后，双击电脑桌面的"Instrument Online"图标，使仪器和工作站连接。

2. 编辑新方法

① 从"Method"菜单中选择"Edit Entire Method"，根据需要勾选项目——"Method Information"（方法信息）"Instrument/Acquisition"（仪器参数/数据采集条件）"Data Analysis"（数据分析条件）"Run Time Checklist"（运行时间顺序表），确定后单击"OK"。

② 出现"Method Commons"窗口，如有需要输入方法信息（方法用途等），单击"OK"。

③ 进入"Agilent GC Method：Instrument 1"（方法参数设置）。

④ "Inlet"参数设置。输入"Heater"（进样口温度）；输入"Septum Purge Flow"（隔垫吹扫速度）；拉下"Mode"菜单，选择分流模式或不分流模式或脉冲分流模式或脉冲不分流模式；如果选择分流或脉冲分流模式，输入"Split Ratio"（分流比）。完成后单击"OK"。

⑤ "CFT Setting"参数设置。选择"Control Mode"（恒流或恒压模式）。如选择恒流模式，在"Value"中输入柱流速。完成后单击"OK"。

⑥ "Oven"参数设置。选择"Oven Temp On"（使用柱温箱温度）；输入恒温分析或者程序升温设置参数；如有需要，输入"Equilibration Time"（平衡时间）"Post Run Time"（后运行时间）和"Post Run"（后运行温度）。完成后单击"OK"。

⑦ "etector"参数设置。勾选"Heater"（检测器温度）"H_2 Flow"（氢气流速）"Air Flow"（空气流速）"Makeup Flow"（尾吹速度 N_2）"Flame"（点火）和"Electrometer"（静电计），并对前四个参数输入分析所要求的量值。完成后单击"OK"。

⑧ 如果在①中勾选了"Data Analysis"：

a. 出现"Signal Detail"窗口。接受默认选项,单击"OK"。

b. 出现"Edit Integration Events"(编辑积分事件),根据需要优化积分参数。完成后单击"OK"。

c. 出现"Specify Report"(编辑报告),选择"Report Style"(报告类型)"Quantitative Results"(定量分析结果选项)。完成后单击"OK"。

⑨ 如果在①中勾选了"Run Time Checklist",出现"Run Time Checklist"后,至少勾选"Data Acquisition"(数据采集)。完成后单击"OK"。

3. 方法编辑完成

储存方法:单击"Method"菜单,选中"Save Method As",输入新建方法名称,单击"OK"完成。

4. 单个样品的方法信息编辑及样品运行

从"Run Control"菜单中选择"Sample Info"选项,输入操作者名称,在"Data File"—"Subdirectory"(子目录)输入保存文件夹名称,并选择"Manual"或者"Prefix/Counter",并输入相应信息;在"Sample Parameters"中输入样品瓶位置,样品名称等信息。完成后单击"OK"。

注:"Manual"——每次做样之前必须给出新名字,否则仪器会将上次的数据覆盖掉。"Prefix"——在"Prefix"框中输入前缀,在 Counter 框中输入计数器的起始位(自动计数)。一般已保存的方法,只要在工作站中调出即可,不用每次重新设定。

5. 采集数据

待工作站提示"Ready",且仪器基线平衡稳定后,从"Run Control"菜单中选择"Run Method"选项,开始做样,采集数据。

(三)数据处理

双击电脑桌面的"Instrument 1 Offline"图标,进入工作站。

1. 查看数据

① 选择数据。单击"File"—"Load Signal",选择要处理的数据的"File Name",单击"OK"。

② 选择方法。单击打开图标,选择需要的方法的"File Name",单击"OK"。

2. 积分

① 单击菜单"Integration"—"Auto Integrate"。积分结果不理想,再从菜单中选择"Integration"—"Integration Events"选项,选择合适的"Slope Sensitivity""Peak Width,Area Reject""Height Reject"。

② 从"Integration"菜单中选择"Integrate"选项,则按照要求,数据被重新积分。

③ 如积分结果不理想,则重复①和②,直到满意为止。

3. 建立新校正标准曲线

① 调出第一个标样谱图。单击菜单"File"—"Load Signal",选择标样的"File Name",单击"OK"。

② 单击菜单"Calibration"—"New Calibration Table"。

③ 弹出"Calibrate"窗口,根据需要输入"Level"(校正级),和"Amount"(含量),或者接受默认选项,单击"OK"。

④ 如果③中没有输入"Amount"（含量），则在此时输入，并输入"Compound"（化合物名称）。

⑤ 增加一级校正。单击菜单"File"—"Load Signal"，选择另一标样的"File Name"，单击"OK"。然后单击菜单"Calibration"—"Add Level"。并重复④步骤。

⑥ 若使用多级（点）校正表，重复⑤步骤。

⑦ 方法储存。单击"Method"菜单，选中"Save Method As"，输入新建方法名称，单击"OK"完成。

注：Agilent Chemstation 软件的功能庞大、灵活，这里仅是简单介绍。

（四）关机

① 仪器在测定完毕后，运行关机方法，将检测器熄火，关闭空气、氢气，将炉温降至50℃以下，检测器温度降至100℃以下，关闭进样口、炉温、检测器加热开关，关闭载气。将工作站退出，然后关闭主机，最后将载气钢瓶阀门关闭，切断电源。

② 做好使用登记。

（五）顶空自动进样器的操作

① 首先将顶空进样器部分与GC126型气相色谱仪（以下简称GC）部分连接，即顶空进样器传输线与GC进样口连接。

② 打开氮气瓶后，将GC主机与顶空进样器电源开关打开。

③ 将GC部分的参数设置好后，进行顶空进样器部分参数设置。

④ 进入顶空进样器参数设置面板，进入状态面板"Staus Tab"。

⑤ 状态面板"Staus Tab"参数设置。

a. 在温度面板"Temp Tab"上进行取样针温度、传输线温度、加热炉温度以及载气压力参数设置。

b. 在时间面板"Timing Tab"上进行炉温平衡时间、加压时间、取样时间、GC循环时间、拔针时间等参数设置。

c. 在选项面板"Option Tab"上进行操作模式、进样模式等的设置。

d. 在PPC面板上进行柱压设置。

⑥ 将状态面板"Staus Tab"参数设置完后，保存方法。

⑦ 进入运行面板"Run Tab"，设置进样瓶号范围，并选择方法。

⑧ 待"Start"按钮变为绿色时，按下"Start"按钮进入分析。

二、系统日常维护保养程序

① 气相在使用时应当严格按要求操作，注意保养维护。

② 样品处理。用0.45μm的滤膜过滤样品，确保样品中不含固体颗粒；进样量尽量小。

仪器内部清洁

③ 色谱柱的维护。在使用新柱前或放置比较久的色谱柱需预先老化以除去柱中残留的溶剂，选择老化温度时应考虑以下几点：a. 足够高以除去不挥发物质；b. 足够低以延长柱寿命和减小柱流失；c. 老化温度越低老化时间应越长；d. 按实际工作时的柱温程序重复升温，以使柱得以较好老化。色谱柱在使用过程中，一般检测完毕柱温应升至比检测温度高20～

30℃以除去柱中残留的溶剂，使用结束或柱子长时间不使用时，应堵上柱子两端以保护柱子中的固定液不被氧气和其他污染物所污染。

④ 色谱仪器要定期维护，保持内部清洁。

三、注意事项

① 保持气相色谱仪工作环境温度在5～35℃，相对湿度小于等于80%，保持环境清洁干净。每次使用时应保持室温、相对湿度恒定。

② 各种色谱柱的连接必须保证良好的气密性，经常检查氢气钢瓶主阀是否漏气，色谱室应通风良好，禁止吸烟，避免氢气泄漏引起爆炸。

③ 关机操作时，要使仪器各部分温度降到100℃以下，最后关闭氮气。

④ 如突然停电，要立即关闭氢气主阀和机内氢气应力表，并打开柱箱门散热，氮气保留一段时间再关。

⑤ FID检测器点火不燃时，可将FID检测器升到300℃，并检查氢气钢瓶低压表是否大于400kPa。

⑥ 顶空进样操作分析时，为了更好的重现性，取样针温度与传输线温度应比加热炉温度高5℃。

⑦ 顶空进样操作分析时，传输线温度不应高于GC进样口温度。

⑧ 顶空进样操作分析时，取样针、传输线以及加热炉最大使用温度≤210℃。

⑨ 顶空进样操作分析时，取样时间一般不超过0.1min。

⑩ 顶空进样操作分析时，进样模式最好选用时间进样，体积进样重现性不好。

四、维护与保养

定期维护项目：进样口、玻璃衬管、进样垫、石墨压环、毛细管色谱柱、流量控制器、火焰离子化检测器。

五、期间核查

① 在两次检定之间，应对安捷伦7890B型气相色谱仪进行一次期间核查。

② 安捷伦7890B型气相色谱仪的核查采用使用有证标准物质的方式进行。结果依据标准样品的标准值及不确定度进行评价，测定值偏差不超过不确定度的两倍时，判定仪器期间核查合格。

六、气相色谱仪常见故障的排除

气相色谱仪属于结构、组成较为复杂的大型分析仪器之一，一旦发生故障往往比较棘手，不仅某一故障的产生可以由多种原因造成；而且不同型号的仪器，情况也不尽相同。这里仅就各种仪器故障的共同之处加以介绍，为了叙述方便，将仪器的故障现象、故障原因以及排除方法从以下两方面来说明。

1. 根据仪器运行情况判断故障

表5-3、表5-4列出了仪器运行时主机、记录仪和温度控制与程序升温系统常见故障及其排除方法。

表 5-3　仪器运行时主机常见故障及其排除方法

故障	故障原因	排障方法
1．温控电源开关未开，但主机启动开关打开后温度控制器加热指示灯就亮，并且柱恒温箱或检测室也开始升温	（1）恒温箱可控硅管中的一只或两只已击穿，呈现短路状态 （2）温度控制器中的脉冲变压器漏电 （3）电热丝与机壳互碰	判明已损坏可控硅管，更换同规格的管子 更换脉冲变压器 排除相碰处
2．主机开关及温度控制器开关打开后，加热指示灯亮，但柱恒温箱不升温	（1）加热丝断了 （2）加热丝引出线或连接线已断	更换同规格加热丝 重新连接好
3．打开温控开关，柱温调节电位器旋到任何位置时，主机上加热指示灯都不亮	（1）加热指示灯灯泡坏了 （2）铂电阻的铂丝断了 （3）铂电阻的信号输入线已断 （4）可控硅管失效或可控硅管引出线断了 （5）温控器失灵	更换灯泡 更换铂电阻或焊接好铂丝 接好输入线 更换同规格可控硅管或将断线部分接好 修理温度控制器
4．打开温控器开关，将柱温两节电位器逆时针旋到底，加热指示灯仍亮	（1）铂电阻短路或电阻与机壳短路 （2）温控器失灵	排除短路处 修理温度控制器
5．热导池电源电流调节偏低或无电流（最大只能调到几十毫安）	（1）热导池钨丝部分烧断或载气未接好 （2）热导池钨丝引出线已断 （3）热导池引出线与热导池电源插座连接线已断 （4）热导池稳压电源失灵	根据线路检查各臂钨丝是否断了，若断了，予以更换；接好载气 将引出线重新焊好（需银焊，若使用温度在150℃以下，亦可用锡焊） 将断线处接好 修理热导池稳压电源
6．热导池电源电流调节偏高（最低只能调到120mA）	（1）钨丝、引出线或其他元件短路 （2）热导池电源输出电压太高	检查并排除短路处 修理热导池电源
7．仪器在使用热导检测器时，"电桥平衡"及"调零"电位器在任何位置都不能使记录仪基线调到零位（拨动"正""负"开关时，记录仪指针分别向两边靠）	（1）仪器严重漏气（特别是汽化室后面的接头，色谱柱前后的接头严重漏气） （2）热导池钨丝有一臂短路或碰壳 （3）热导池钨丝不对称，阻值偏差太大	检漏并排除漏气处 断开钨丝连接线，用万用表检查各臂电阻是否相同，在室温下各臂之间误差不超过 0.5Ω 时为合格。若短路或碰壳应拆下重装 更换钨丝，如大于 0.5Ω 而小于 3Ω，可在阻值较大的一臂并联一只电阻（采用稳定性好的线绕电阻），使其值在 $0.3\sim3k\Omega$ 之间，阻值不宜过低，以免影响灵敏度
8．氢火未点燃时，放大器"调零"不能使放大器的输出调到记录仪的零点	（1）放大器失调 （2）放大器输入信号线（同轴电缆）短路或绝缘不好（同轴电缆中心线与外包铜丝网绝缘电阻应在 $1000M\Omega$ 以上） （3）离子室的收集极与外罩短路或绝缘不好 （4）放大器的高阻部分受潮或污染 （5）收集极积水	修理放大器 把同轴电缆线两端插头拆下，用丙酮或乙醇清洗后烘干 清洗离子室 用乙醇或乙醚清洗高阻部分，并用电吹风吹干，然后涂上一薄层硅油 更换收集极
9．当氢火焰点燃后，"基始电流补偿"不能把记录仪基线调到零点	（1）空气不纯 （2）氢气或氮气不纯 （3）若记录仪指针无规则摆动，则大多是由于离子室积水所致。检查积水情况时，可旋下离子室露在顶板的圆罩，直接用眼睛观察	若降低空气流量时情况有好转，说明空气不纯。这时可在流路中加过滤器或将空气净化后再通入仪器 流路中加过滤器或将气体净化后再通入仪器 加大空气流量，增加仪器预热时间使离子室有一定的温度后再点火工作。尽量避免在柱恒温箱温度未稳定时就点火工作，此外，也可采用旋下离子室的盖子，待温度较高后再盖上的办法

续表

故障	故障原因	排障方法
9. 当氢火焰点燃后,"基始电流补偿"不能把记录仪基线调到零点	（4）氢气流量过大 （5）氢火焰燃到收集极 （6）进样量过大或样品浓度太高 （7）色谱柱老化时间不够 （8）柱温过高,使固定液蒸发而进入离子室	降低氢气流量 重新调整位置 减少进样或更换样品试验 充分老化色谱柱 降低柱温,清洗柱后面的所有气路管道
10. 氢火焰点不燃	（1）空气流量太小或空气大量漏气 （2）氢气漏气或流量太小 （3）喷嘴漏气或被堵塞 （4）点火极断路或碰圈 （5）点火电压不足或连接线已断 （6）废气排出孔被堵塞	增大空气流量,排除漏气处 排除漏气处,加大氢气流量 更换喷嘴或将堵塞处疏通 排除点火极断路或碰圈故障 提高点火电压或接好导线 疏通废气排出孔
11. 氢火焰已点燃或用热导检测器时,进样不出峰或灵敏度显著下降	（1）灵敏度选择过低 （2）进样口密封垫漏气 （3）柱前汽化室漏气或检测器管道接头漏气 （4）注射器漏气或被堵塞 （5）汽化室温度太低 （6）氢火焰同轴电缆线断路 （7）收集极位置过高或过低 （8）极化极负高压不正 （9）更换热导池钨丝时,接线不正确 （10）喷嘴漏气 （11）使用高沸点样品时,离子室温度太低	提高灵敏度 更换硅橡胶密封垫 检漏并排除漏气处 排除漏气处或疏通堵塞处 提高汽化室温度 更换同轴电缆线 调整好收集极位置 调整极化电压 重新接线,桥路中对角线的钨丝应在热导池的同一腔体内 将喷嘴拧紧 提高温度,防止样品在离子室管道中凝结,并提高氢气流量

表 5-4 温度控制和程序升温系统常见故障及其排除方法

故障	故障原因	排除方法
1. 检测器不加热	（1）主电源、柱恒温箱或程序控制器保险丝已坏 （2）加热器元件已断 （3）连接线脱落 （4）上限控制开关调得太低或有故障 （5）温度敏感元件有缺陷 （6）检测器恒温箱控制器中有的管子已坏	更换损坏的保险丝 更换加热器元件 焊好脱落的连接线 调高上限控制开关,或用细砂纸磨光开关触点,然后用酒精清洗 更换温度敏感元件 检测出损坏的管子并更换
2. 不管控制器调节处于什么位置上,检测器(或色谱柱)恒温箱都处于完全加热状态	（1）温度补偿元件有故障 （2）控制器中的管子有故障	检修并更换已损坏的元件 更换已损坏的管子
3. 样品注入口需加热时,温度升不上去	（1）保险丝已断 （2）加热器元件损坏 （3）注入口加热器中的控制器已坏	更换保险丝 更换已损坏的元件 修理注入口部分的恒温控制器
4. 恒温箱中温度不稳定	（1）温度敏感元件有缺陷 （2）控制器中有的管子已损坏 （3）恒温箱的热绝缘器有网隙或有空洞 （4）高温计有故障或高温计连接线松脱	更换损坏元件 检测并更换已损坏的管子 调整热绝缘装置 更换高温计或重新接好高温计的连线

2. 根据色谱图判断仪器故障

气相色谱仪在工作过程中发生的各种故障往往可以从色谱图上表现出来。通过对各种不正常色谱图的分析可以帮助初步判断出仪器故障的性质及发生的大致部位,从而达到尽快进行修理的目的。现将对各种色谱图的分析列于表 5-5,供参考。

表 5-5　根据色谱图检查分析和排除故障

可能现象	可能原因	排除方法
1. 没有峰	（1）检测器（或静电计）电源断路	接通检测器或静电计电源，并调整到所需要的灵敏度
	（2）没有载气流	接通载气，调到合适的流速。检查载气管路是否堵塞，并除去障碍物；检查载气钢瓶是否已空，并及时换瓶
	（3）记录器连接线接错	检查输入线路并按说明书所示正确接线
	（4）进样器汽化温度太低，使样品不能汽化；或柱温太低，使样品在色谱柱中冷凝	如果当进低沸点物质样时有峰出现，则应根据样品性质适当升高汽化温度及柱温
	（5）进样用的注射器有泄漏或已堵塞，使样品注射不进进样管	更换或修理注射器
	（6）进样口橡皮垫漏气，色谱柱入口接头处漏气或堵塞	更换橡胶垫或拧紧柱接头，排除堵塞现象
	（7）记录仪已损坏	用电位差计检查记录仪，进行修理
	（8）火焰离子化检测器火焰熄灭或极化电压未加上	检查氢气火焰并重新点火；或将极化电压开关拨到"开"位置，检查检测器电缆是否已损坏，并用电子管电压表检查极化电压是否已加上
	（9）记录仪或检测器的输出衰减倍数太高	调节衰减至更灵敏的挡位
2. 保留值正常，灵敏度太低	（1）衰减过分	重新调节衰减比值
	（2）进样量太小或在进样过程中样品漏掉	仔细检查进样操作或增加进样量
	（3）注射器漏气、堵塞或进样器橡皮垫漏气	更换注射器或排除注射器的堵塞物；拧紧进样器使不漏气或更换橡皮垫
	（4）载气泄漏	检查载气所经管路并排除一切泄漏处
	（5）热导检测器灵敏度低	增加桥路电流，降低检测器温度；改善热敏元件或更换载气
	（6）火焰离子化检测器灵敏度低	清洗检测器，使收集极更靠近火焰；升高极化电压并增加氢气和空气的流量
3. 随着保留值增加，灵敏度降低	（1）载气流速太低	检查载气流过的管路。若管道有堵塞现象，应判明原因后再排除，同时要检查钢瓶压力是否太小
	（2）进样口橡胶垫漏气	更换橡胶垫
	（3）进样口以后的部分有泄漏处	判明泄漏部位并排除
	（4）柱温降低	检查柱温控制器并排除其故障。如控制器正常，则升高柱温至额定温度
4. 出负峰 或	（1）记录仪输入线接反，倒相开关位置改变	纠正记录仪输入线或拨对倒相开关的位置
	（2）在双色谱柱系统中，进样时弄错了色谱柱	重新进样
	（3）热导检测器电源接反，电流表指针方向不对	改正电源接线
	（4）离子化检测器的输出选择开关的位置有错	重新改正输出开关的位置
5. 拖尾峰	（1）进样器温度太高	重新调整进样器温度
	（2）进样器内不干净或为样品中高沸点物质及橡皮垫残渣所沾污	可先用 2∶1∶4 的硫酸∶硝酸∶水的混合溶液清洗，接着用蒸馏水清洗然后用丙酮或乙醚等溶剂清洗。烘干后，装上仪器通气 30min，加热至 120℃左右，数小时后即可进行正常工作
	（3）柱温太低	适当升高柱温
	（4）进样技术差	提高进样技术
	（5）色谱柱选择不当，试样与固定相间有作用	更换色谱柱，换用高稳定固定相的色谱柱或极性更大的固定液和惰性更大的载体
	（6）同时有两个峰流出	改变操作条件，必要时更换色谱柱

续表

可能现象	可能原因	排除方法
6. 前延峰	（1）色谱柱超载，进样量太大 （2）样品在色谱柱中凝聚 （3）进样技术欠佳 （4）两个峰同时出现 （5）载气流速太低 （6）试样与固定相中的载体有作用 （7）进样口不干净	换用直径较粗的色谱柱或减小进样量 适当提高进样器、色谱柱和检测器 检查并改进进样技术后，再进样 改变操作条件（如降低柱温等），必要时可更换色谱柱 适当提高载气流速，必要时在检测器处引入清ащ气，以减少试样的保留时间 换用惰性载体或增加固定液含量 按本表第5条中所述办法清洗进样器
7. 峰未分开 或	（1）色谱柱温太高 （2）色谱柱长度不够 （3）色谱柱固定相流失过多，使载体裸露 （4）色谱柱固定相选择不适当 （5）载气流速太快 （6）进样技术不佳	适当降低柱温 增加柱长 更换色谱柱 另选适当的固定相 适当降低载气流速 提高进样技术
8. 圆头峰	（1）进样量过大，超过检测器的线性范围（用电子捕获检测器时尤其如此） （2）检测器被污染 （3）记录仪灵敏度太低 （4）载气有大漏的预兆	减少进样量或将样品用适当的溶剂加以稀释后再进样 参考前面检测器的清洗方法清洗 适当调节、提高记录仪的灵敏度 可仔细检查泄漏之处
9. 平顶峰	（1）离子化检测器所用的静电计输入达到饱和 （2）记录仪滑线电阻或机械部分有故障 （3）超过记录仪测量范围	减少进样量，适当调节衰减 用电位差计检查记录仪，再参考表5-3进行修理 改变记录仪量程或减少进样量
10. 出现怪峰（多余的峰） (a) (b) (c)	（1）因进样间隔时间短，前一次进样的高沸点物质也流出而出峰［第（a）种情况］ （2）载气不纯，在程序升温期间载气中水分或其他杂质在柱温低时冷凝，而当温度高时就会出现第（a）种情况 （3）液体样品中的空气峰，第（b）种情况 （4）试样使色谱柱上吸附的物质解吸出来 （5）试样在进样口或色谱柱中有分解，从而出现第（b）、（c）种怪峰情况 （6）样品不干净 （7）玻璃器皿、注射器等带来的污染 （8）样品与色谱柱填充物的固定液或担体相互发生作用 （9）系统漏气 （10）载气不纯，含有杂质 （11）进样口橡胶垫被沾污 （12）捕集阱饱和	加长进样的时间间隔，使进样后所有的峰都出来后，再进下一次样 安装、更改或再生载气过滤器（在使用热导检测器时特别容易出现这种现象） 在使用注射器进样时，这是正常现象 多进几次样，使吸附的物质全部解吸出来 降低进样口温度并更换色谱柱 在进样前，要让样品进行适当的净化 注意清洗玻璃器皿和注射器等 换用其他色谱柱 检查各处接头及进样口橡胶垫处，如有漏气应及时排除 更换或活化净化剂，必要时换用更纯的载气 在高于操作温度下老化橡胶垫，必要时应更换 更换捕集阱

捕集阱的更换

续表

可能现象	可能原因	排除方法
11. 在峰后出现负的尖端	（1）电子捕获检测器被沾污 （2）电子捕获检测器负载过多	清洗电子捕获检测器 减少进样量或稀释试样
12. 出峰前出现负的尖端	（1）载气有大量漏气的预兆 （2）检测器被沾污 （3）进样量太大	检查漏气处并注意观察 清洗检测器 减少进样量或稀释试样
13. 大拖尾峰	（1）柱温太低 （2）汽化温度过低 （3）样品被沾污（特别是被样品容器的橡皮帽所沾污）	适当提高柱温 适当提高汽化温度 改用玻璃、聚乙烯等材料作容器的塞子或用金属箔包裹橡胶塞，并重新取样
14. 基线呈台阶状、不能回到零点，峰呈平顶状，当记录笔用手拨动后不能回原处	（1）记录仪灵敏度调节不当 （2）仪器或记录仪接地不良 （3）有交流电信号输入记录仪 （4）由于样品中含有卤素、氧、硫等成分，所以使热导检测器受到腐蚀	调节记录仪灵敏度旋钮，达到用手拨动记录笔后，能很快回到原处的程度 检查接地导线并使其接触良好，必要时可另装接地导线 在接地线与记录仪输入线之间加接一个 $0.25\mu F$（$1F=1C/V$）、150V 的滤波电容器 更换热敏元件或检测器
15. 出峰后，记录笔降到正常基线	（1）进样量太大 （2）由于样品中氧的含量大，所以使火焰离子化检测器的火焰熄灭 （3）氢气或空气断路，使氢焰熄灭 （4）载气流速过高 （5）氢气流因受冲击而阻断、灭火 （6）火焰离子化检测器被沾污	减少进样量 用惰性气体稀释试样或用氧气代替空气供氢焰燃烧 重新调节空气及氢气的流速比 降低载气流速 重新通入氢气点火，若再次熄灭，则应检查管路中是否有堵塞处 清洗检测器
16. 程序升温时，基线上升	（1）温度上升时，色谱固定相流失增加 （2）色谱柱被沾污 （3）载气流速不平衡	使用参考柱，并将色谱柱在最高使用温度下进行老化，或改在较低温度下使用低固定液含量的色谱柱 重新老化色谱柱，并按前面所介绍的方法清洗色谱柱 调节两根色谱柱的流速，使之在最佳条件下平衡
17. 程序升温时，基线不规则移动	（1）色谱柱固定相有流失 （2）色谱柱老化不足 （3）色谱柱被沾污 （4）载气流速未在最佳条件下平衡	将色谱柱进行老化，或改在较低温度下用低固定液含量的色谱柱 再度老化色谱柱 清洗色谱柱并重新老化，必要时应进行更换 按说明书规定平衡载气流速
18. 保留值不重复	（1）进样技术差 （2）漏气（特别是有微漏） （3）载气流速没调好 （4）色谱柱温未达到平衡 （5）柱温控制不良	提高进样技术 进样口的橡胶垫要经常更换，在高温操作下进样频繁时更应勤换；同时，检查各处接头，排除漏气处 增加载气入口处的压力 柱温升到工作温度后，还应有一段时间（20min 左右）才能使温度达到平衡 检查恒温箱的封闭情况，箱门要关严，恒温控制用的旋钮位置要放得合适

可能现象	可能原因	排除方法
18. 保留值不重复	（6）程序升温过程中，升温重复性差	每次重新升温前，都应有足够的时间使起始温度保持一致，特别是当从室温条件下开始升温时，一定要有足够的等待时间，使起始温度保持一致
	（7）色谱柱被破坏	更换色谱柱
	（8）程序升温过程中载气流速变化较大	在使用温度的上下限处测流速，使两者间的差值不得超过 2mL/s（当柱内径为 4mm 时）
	（9）进样量太大	此时峰出现拖尾现象，应减少进样量，或用适当的溶剂将样品稀释，必要时应换用内径较粗的色谱柱
	（10）柱温过高，超过了柱材料的温度上限，或太靠近温度下限	重新调节柱温
	（11）色谱柱材料性能改变，如固定相流失，固定液涂渍不良，载体表面有裸露部分，载体、管壁材料变化（吸附性能改变）等	根据具体情况逐一检查并处置
19. 连续进样中，灵敏度不重复	（1）进样技术欠佳，表现为面积忽大忽小	认真掌握注射器进样技术，使注射器进样重复性小于 5%
	（2）注射器有泄漏或半堵塞现象	修复或更换注射器
	（3）载气漏气	检查所有管路接头并消除漏气处
	（4）载气流速变化	仔细观察系统流速变化情况并设法稳定
	（5）记录仪灵敏度发生改变，衰减位置发生变化	重新调节记录仪灵敏度及衰减挡
	（6）色谱柱温度发生变化，并伴有保留值变化	重新调节柱温，必要时应更换温控及程序升温装置
	（7）对样品的处理过程不一致	检查处理样品的各步操作，使操作条件严格保持一致，并应防止样品沾污
	（8）检测器沾污（此时火焰离子化检测器噪声增加或电子捕获检测器零电流增加）	清洗检测器
	（9）检测器过载，即进样量超过了线性范围（此时会出现圆头色谱峰）	减小进样量或将样品稀释
	（10）在火焰离子化检测器火焰喷嘴处，各种气体管道的连接弄错，或收集极的电压太低	按使用说明书检查并改正管道的连接情况；或熄灭火焰，检查收集极电压，并按说明书进行检修
	（11）电子捕获检测器正电极对地电压太低（正电极对地电压应有 2～4V）	拔下接头，检查电源，若此时电源正常，则是检测器与地短路；若检查与地短路已排除而电压仍太低，则是电源的故障，应参照说明书进行检修
20. 基线噪声 或	（1）导线接触不良	清洗并紧固电路各接头处，必要时进行更换
	（2）接地不良	检查记录仪、静电计和积分仪等的接地点，并加以改进
	（3）开关不清洁，接触不良	检查各波段开关或电位器的触点，用细砂纸磨光、清洗，使之接触良好，必要时应进行更换
	（4）记录仪滑线电阻脏（此现象常在记录笔移动到一定位置时出现）	清洗滑线电阻
	（5）记录仪工作不正常	先将记录仪输入端短路，若仍有此现象，则应调记录仪灵敏度旋钮
	（6）交流电路负载过大	将仪器的电源线与其他耗电量大的电路分开，或将仪器所用的交流电改由稳压电源供给
	（7）电子积分仪的回输电路接错	按说明书要求连接线路，或使积分仪旁路

续表

可能现象	可能原因	排除方法
20. 基线噪声	（8）色谱柱填充物或其他杂物进入了载气出口管道或检测器内	可加大载气流速，把异物吹去，必要时卸下柱后管道，对检测器进行清洗，排除异物
或	（9）用氢气发生器作载气时，管道中有积水	卸下管道，排除积水，或在载气进入色谱系统前加接具阻力的干燥塔
21. 基线噪声太大 或	（1）色谱柱被沾污，或固定相有流失（此时降低柱温，噪声即降低）	可升高柱温老化色谱柱，必要时更换色谱柱
	（2）载气沾污	更换载气过滤器或将过滤器加热至170~200℃，并用干燥氮气吹扫一昼夜
	（3）载气流速太高	检查并适当降低出口处流速
	（4）进样口或进样口橡胶垫不干净	清洗进样口及其橡胶垫，或更换橡胶垫片
	（5）色谱柱与检测器间的连接管道不干净	清洗这段管道
	（6）载气漏气	检漏并修复
	（7）电路接触不良	检查各处接头、插头、插座和电位器等的接触点，必要时应进行清洗或更换
	（8）接地不良	检查地线接头，必要时应重新装设地线
	（9）检测器或其输出电缆绝缘不良	检查电缆绝缘层、检测器底座或外壳是否干净，否则就应用无残留物的溶剂清洗，但不能用手指接触清洗过的绝缘体
	（10）热导检测器不干净或热敏元件已损坏	清洗检测器或更换热敏元件，必要时更换检测器
	（11）热导检测器的电桥或电源部分有故障	检修电桥或更换电源
	（12）火焰离子化检测器中的氢气或空气流速过高或过低	适当调节氢气或空气的流速
	（13）火焰离子化检测器中的空气或氢气被沾污	将空气或氢气的净化系统再生或更换
	（14）火焰离子化检测器中的水凝结	将检测器的温度升高到100℃以上，以消除水蒸气的冷凝
	（15）火焰离子化检测器火焰附近有漏孔	紧固接头并消除漏孔
	（16）记录仪滑线电阻不干净（此时不论衰减挡在何位置，噪声的大小均不变）	可用毛刷或绸布蘸乙醇等溶剂清洗滑线电阻
	（17）记录仪有故障	先让记录仪输入端短路，如仍有噪声，则可按前面所介绍的有关记录仪的修理方法进行检修
22. 基线周期性地出现毛刺	（1）载气管路中有凝聚物并起泡	加热管路，将色谱柱出口管道中的凝聚物吹去，必要时可拆下清洗
	（2）载气出口处皂膜流量计液面过高，不断有气泡出现	将皂膜流量计从出口处移开
	（3）当使用电解氢发生器供火焰离子化检测器使用时，管路中有水溶液并鼓泡	更换氢气过滤器，并将管道中水滴除去
	（4）电源不稳	电源处加接稳压电源
	（5）热导检测器电源有故障	检修该检测器的电源（当用蓄电池作电源时，如液面降低，应添加蒸馏水并重新充电）
23. 等温时，基线不规则漂移	（1）仪器的放置位置不适宜（如附近有热源或通风等温度变化较大的设备，或出口处遇到大风等）	改变仪器和出口处的位置，使之远离热源或通风设备
	（2）载气不稳定或有漏气	检查钢瓶是否漏气，其压力是否足够大；调节阀是否良好，必要时应更换钢瓶和调节阀；再检查气路系统是否漏气，并将漏气处排除

续表

可能现象	可能原因	排除方法
23. 等温时，基线不规则漂移	（3）色谱柱固定相流失（这在使用高灵敏检测器时尤其明显）	将色谱柱的出口与检测器分开，在高于原柱温和低于最高使用温度下老化色谱柱
	（4）色谱柱被高沸点物质所沾污	重新老化色谱柱，必要时更换色谱柱
	（5）仪器接地不良	检查并接好主机、记录仪、积分仪和静电计等处地线
	（6）色谱柱出口与检测器连接的管道不干净	可卸下检查并清洗这段管道
	（7）热导检测器池内不干净（此时如降低检测器的温度，基线漂移会减小）	清洗检测器
	（8）离子化检测器的底座不干净	清洗底座
	（9）检测器恒温箱温度不稳	检查恒温箱门是否关严，离子化检测器移去后的空洞是否堵上
	（10）火焰离子化检测器中的氢气和空气的比例不稳定	检查氢气和空气钢瓶压力，并调节其比例至稳定
	（11）热导检测器的热敏元件已损坏	更换热敏元件或检测器
	（12）离子化检测器的静电计预热时间不够或已损坏	先让静电计开启一段时间后（必要时开24h），看基线是否恢复稳定。若仍如此，可对静电计进行修理以排除故障
	（13）热导检测器电桥部分有故障	检查电桥电路的故障并排除之
	（14）热导检测器的电源有故障	更换干电池，如电源用蓄电池则要加水或充电；或检修稳压电源
	（15）记录仪已损坏	将记录仪输入端短路或用电位差计输入一个恒定信号，若仍有漂移，则确证是记录仪出故障
24. 等温时，基线朝一个方向漂移 或	（1）检测器恒温箱温度有变动，未达到平衡（使用热导检测器时，常遇此种基线漂移情况）	增加温度平衡时间
	（2）色谱柱温有变化	检查色谱柱恒温箱的保温及温度控制情况，并将其故障排除
	（3）载气流速不稳或气路系统漏气	检查进样口的橡胶垫和柱入口处的接头是否漏气，如漏气可紧固接头部分或更换橡胶垫等办法排除。检查钢瓶压力是否太低，柱出口与热导检测器的接头是否有微量漏气，并按具体情况分别加以处置
	（4）热导检测器热敏元件已损坏	修理检测器或更换热敏元件
	（5）热导检测器的电源不足	更换电源，或给蓄电池充电
	（6）离子化检测器的静电计不稳	先将静电计的输入端短路，若仍有此现象，则应修理静电计或记录仪
	（7）火焰离子化检测器中，氢气的流速不稳	检查氢气钢瓶压力是否足够，流速控制部分是否失效，必要时应更换钢瓶或流速控制部件
25. 基线波浪状波动	（1）检测器恒温箱绝热不良	改善保温条件，增加保温层
	（2）检测器恒温箱温度控制不良	检查检测器恒温箱的控制器及探头，必要时更换
	（3）检测器恒温箱温度在选择盘上给定的温度过低	升高检测器恒温箱的温度
	（4）色谱柱恒温箱的温度控制不良	检查色谱柱的热敏元件和温度控制情况，必要时加以更换
	（5）载气钢瓶内压力过低或载气控制不准	若钢瓶压力过低，应更换钢瓶；若是载气压力调节的故障则应更换压力调节阀
	（6）双柱色谱仪的补偿不良	检查两色谱柱的流速并加以调节，使之互相补偿

续表

可能现象	可能原因	排除方法
26. 基线不能从记录仪的一端调	（1）记录仪的零点调节得不合适或记录仪已损坏	将记录仪输入端短路，若不能回零，则应按说明书重新调整零点，若这样仍不能调至零点，则应进行修理
	（2）记录仪接线有错	检查记录仪接线并加以纠正
	（3）热导检测器的热敏元件不匹配	更换选择好的匹配的热敏元件，必要时更换热导检测器
	（4）热导检测器的电桥有开路、匹配不良或电源有故障	检查电桥电路，排除电桥开路或电源故障，必要时应更换
	（5）火焰离子化检测器或电子捕获检测器不干净	清洗检测器
	（6）电子捕获检测器基流补偿电压不够大	增加基流补偿电压
	（7）静电计有故障	修理静电计
	（8）固定相消失并产生信号（特别是在使用火焰离子化检测器等灵敏度很低的检测器时）	另选一种流失少的固定相作色谱柱，或降低柱温
27. 基线不规则地出现尖刺 或	（1）载气出口压力变化太快	检查载气出口处是否挡风或有异物进入出口管道处，并采取适当措施排除影响因素
	（2）载气不干净	直接将载气（不通过色谱柱）与检测器相连，若色谱峰基线仍如此，则应进一步更换载气
	（3）色谱柱填充物松动	将色谱柱填充紧密
	（4）电子部件有接触不良处	轻轻拍敲各电子部件，以确定接触不良处的位置，然后加以修复
	（5）受机械振动的影响	将仪器远离振动源或排除振动干扰
	（6）灰尘或异物进入检测器	用清洁的气体吹出检测器中的异物
	（7）电路部分接线柱绝缘物不干净	清洁接线柱及绝缘物，保证绝缘良好
	（8）电源波动	检查电源或加接稳压电源，必要时应更换电源
	（9）热导检测器电源有故障	参考前面所述的热导检测器修理，检查电源，必要时应更换有关部件
	（10）离子化检测器静电计有故障	修理静电计
	（11）调零电路有故障	按照使用说明书进行检修

【思考与交流】

1. 气相色谱仪在运行时，主机可能会出现哪些故障？产生的可能原因有哪些？如何排除？

2. 温度控制和程序升温系统常会出现哪些故障？其产生的原因是什么？如何排除？

3. 通过对各种不正常色谱图的分析，怎样判断仪器的故障？

项目五　气相色谱仪

任务三　安捷伦 7890B 型气相色谱仪的使用及维护

姓名：　　　　班级：

日期：　　　　页码：

【任务检查与评价】

1. 检查

工作任务	任务内容	完成时长
安捷伦 7890B 型气相色谱仪的结构		
安捷伦 7890B 型气相色谱仪的使用		
系统日常维护保养程序		
注意事项		
仪器维护与保养		
期间核查		
气相色谱仪常见故障的排除		

2. 评价

项目		序号	检验内容	配分	评分标准	自评	互评	得分
计划		1	制订是否符合规范、合理	10	一处不符合扣 0.5 分			
实施	仪器结构	1	安捷伦 7890B 型气相色谱仪的结构	5	一处错误扣 1 分			
	仪器使用	1	操作前准备	5	一处错误扣 1 分			
		2	主机操作	5	一处错误扣 1 分			
		3	数据处理	5	一处错误扣 1 分			
		4	关机	5	一处错误扣 1 分			
		5	顶空自动进样器的操作	5	一处错误扣 1 分			
	仪器维护	1	系统日常维护保养程序	5	一处错误扣 1 分			
		2	注意事项	5	一处错误扣 1 分			
		3	仪器维护与保养	5	一处错误扣 1 分			
		4	期间核查	5	一处错误扣 1 分			
	故障排除	1	根据仪器运行情况判断故障	15	一处错误扣 1 分			
		2	根据色谱图判断仪器故障	15	一处错误扣 1 分			
职业素养		1	团结协作 自主学习、主动思考 遵守课堂纪律	5	违规 1 次扣 5 分			
安全文明及 5S 管理		1		5	违章扣分			
创新性		1		5	加分项			
检查人						总分		

项目五　气相色谱仪	姓名：	班级：
操作 7　气相色谱仪的气路连接、安装和检漏	日期：	页码：

【任务描述】

通过对气相色谱仪的气路连接、安装和检漏的学习，掌握气相色谱仪的日常维护以及故障排除的方法。

一、学习目标

1. 学会连接安装色谱气路中各部件。
2. 学会气路的检漏和排漏方法。
3. 学会用皂膜流量计测定载气流量。
4. 能熟练使用气相色谱仪。

二、重点难点

气相色谱仪的气路连接、安装和检漏。

三、参考学时

90min。

项目五　气相色谱仪	姓名：	班级：
操作7　气相色谱仪的气路连接、安装和检漏	日期：	页码：

【任务提示】

一、工作方法
- 回答引导问题。观看气相色谱仪的结构视频，掌握仪器的使用方法以及使用注意事项等
- 以小组讨论的形式完成工作计划
- 按照工作计划，完成气相色谱仪的气路连接、安装和检漏
- 与培训教师讨论，进行工作总结

二、工作内容
- 熟悉气相色谱仪气路连接、安装和检漏的技术要求
- 完成气相色谱仪的气路连接、安装和检漏
- 利用检查评分表进行自查

三、工具
- 气相色谱仪
- 万用表
- 安捷伦专用扳手
- 镊子
- 一字螺丝刀
- 十字螺丝刀
- 棉纱手套

四、知识储备
- 安全用电
- 电工知识
- 气相色谱仪的使用

五、注意事项与工作提示
- 注意气相色谱仪的零部件

六、劳动教育
- 参照劳动安全的内容
- 第一次进行气相色谱仪的气路连接、安装和检漏必须听从指令和要求
- 禁止佩戴首饰
- 工作时应穿工作服，劳保鞋
- 操作前应对设备功能进行检测
- 禁止带电操作
- 发生意外时，应使用急停按钮
- 发生意外时，应及时报备

七、环境保护
- 参照环境保护与合理使用能源内容

【任务实施】

操作7　气相色谱仪的气路连接、安装和检漏

一、技术要求（方法原理）

随着国家检测标准的不断完善和进步，气相色谱仪无论在工业生产过程还是日常生活中的使用都得到广泛应用，为达到使用者的要求，能正确操作和保养仪器，并对仪器进行专业调试非常重要，仪器在安装好后应先经过专业的调试才能使用，否则不能达到理想的效果，而且会造成不必要的对仪器的消耗。

二、仪器与试剂

1. 仪器

气相色谱仪、气体钢瓶、减压阀、净化器、色谱柱、聚四氟乙烯管、垫圈、皂膜流量计。

2. 试剂

肥皂水。

三、实验内容与操作步骤

1. 准备工作

① 根据所用气体选择减压阀。使用氢气钢瓶选用氢气减压阀（氢气减压阀与钢瓶连接的螺母为左螺纹）；使用氮气、空气等气体钢瓶选用氧气减压阀（氧气减压阀与钢瓶连接的螺母为右螺纹）。

② 装备净化器。

③ 准备一定长度的不锈钢管（或尼龙管、聚四氟乙烯管）。

2. 连接气路

① 连接钢瓶与减压阀接口。

② 连接减压阀与净化器。

③ 连接净化器与仪器载气接口。

④ 连接色谱柱（柱一头接汽化室，另一头接检测器）。

3. 气路检漏

① 钢瓶至减压阀之间的检漏。关闭钢瓶减压阀上的气体输出节流阀，打开钢瓶总阀门（此时操作者不能面对压力表，应位于压力表右侧），用皂液（洗涤剂饱和溶液）涂在各接头处（钢瓶总阀门开关、减压阀接头、减压阀本身），若有气泡不断涌出，则说明这些接口处有漏气现象。

② 汽化密封垫的检查。检查汽化密封垫是否完好，如有问题应更换新垫圈。

③ 气源至色谱柱间的检漏（此步在连接色谱柱之前进行）。用垫有橡胶垫的螺帽封死汽化室出口，打开减压阀输出节流阀并调节至输出表压 0.025MPa；打开仪器的载气稳压阀（逆时针方向打开，旋转至压力表值是一定值）；用皂液涂各个管接头处，观察是否漏气，若有漏

气，须重新仔细连接。关闭气源，待半小时后，仪器上压力表指示的压力下降小于 0.005MPa，则说明汽化室前的气路不漏气，否则，应该仔细检查找出漏气处，重新连接，再行试漏。

④ 汽化室至检测器出口间的检漏。接好色谱柱，开启载气，输出压力调在 0.2～0.4MPa。将转子流量计的流速调至最大，再堵死仪器主机左侧载气出口处，若浮子能下降至底，表明该段不漏气。否则再用皂液逐点检查各接头，并排除漏气（或关载气稳压阀，待半小时后，仪器上压力表指示的压力下降小于 0.005MPa，说明此段不漏气，反之则漏气）。

4. 转子流量计的校正

① 将皂膜流量计接在仪器的载气排出口（柱出口或检测器出口）。
② 用载气稳压阀调节转子流量计中的转子至某一高度，如 0、5、10、15、20、25、30、35、40 等值处。
③ 轻捏一下胶头，使皂液上升封住支管，产生一个皂膜。
④ 用秒表测量皂膜上升至一定体积所需要的时间。
⑤ 计算与转子流量计转子高度相应的柱后皂膜流量计流量 $F_{皂}$。

5. 结束工作

① 关闭气源。
② 关闭高压钢瓶。关闭钢瓶总阀，待压力表指针回零后，再将减压阀关闭。
③ 关闭主机上载气稳压阀（顺时针旋松）。
④ 填写仪器使用记录，做好清洁工作，并进行安全检查后，方可离开实验室。

四、注意事项

注意事项如下所示：
① 安装减压阀时应先将螺纹凹槽擦净，然后用手旋紧螺母，确认入扣后再用扳手扳紧。
② 安装减压阀时应小心保护好表头，所用工具忌油。
③ 在恒温室或其他近高温处的接管，一般用不锈钢管和紫铜垫圈而不用塑料垫圈。
④ 检漏结束应将接头处涂抹的肥皂水擦拭干净，以免管道受损，检漏时氢气尾气应排出室外。
⑤ 用皂膜流量计测流速时每改变流量计转子高度后，都要等 0.5～1min 后再测流速。

五、数据处理

依据实验数据在坐标纸上绘制 $F_{转}$-$F_{皂}$ 的校正曲线，并注明载气种类和柱温、室温及大气压力等参数。

【思考与交流】

1. 为什么要进行气路系统的检漏试验？
2. 如何打开气源？如何关闭气源？

项目五	气相色谱仪	姓名：	班级：
操作 7	气相色谱仪的气路连接、安装和检漏	日期：	页码：

【任务检查与评价】

1. 检查

工作任务	任务内容	完成时长
气相色谱仪的气路连接、安装和检漏的技术要求		
气相色谱仪的气路连接、安装和检漏的操作步骤		
注意事项		
数据处理		

2. 评价

项目		序号	检验内容	配分	评分标准	自评	互评	得分
计划		1	制订是否符合规范、合理	10	一处不符合扣 0.5 分			
实施	准备工作	1	减压阀选择	3	错误扣 3 分			
		2	装备净化器	3	错误扣 3 分			
		3	准备不锈钢管	3	未准备扣 3 分			
	连接气路	1	连接钢瓶与减压阀接口	3	未连接扣 3 分			
		2	连接减压阀与净化器	4	未连接扣 4 分			
		3	连接净化器与仪器载气接口	4	未连接扣 4 分			
		4	连接色谱柱	4	未连接扣 4 分			
	气路检漏	1	钢瓶至减压阀之间的检漏	5	未检漏扣 5 分			
		2	汽化密封垫的检查	5	未检查扣 5 分			
		3	气源至色谱柱间的检漏	5	未检漏扣 5 分			
		4	汽化室至检测器出口间的检漏	5	未检漏扣 5 分			
	转子流量计的校正	1	皂膜流量计的连接	3	不正确扣 3 分			
		2	转子高度调节	4	不正确扣 4 分			
		3	是否产生皂膜	3	未产生扣 3 分			
		4	测量皂膜上升一定体积所需时间	4	不正确扣 4 分			
		5	流量计算	4	不正确扣 4 分			
	文明操作结束工作	1	关闭气源	2	未关闭扣 2 分			
		2	关闭高压钢瓶、稳压阀	2	未关闭扣 2 分			
		3	实验过程台面	2	脏乱扣 2 分			
		4	结束后仪器处理	2	未处理扣 2 分			
	总时间	1	完成时间	5	超时扣 5 分			
职业素养		1	团结协作 自主学习、主动思考 遵守课堂纪律	10	违规 1 次扣 5 分			
安全文明及 5S 管理		1		5	违章扣分			
创新性		1		5	加分项			
检查人							总分	

【知识拓展】

气相色谱仪应用领域以及有关分析实例

一、应用领域

1. 石油和石油化工分析
油气田勘探中的化学分析、原油分析、炼厂气分析、模拟蒸馏、油料分析、单质烃分析、含硫/含氮/含氧化合物分析、汽油添加剂分析、脂肪烃分析、芳烃分析。

2. 环境分析
大气污染物分析、水分析、土壤分析、固体废物分析。

3. 食品分析
农药残留分析、香精香料分析、添加剂分析、脂肪酸甲酯分析、食品包装材料分析。

4. 药物和临床分析
雌三醇分析、儿茶酚胺代谢产物分析、尿中孕二醇和孕三醇分析、血浆中睾丸激素分析、血液中乙醇/麻醉剂及氨基酸衍生物分析。

5. 农药残留物分析
有机氯农药残留分析、有机磷农药残留分析、杀虫剂残留分析、除草剂残留分析等。

6. 精细化工分析
添加剂分析、催化剂分析、原材料分析、产品质量控制。

7. 聚合物分析
单体分析、添加剂分析、共聚物组成分析、聚合物结构表征/聚合物中的杂质分析、热稳定性研究。

8. 合成工业
方法研究、质量监控、过程分析。

二、分析实例

1. 天然气常量分析
选用热导检测器（TCD），适用于城市燃气用天然气 O_2、N_2、CH_4、CO_2、C_2H_6、C_3H_8、$i\text{-}C_{40}$、$n\text{-}C_{40}$、$i\text{-}C_{50}$、$n\text{-}C_{50}$ 等组分的常量分析。分析结果符合国标 GB/T 13610—2020。

2. 人工煤气分析
选用热导检测器（TCD）、双阀多柱系统，自动或手动进样，适用于人工煤气中 H_2、O_2、N_2、CO_2、CH_4、C_2H_4、C_2H_6、C_3H_6 等主要成分的测定。分析结果符合国标 GB 10410—2008。

3. 液化石油气分析
选用热导检测器（TCD）、填充柱系统、阀自动或手动切换，并配有反吹系统，适用于炼油厂生产的液化石油气中 $C_2\text{-}C_4$ 及总 C_5 烃类组成的分析（不包括双烯烃和炔烃）。分析结果符合 SN/T 2255—2009。

4. 炼厂气分析

选用热导（TCD）和火焰离子化检测器（FID），填充柱和毛细管柱分离，通过多阀自动切换，信号自动切换，实现一次进样，多维色谱分析，快速分析 H_2、O_2、N_2、CO_2、CO、$C_{10} \sim C_{60}$、$C_2 \sim C_4$ 及 C_6 以上烃等组分。分析结果重复性好、操作方便，完全可以与国外进口仪器相比。

5. 车用和航空汽油中苯及甲苯分析

选用热导检测器（TCD）或火焰离子化检测器（FID），双柱串联，通过阀自动切换，并配有反吹系统，实现一次进样完成对汽油中苯及甲苯的定性及定量分析。分析结果符合国标 SH/T 0713—2002。

6. 汽油中某些醇类和醚类分析

【项目小结】

气相色谱仪是一种多组分混合物的分离、分析工具，它是以气体为流动相，采用冲洗法的柱色谱技术。当多组分的分析物质进入色谱柱时，由于各组分在色谱柱中的气相和固定液液相间的分配系数不同，因此各组分在色谱柱的运行速度也就不同，经过一定的柱长后，按顺序离开色谱柱进入检测器，经检测后转换为电信号送至数据处理工作站，从而完成了对被测物质的定性定量分析。气相色谱仪器的种类很多，本项目中介绍了GC126型和安捷伦7890B型，学习内容归纳如下：

1. 气相色谱仪的结构、分类、工作原理。
2. GC126型气相色谱仪的结构、使用、维护方法。
3. 安捷伦7890B型的结构、使用、维护和故障处理。

【练一练测一测】

一、单项选择题

1. 能使分配比发生变化的因素是（　　）。
   A．增加柱长　　　　　　　　　B．增加流动相流速
   C．增大相比　　　　　　　　　D．减小流动相流速
2. 在气液色谱中，色谱柱的使用上限温度取决于（　　）。
   A．样品中沸点最高组分的沸点　B．样品中各组分沸点的平均值
   C．固定液的沸点　　　　　　　D．固定液的最高使用温度
3. 若分析甜菜萃取液中痕量的含氯农药，宜采用（　　）。
   A．火焰离子化检测器　　　　　B．电子捕获检测器
   C．火焰光度检测器　　　　　　D．热导检测器

二、填空题

1. 气相色谱仪由六个部分组成，它们是_____、_____、_____、_____、

_____、_____。
2. 调整保留时间是 _____。
3. 气路系统包括_____、_____、_____。

三、判断题

1. 气相色谱仪的开机顺序是先开机后开气，而关机顺序正好跟开机顺序相反。（　　）
2. 用非极性的固定液分离非极性的混合物，出峰次序规律是按组分沸点顺序分离，沸点低的组分先流出。（　　）
3. 气相色谱实验室应宽敞、明亮，室内不应有易燃、易爆和腐蚀性气体。（　　）

四、简答题

1. 气相色谱仪有哪些特点？
2. 请叙述气相色谱仪器开关机的注意事项。
3. 什么是噪声？噪声有哪几种形式？
4. 气相色谱的分离原理是什么？
5. 请画出气相色谱法简单流程图，并说明其工作过程。
6. 在气相色谱分析中，两相邻组分分开的依据是什么？
7. 气相色谱分析中色谱柱在使用过程中有哪些注意点？

项目六
液相色谱仪

🛦 【项目引导】

液相色谱是一类分离与分析技术，其特点是以液体作为流动相，固定相可以有多种形式，如纸、薄板和填充柱等。在色谱技术发展的过程中，为了区分各种方法，根据固定相的形式产生了各自的命名，如纸色谱、薄层色谱和柱液相色谱。

经典液相色谱的流动相是依靠重力缓慢地流过色谱柱，因此固定相的粒度不可能太小（100~150μm）。分离后的样品是被分级收集后再进行分析的，使得经典液相色谱不仅分离效率低、分析速度慢，而且操作也比较复杂。直到20世纪60年代，发展出粒度小于10μm的高效固定相，并使用了高压输液泵和自动记录的检测器，克服了经典液相色谱的缺点，发展成高效液相色谱，也称为高压液相色谱。

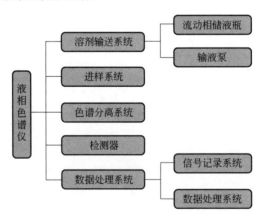

❓【想一想】

1. 环境中有机氯农药残留量分析，可以用什么仪器完成测定？
2. 高效液相色谱仪主要由哪些部分组成？
3. 高效液相色谱仪的工作流程是怎样的？

项目六　液相色谱仪	姓名：	班级：
任务一　认识液相色谱仪的基本结构	日期：	页码：

【任务描述】

通过对液相色谱仪原理的理解，了解液相色谱仪的应用，掌握液相色谱仪的组成结构、工作流程及性能参数等知识。

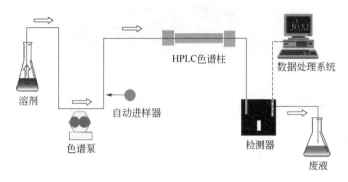

液相色谱仪工作流程示意

一、学习目标

1．熟悉液相色谱仪的结构。

2．了解液相色谱仪的分类。

3．掌握液相色谱仪各组成部分的结构、工作原理。

二、重点难点

液相色谱仪结构。

三、参考学时

90min。

【任务实施】

◆ 引导问题：描述液相色谱仪上的各个部件名称。

任务一　认识液相色谱仪的基本结构

高效液相色谱是一种以液体作为流动相的新颖、快速的色谱分离技术。近年来，随着这一技术的迅猛发展，高效液相色谱分析已逐渐进入"成熟"阶段。在生命科学、能源科学、环境保护、有机和无机新型材料等前沿科学领域以及传统的成分分析中，高效液相色谱法的应用占有重要的地位。高效液相色谱的仪器和装备也日趋完善和"现代化"，高效液相色谱仪必将和气相色谱仪一样成为广泛使用的分析仪器。

一、液相色谱仪的结构、原理及流程

高效液相色谱仪的基本组件包括五个部分，即溶剂输送系统、进样系统、色谱分离系统、检测系统和记录及数据处理系统。其工作流程如图6-1所示。

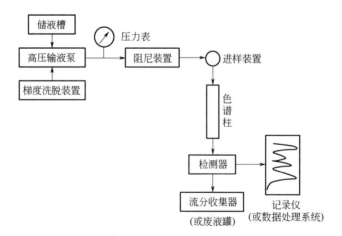

图6-1　高效液相色谱仪工作流程示意

储液槽中的溶剂经脱气、过滤后，用高压泵以恒定的流量输送至色谱柱的入口，欲分析样品由进样装置注入，在洗脱液（流动相）携带下在色谱柱内进行分离，分离后的组分从色谱柱流出，进入检测器，产生的电信号被记录仪记录或经数据处理系统进行数据处理，借以定性和定量，废液罐用于收集所有流出的液体。

二、液相色谱系统

高效液相色谱仪的基本组件如上所述。其中最重要的工作单元是高压泵、色谱柱、检测器和数据处理系统。

1. 高压泵

高压泵是高效液相色谱仪中最重要的部件之一。在气相色谱中，是利用高压钢瓶来提供一定压力和流速的载气；而在高效液相色谱中，则是利用高压泵来获得一定压力和流速的载液。因为在高效液相色谱中，所用色谱柱较细（1~7mm），固定相颗粒又很小（粒度只有几至几十微米），因此色谱柱对流动相的阻力很大。为了使洗脱液能较快地流过色谱柱，达到快速、高效分离的目的，就需要用高压泵提供较高的柱前压力，以输送洗脱液。

高压泵通常应满足下列要求。

① 提供高压。一般为 1.47×10^4~3.43×10^4 kPa。
② 压力平稳，无脉冲波动。
③ 流速稳定，有一定的可调范围。
④ 能连续输液，适于进行梯度洗脱操作。
⑤ 密封性能好，死空间小，易于清洗，能抗溶剂的腐蚀。

高压泵的种类很多，分类方法也不相同。通常按照输送洗脱液的性质分为恒流泵和恒压泵两类。

（1）恒流泵　这种泵能使输送的液体流量始终保持恒定，而与外界色谱柱等的阻力无关，即洗脱液的流速与柱压力无关。因此，能满足高精度分析和梯度洗脱的要求。常用的恒流泵是往复式柱塞泵，它是目前高效液相色谱仪中使用最广泛的一种恒流泵。

往复式柱塞泵的构造与一般工业用高压供液泵相似，只是体积较小，主要组成包括电机传动机构、液腔、柱塞和单向阀等，如图6-2所示。由电机带动的小柱塞（ϕ3mm左右），在密封环密封的小液腔内以每分钟数十次到一百多次的频率做往复运动。当小柱塞抽出时，液体自入口单向阀吸进液腔；当柱塞推入时，入口单向阀受压关死，液体自出口单向阀输出。当柱塞再次抽出时，管路中液体的外压力迫使出口单向阀关闭，同时液体又自入口单向阀吸入液腔内。如此周而复始，压力渐渐上升，输出液体的流量可借柱塞的冲程或电机的转速来控制。

往复式柱塞泵的优点是泵的液腔体积小（1/3~1/2mL），输液连续，输送液体的量不受限制，因此，十分适合于梯度洗脱，而且泵的液腔清洗方便，更换溶剂非常容易。缺点是随柱塞的往复运动而有明显的压力脉动，因此液流不稳定，易引起基线噪声，克服的方法是外加压力阻滞器，使液流平稳。

（2）恒压泵　与恒流泵不同，恒压泵保持输出压力恒定，液流的流速不仅取决于泵的输出压力，还取决于色谱柱的长度、固定相的粒度、填充情况以及流动相的黏度等。因此，恒压泵的流速不如恒流泵精确，适用于对流动相流速要求不高的场合。这种泵通常具有结构简单、价格低廉的特点。其中较为重要的是气动放大泵。

气动放大泵是最常用的恒压泵，它以高压气瓶为动力源，由气缸和液缸两部分组成，其结构原理如图 6-3 所示。

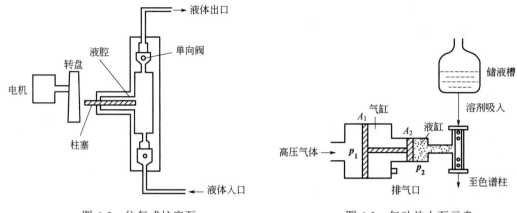

图 6-2　往复式柱塞泵　　　　　　　图 6-3　气动放大泵示意

气动放大泵的优点是容易获得高压，能输出无脉动的流动相，对检测器噪声低，通过改变气源压力即可改变流速，流速可调范围大，泵结构简单，操作和换液清洗方便。缺点是流动相流速与流动相黏度及柱渗透性有关，故流速不够稳定，保留值的重现性较差，不适于梯度洗脱（除非使用两台泵）操作。因此，目前这种泵主要适用于匀浆法填装色谱柱。

（3）梯度洗脱装置　在高效液相色谱法中，对于极性范围很宽的混合物的分离，为了改善色谱峰的峰形，提高分离效果和加快分离速度，可采用梯度洗脱操作方法。所谓梯度洗脱，就是将两种或两种以上不同极性的溶剂混合组成洗脱液，在分离过程中按一定的程序连续改变洗脱液中溶剂的配比和极性，通过洗脱液中极性的变化来达到提高分离效果、缩短分析时间目的的一种分离操作方法。它与气相色谱中的程序升温有着异曲同工之处，不同点在于前者连续改变流动相的极性，后者是连续改变温度，其目的都是为了改善峰形和提高分辨率。

梯度洗脱可分为外梯度洗脱和内梯度洗脱两种方法。

① 外梯度洗脱。将溶剂在常压下，通过程序控制器使之按一定的比例混合后，再由高压泵输入色谱柱的洗脱方式叫外梯度洗脱。图 6-4 所示是一种较简单的外梯度洗脱装置。

容器 A、B 中装有两种不同极性的溶剂，利用两容器中液体重力的不同和通过控制开关的大小来调节 B 容器中溶剂进入 A 容器的数量，再经不断搅拌混合后输入高压泵。

当洗脱液需用多种溶剂混合而成时，可在各储液槽中，装入不同极性的溶剂，通过一个自动程序切换阀，使按一定的时间间隔，依次接通各储液槽通路。然后由一个可变容量的混合器进行充分混合，输入高压泵。

由于该系统溶剂是在常压下混合，然后用泵输送至色谱柱内，所以又叫做低压梯度洗脱系统。

为了保证溶剂混合的比例，外梯度洗脱装置都采用液腔体积小的往复式柱塞泵或隔膜泵。

外梯度洗脱的优点是结构较简单，只需要一台泵。采用自动程序切换装置的外梯度洗脱系统还可克服自动化程度较低，更换溶剂不方便，耗费溶剂量大的缺点。

② 内梯度洗脱。内梯度洗脱又叫高压梯度洗脱，它是将溶剂经高压泵加压以后输入混合

室，在高压下混合，然后进入色谱柱的洗脱方式。常见的一种内梯度洗脱装置如图 6-5 所示。

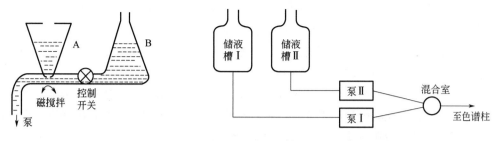

图 6-4　固定容器外梯度洗脱装置　　　　图 6-5　内梯度洗脱装置之一

这种装置采用两台高压泵，当控制两泵的不同流速使各溶剂按不同的流速变化，再经充分混合后，即可得到不同极性的洗脱液。这种方法的优点是只要程序控制每台泵的输液速度，就可以得到任何形式的梯度。其缺点是需要两台高压泵，价格较昂贵，而且只能混合两种溶剂。

另一种梯度洗脱装置是将溶剂 A 装在一个容器内，使之直接抽入泵内，溶剂 B 装于另一个容器内，需要时可由阀门 c、e 注入螺旋储液管内，如图 6-6 所示。阀门 a、b 为高压液体电磁阀。梯度开始时，阀门 c、d 处于关闭状态，打开阀门 e，由控制电路控制电磁阀 a、b 的相互交替的开启时间，使溶剂 A 由高压泵经阀 a 压出，或者由高压泵压出的 A 溶剂来顶出螺旋储液管中的 B 溶剂，这样按一定的时间间隔交替进行，两种溶剂在混合器中充分混合后进入色谱柱。不同的梯度方式只需通过控制电磁阀 a、b 的开启时间长短便可得到。这种装置的优点是只需一台高压泵，但仍需两只高压电磁阀门。

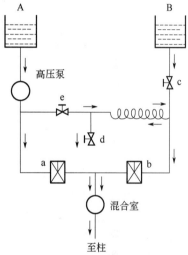

图 6-6　内梯度洗脱装置之二

2. 色谱柱

色谱分离系统包括色谱柱、恒温器和连接管等部分，其中色谱柱是高效液相色谱仪的心脏部件。因为如果没有一根高分离效能的色谱柱，则性能良好的高压泵、高灵敏度的检测器和梯度洗脱装置的应用都将失去意义。

高效液相色谱法中最常用的色谱柱是由不锈钢合金材料制成的，当压力低于 6.9×10^3 kPa（70kg/cm^2），也可采用厚壁玻璃管，一根好的色谱柱应能耐高压、管径均匀，特别是内壁应抛光为镜面。但由于不锈钢柱管不易加工，所以也有的改用不锈钢管内壁涂衬一层玻璃或聚四氟乙烯以达到上述目的。

为了使固定相易于填充，色谱柱的形状多采用直型柱，柱长通常为 10～50cm，内径为 1～7mm。

3. 检测器

检测器是测量流动相中不同组分及其含量的一个敏感器。其作用是将经色谱柱分离后的组分随洗脱液流出的浓度变化转变为可测量的电信号（电流或电压），以便自动记录下来进行定性和定量分析。检测器与色谱柱是高效液相色谱仪的两个主要组成部分。

对液相色谱检测器的一般要求是：灵敏度高、噪声低、对温度和流速的变化不敏感、线性范围宽、死体积小及适用范围广等。到目前为止，还没有很理想的高效液相色谱检测器。

检测器通常分成两类：通用型检测器和选择性检测器。前者如示差折光检测器等；后者如紫外吸收检测器、荧光检测器、电导检测器等。目前应用范围最广和最常用的两种检测器是紫外吸收检测器和示差折光检测器。

（1）**紫外吸收检测器** 紫外吸收检测器是目前高效液相色谱中应用最广泛的检测器。其检测原理是利用样品中被测组分对一定波长的紫外线的选择性吸收，吸光度与组分浓度成正比关系，而流动相在所使用的波长范围内无吸收，因此可以定量检出待测组分。一种双光路结构的紫外吸收检测器的光路如图 6-7 所示。

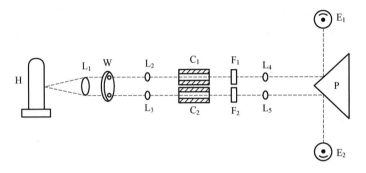

图 6-7　紫外吸收检测器光路

H—低压汞灯；L_1～L_5—透镜；W—遮光板；C_1—样品池；C_2—参比池；F_1，F_2—滤光片；E_1，E_2—光电管

光源通常采用低压汞灯。由低压汞灯 H 发出的光线经过透镜 L_1 聚焦为平行光，通过遮光板 W 后被分成一对细小的平行光束。分别通过透镜 L_2、L_3 到达样品池 C_1 和参比池 C_2。当样品自色谱柱分离后流入样品池时，由于样品对紫外线的吸收，使样品光路与参比光路之间的光强产生差异。两束强度不同的光分别经滤光片 F_1、F_2 除掉不需要的其他波长的非单色光后，照射于两个配对的光电管，转换为电信号，其差值经放大后即可检测。为了减小色谱峰的扩张，检测池的体积应该小一些，目前标准的紫外吸收检测器的检测池长 10mm，直径 1mm，池体积 8μL。其结构常采用 H 形或 Z 形，如图 6-8 所示，而以 H 形结构更为合理。

根据所使用的波长可调与否，紫外吸收检测器又可分为固定波长式和可调波长式两种。

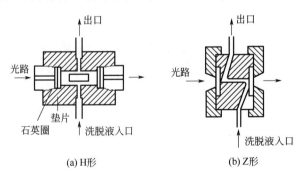

(a) H形　　(b) Z形

图 6-8　样品池结构示意

固定波长紫外吸收检测器：这种检测器采用固定的波长，测定波长一般有 254nm 和

280nm，多数的仪器只能在这两种波长中的某一种波长下进行工作。最常用的是 254nm，这种检测器一般都采用低压汞灯作光源，因为低压汞灯在紫外区谱线简单，其中 254nm 的谱线强度最大。

可调波长紫外吸收检测器：这种检测器与固定波长紫外吸收检测器的主要差别在于使用一个连续光源（如氘灯）以及光栅（或滤光片），它实际上相当于一台紫外-可见分光光度计，其波长范围一般为 210~800nm。更为先进的仪器可在色谱分析过程中随时将流动相暂时停下来，对某个感兴趣的色谱峰相应的组分进行波长扫描，从而得到这个峰组分的紫外-可见吸收光谱，以获得最大吸收波长数据，这种方法称作"停流扫描"。

紫外吸收检测器的优点是灵敏度高，最小检测浓度可达 10^{-9}g/mL，因而即使是那些对紫外线吸收较弱的物质，也可用这种检测器进行检测。此外，这种检测器结构简单、使用方便，对温度和流速的变化不敏感，是用于梯度洗脱的一种理想的检测器。缺点是只能用于对紫外线有吸收的组分的检测，不能用于在测定波长下不吸收紫外线样品的测定。另外，对测定波长的紫外线有吸收的溶剂（如苯等）不能用，因而给溶剂的选用带来限制。

单波长或可变波长紫外吸收检测器几乎是高效液相色谱仪必备的检测器。

（2）示差折光检测器　示差折光检测器是以测量含有待测组分的流动相相对于纯流动相的折射率的变化为基础的。因为在理想情况下，溶液的折射率等于纯溶剂（流动相）和纯溶质（组分）的折射率乘以各物质的物质的量浓度之和，即

$$n_{溶液}=c_1n_1+c_2n_2 \tag{6-1}$$

式中，c_1、c_2 为溶剂和溶质的浓度；n_1、n_2 为溶剂和溶质的折射率。

由上式可知，如果温度一定，溶液的浓度与含有待测组分的流动相和纯流动相的折射率差值成正比。因此，只要溶剂与样品的折射率有一定的差值，即可进行检测。

示差折光检测器按其工作原理可以分成两种类型。一种是偏转式的，这种检测器的原理是：如果一束光通过充有折射率不同的两种液体的检测池，则光束的偏转正比于折射率的差值。另一种是反射式的，这种检测器的检测基础是菲涅耳反射定律。一般说来，高效液相色谱仪较多地采用后者。因此，下面仅介绍反射式示差折光检测器。

反射式示差折光检测器是以菲涅耳反射定律为基础来测量的，其内容是：光线在两种不同介质的分界面处反射的百分率与入射角及两种介质的折射率成正比。当入射角固定后，光线反射百分率仅与这两种介质的折射率有关。当以一定强度的光通过参比池（仅有流动相通过）时，由于流动相组成不变，故其折射率是固定的。而样品池中由于组分的存在，使流动相的折射率发生改变，从而引起光强度的变化，测量反射光强度的变化，即可测出该组分的含量。

图 6-9 是反射式示差折光检测器的光学系统。由钨丝灯光源 W 发出的光经狭缝 S_1，滤热玻璃 F 和平行狭缝 S_2 及透镜 L_1，被准直成两束平行光线，这两束光进入池棱镜 P 分别照射于样品池和参比池的玻璃-液体分界面上。检测池由直角棱镜的底面和不锈钢板，其间衬一定厚度（25μm）的中间挖有两个六角长方形的聚四氟乙烯薄膜垫片夹紧而组成。透过样品池和参比池的光线，通过一层液膜，在背面的不锈钢板表面漫反射。反射回来的光线，经透镜聚焦在检测器中两只配对的光敏电阻 D 上。如果两检测池中流过液体的折射率相等，则两光敏电阻上接收到的光强相等；当有样品流过样品池时，由于两检测池的折射率不同，光强产生差异，两光敏电阻受光后阻值发生变化，在电桥桥路中产生的不平衡电信号，经放大后输

入记录仪记录。

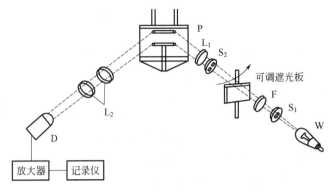

图 6-9　反射式示差折光检测器光学系统

W—光源；S_1、S_2—狭缝；F—滤热玻璃；L_1、L_2—透镜

P—池棱镜；D—光敏电阻

示差折光检测器的优点是应用范围广。任何物质，只要其折射率与流动相之间有足够的差别，都可以用示差折光检测器检测，因此，它与气相色谱中的热导检测器一样，是一种通用型的浓度检测器，常用于对紫外线没有吸收的组分的检测。其缺点是灵敏度较低（10^{-7}g/mL），不宜作痕量分析；对温度的变化非常敏感，需要严格控制温度，精度应优于±0.001℃；此外，这种检测器不适用于梯度洗脱操作。

4. 数据处理系统

目前，计算机化的商品色谱仪器已很普遍，国内外生产的色谱仪几乎均可连接计算机系统，特别是液相色谱仪，计算机色谱工作站已成为标准配置，使仪器的性能、自动化程度等方面都有很大的提高。

色谱工作站、计算机在色谱仪中的使用，经历了从脱机到联机，从使用小型计算机到使用专用的色谱数据处理机直至目前高度计算机化的色谱工作站系统的过程。色谱工作站是由一台微型计算机来实时控制色谱仪，并进行数据采集和处理的一个系统。它已不再局限于结果处理与分析，而可以控制色谱仪的各种程序动作，可以自动调整各种工作参数，实现基线的自动补偿和自动衰减。对异常的工作参数自动报警，超过设定的限额即停止工作。

色谱工作站由数据采集板、色谱仪控制板和计算机软件组成。其原理如图 6-10 所示。首先是把色谱仪检测器输出的模拟信号经由工作站的 A/D 转换数据采集卡转化为计算机可处理的数字信号。数据采集卡在时钟控制下，以一定的速度（一般为 10 次/s 或 20 次/s）采集色谱数据，并实时显示在显示器上。可根据情况，随时终止数据采集。这些数据一般为暂时内存，故废弃的数据不会占据磁盘空间。当数据采集正常结束后，软件会依据事先设定的实验参数对数据进行自动处理，然后打印报告，并进行数据结果存储，以便进行各种后处理。

色谱工作站的功能主要表现在数据处理和对仪器进行实时控制两大方面。数据处理方面的功能除具有微数据处理机的全部功能外，还有谱图再处理功能，包括对已存储的谱图整体或局部的调出、检查，色谱峰的加入、删除，调整谱图放大、缩小，谱图叠加或加减运算，人工调整起落点，等。有的工作站还具有色谱柱效评价功能，并具有后台处理能力，在不间断数据采集的情况下，运行其他的应用软件。色谱工作站对色谱仪的实时控制功能主要由控制接口卡和相应的软件完成。目前能完成的控制功能主要包括一般操作条件的控制，程序控制，自动进样控制，流路切换及阀门切换控制以及自动调零、衰减、基线补偿等的控制。

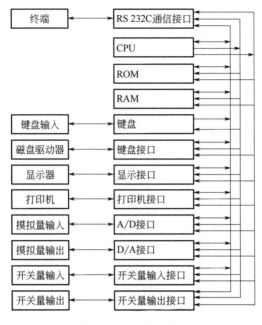

图 6-10　色谱工作站原理

三、常用液相色谱仪型号及主要技术指标

目前常用的液相色谱仪型号很多，如 P230p 型、Waters515 型、Agilent2010 型，下面我们主要介绍 P230p 型、Waters515 型液相色谱仪（表 6-1）。

表 6-1　常用液相色谱仪性能和主要技术指标

仪器型号	产地	性能和主要技术指标	主要特点
P230p 型	大连	1. P230p 高压恒流泵 流量范围：0.10～40.00mL/min 设定步长：0.01mL/min 流量准确性：±1.0%（10.00mL/min，8.5MPa，水，室温） 流量稳定性：RSD≤0.2%（10.00mL/min，8.5 MPa，水，室温） 最高工作压力：30 MPa（0.01～20.00mL/min）；20MPa（20.01～40.00mL/min） 压力准确性：显示压力误差±3%或 0.5MPa 以内 压力脉动：≤1.0%［流量10.00mL/min，压力（8.5±1.5）MPa］ 泵的密封性：压力 30MPa，时间 10min，压降不大于 1.0 MPa 温度：0～40℃ 湿度：≤80% 2. UV230⁺紫外-可见检测器 波长范围：190～720 nm 光源：氘灯+钨灯 光谱带宽：6nm 波长准确性：±0.5nm 波长重复性：±0.1nm 响应时间：0.1～9.9s 线性范围：≥1.5Au（5%） 基线噪声：≤±1.5×10⁻⁵Au（空池、254nm、1.0s）	P230p 制备泵设计合理，运行平稳，性能指标较高，辅以 UV 系列紫外-可见检测器（配半制备/制备型检测池）及美国 Pheodyne 公司手动/电动进样阀及切换阀

续表

仪器型号	产地	性能和主要技术指标	主要特点
P230p 型	大连	基线漂移：≤3×10^{-4}Au/h（254nm、检测池充满干燥氮气、稳定 60min） 3. EC2000 数据处理工作站 测量范围：-100mV～+2V 信号分辨力：2μV 面积分辨力：0.1μV·s 通道数：单通道或双通道 重复性：≤0.01%RSD 时钟误差：≤0.1% 零点误差：≤±0.1mV 示值误差：≤±2% 线性：相关系数优于 0.9999 基线噪声：峰-峰值小于 6μV 室温下漂移：<60μV	P230p 制备泵设计合理，运行平稳，性能指标较高，辅以 UV 系列紫外-可见检测器（配半制备/制备型检测池）及美国 Pheodyne 公司手动/电动进样阀及切换阀
Waters515 型	美国	1. 高精度输液泵 最大压力：410bar（6000psi，1bar=10^5Pa） 流速范围：0.001～10.0mL/min，以 0.001mL/min 递增 流速准确度：±1.0% 流速精度：≤0.1%RSD 梯度混合准确度：±0.5%，并且不随反压变化 梯度混合精度：0.15%RSD，并且不随反压变化 2. 紫外-可见检测器 波长、极性和灯源开关均可时间编程控制 可变波长范围：190～700nm 检测通道：2 个 光源：氘灯 波长准确度：±1nm 光谱带宽：5nm 测量范围：0.0001～4.0000 AUFS 基线噪声：<5×10^{-6}Au 基线漂移：1×10^{-4}Au/h	Waters515 型精度高（0.1% RSD），性能可靠，可扩展性强，组合灵活，电路及流路改进，LCD 显示，操作更简便，改良传动结构，更紧凑，运行噪声更小，控制更精确、稳定，功能更多，流速范围更广：低至 1μL 辅以 2487 双通道紫外-可见检测器

【思考与交流】

1. 说明液相色谱仪的组成结构？
2. 高压泵通常应满足哪些要求？
3. 梯度洗脱装置的分类及作用是什么？
4. 简述 P230p 型、Waters515 型液相色谱仪主要技术指标。

项目六　液相色谱仪　　姓名：　　　班级：
任务一　认识液相色谱仪的基本结构　　日期：　　　页码：

【任务检查与评价】

1. 检查

工作任务	任务内容	完成时长
液相色谱仪的原理		
液相色谱仪的结构		
高效液相色谱仪的工作流程		
液相色谱仪检测器类型		
常用液相色谱仪型号		
常用液相色谱仪主要技术指标		

2. 评价

项目		序号	检验内容	配分	评分标准	自评	互评	得分
计划		1	制订是否符合规范、合理	10	一处不符合扣 0.5 分			
实施	工作原理	1	液相色谱仪工作原理及其应用	10	一处错误扣 1 分			
	组成部分	1	高压泵类型及应用	10	一处错误扣 1 分			
		2	梯度洗脱装置类型及应用	10	一处错误扣 1 分			
		3	色谱柱	10	一处错误扣 1 分			
		4	检测器类型及应用	10	一处错误扣 1 分			
		5	数据处理系统	10	一处错误扣 1 分			
	常见型号及主要技术指标	1	常见型号	5	一处错误扣 1 分			
		2	主要技术指标	10	一处错误扣 1 分			
职业素养		1	团结协作 自主学习、主动思考 遵守课堂纪律	10	违规 1 次扣 5 分			
安全文明及 5S 管理		1		5	违章扣分			
创新性		1		5	加分项			
检查人						总分		

项目六　液相色谱仪	姓名：	班级：
任务二　P230p 型液相色谱仪的使用及维护	日期：	页码：

【任务描述】

通过对 P230p 型液相色谱仪的结构、性能指标和仪器安装的学习，掌握 P230p 型液相色谱仪的维护方法。

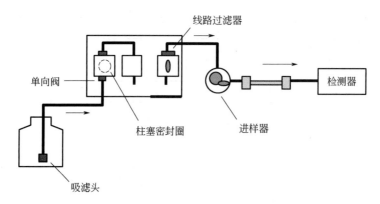

液相色谱仪维护流程

一、学习目标

1. 熟悉 P230p 型液相色谱仪的结构。
2. 了解 P230p 型液相色谱仪的主要性能技术指标。
3. 能够完成 P230p 型液相色谱仪的安装。
4. 熟悉 P230p 型液相色谱仪的维护方法。

二、重点难点

P230p 型液相色谱仪的维护。

三、参考学时

90min。

【任务实施】

◆ 引导问题：描述 P230p 型液相色谱仪上各个单元模块的名称。

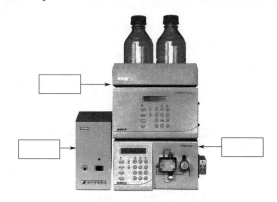

任务二　P230p 型液相色谱仪的使用及维护

P230p 型液相色谱仪是大连依利特分析仪器有限公司生产的产品，P230p 制备泵设计合理，运行平稳，性能指标较高，辅以 UV 系列紫外-可见检测器（配半制备/制备型检测池）及美国 Pheodyne 公司手动/电动进样阀及切换阀，可满足企业生产和研究的需要。

一、P230p 型液相色谱仪的安装与调试

P230p 型液相色谱仪（图 6-11）主要包括三大单元模块，P230p 型高压恒流泵、UV230$^+$ 紫外-可见检测器、EC2000 色谱数据处理工作站。

1. P230p 型高压恒流泵的安装与调试

P230p 型高压恒流泵（图 6-12）是小凸轮驱动短行程柱塞的双柱塞串联式往复恒流泵，输液脉动低。采用步进电机细分控制技术使电机在低速运行平稳；浮动式导向柱塞的安装方式，精选的进口高质量柱塞杆和密封圈等关键部件，保证了高压恒流泵长期运行输液稳定性和耐用性；流动相压缩系数校正和流速准确性双重校正保证了流量准确性；通过色谱工作站控制能够方便得到高精度二元高压梯度系统，同时能够实现流动相的流速梯度。

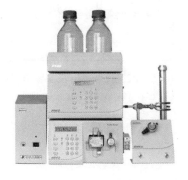

图 6-11　P230p 型液相色谱仪

图 6-12　P230p 型高压恒流泵外观

（1）安装条件　为了正常和安全使用本恒流泵单元，必须注意如下要点。

① 环境条件。为了保证P230p恒流泵良好工作状态和长期使用的稳定性，恒流泵必须避开腐蚀性气体和大量的灰尘。

② 温度条件。仪器运行环境的温度，要求在0～40℃，温度波动小于±2℃/h，避免将仪器安装在太阳直射的地方。

③ 湿度条件。房间内相对湿度应低于80%。

④ 电磁噪声。避免在能产生强磁场的仪器附近安装恒流泵；若电源有噪声，需要噪声过滤器。

⑤ 排风和防火。使用易燃或有毒溶剂时，要保证室内有良好的通风；当使用易燃溶剂时，室内禁止明火。

⑥ 安装空调。平整、无振动的坚固台面，宽度至少80cm。

⑦ 接地。仪器必须有良好的接地。

（2）前面板　P230p高压恒流泵的前面板示意如图6-13所示。P230p高压恒流泵按键显示部分示意及输液部分示意如图6-14和图6-15所示。

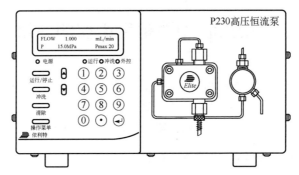

图6-13　P230p高压恒流泵的前面板示意

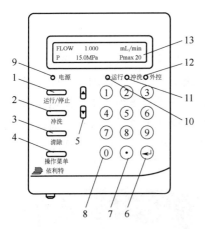

图6-14　P230p高压恒流泵按键
显示部分示意

1—运行/停止；2—冲洗；3—清除；4—操作菜单；
5—↑↓键；6—确认键；7—小数点"."；8—0数字键；
9—电源指示灯；10—运行指示灯；11—冲洗指示灯；
12—外控指示灯；13—液晶显示屏

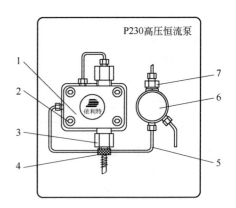

图6-15　P230p高压恒流泵输液部分示意

1—泵头；2—泵头螺丝；3—单向阀；4—泵入口；
5—连接管；6—放空阀；7—泵出口

（3）后面板　P230p 高压恒流泵的后面板示意如图 6-16 所示。

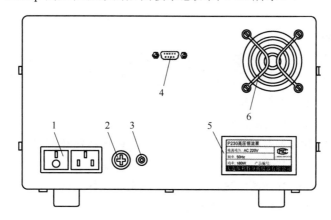

图 6-16　P230p 高压恒流泵后面板示意

1—电源开关；2—保险丝；3—接地端子；4—RS232 接口；5—仪器标牌；6—仪器散热孔

（4）溶剂管路系统安装

① 溶剂管路系统示意如图 6-17 所示。

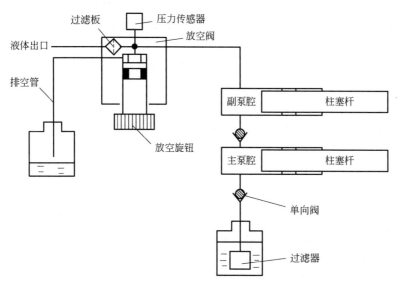

图 6-17　溶剂管路系统示意

② 安装准备工作。准备一个容积为 500mL 以上的溶剂储液瓶，瓶盖上应有两个 3～4mm 的小孔。卸下放空阀上面泵出口的密封堵头，将随仪器所配的不锈钢连接管连接到泵口，准备与高压进样阀连接。

③ 泵头入口与储液瓶的连接。将随仪器所配的聚乙烯输液管及溶剂过滤头组件与泵的入口相连接，另一端穿过溶剂储液瓶的小孔后与溶剂过滤头相连。具体要求如下：

a．储液瓶盖上除了有置入输液管的小孔外，还应有一个通气孔，以避免在输液过程中储液瓶内形成负压，造成泵吸液困难。

b．经常清洗溶剂过滤头，防止溶剂过滤头污染。

c. 要想获得稳定的分析结果,储液瓶内的流动相一定要经过脱气处理,尤其是在夏天气温较高时。

d. 流动相必须经过 0.45μm 的滤膜过滤。

④ 泵与进样阀的连接。用不锈钢管(配连接螺丝和密封刃环)连接恒流泵液体出口与进样阀的入口(通常 Rheodyne 进样阀的 2 号孔为流动相的输入口)。

砂芯滤头的清洗

进样阀 3 号口与色谱柱入口相连。

进样阀 2 号口与高压恒流泵出口相连。

所有连接螺丝以不漏液为原则,不要用力过度,以防将螺丝拧断。如果出现封不住现象,请将旧刃环切掉,重换一个新刃环。

进样针的更换

为了保证样品较少扩散,高压进样阀与高效液相色谱柱之间以及色谱柱与检测器之间的连接管要尽量短,内径不能太大。

所有不锈钢连接管前端要平齐,保证管头插到底再上螺钉,以减少死体积。

⑤ 梯度混合器的连接。P230p 高压恒流泵用于二元高压梯度分析时,为保证流动相混合均匀,需要使用梯度混合器。采用外接式,将 P230p 高压恒流泵的泵出口分别与混合器的输入口连接,梯度混合器出口与进样阀的入口连接。

根据分析的具体情况可选择不同体积的混合器。混合器体积常用规格为:1.5mL 和 3.0mL 等。通常,混合体积越大,混合效果越好,但是混合体积越大,所引起的梯度滞后时间也越长。

⑥ 废液瓶的安装位置。为方便废液流入废液瓶,废液瓶一般要安置在不高于仪器的位置。

(5) 系统测试

① 单泵系统测试。对于新安装的仪器、长时间搁置后重新使用的仪器或对分析结果有怀疑,都有必要对整个色谱系统进行一次全面的测试,以保证分析结果的可靠性。测试过程如下所示。

a. 取一支合适的色谱柱,一般正相系统选 SiO_2 柱,反相系统选 $C18$ 柱。

b. 按色谱柱厂家出厂时提供的色谱柱评价报告要求,配置流动相。

c. 排除恒流泵管路中的气泡。

d. 按色谱柱厂家提供的评价报告设定流量。

e. 检查泵的密封性能。

接上色谱柱并启动恒流泵,检测压力是否稳定,若不稳定可能泵头还有气泡未排尽。

将压力上限设为 25MPa。对不能关闭输液管路的进样阀,可在进样阀的出口接一个两通接头,再将两通接头另外一端封住。

启动泵,使压力升至 25MPa 时自动停泵,观察压力显示是否下降。若压力显示下降比较快,则泵头内的单向阀、进样阀或管路接头密封不严。

20s 以后压力显示可能缓慢下降,这是正常现象。对于 P230p 高压恒流泵,当超压指示灯亮十多分钟后,压力显示将自动慢慢下降为零,此时实际泵头压力不是零,必须把放空阀打开,再显示的压力为零才是真正的零。

f. 用量筒或移液管检测泵的流量重复性。

g. 将检测器波长设定为 254nm。

h. 按色谱柱评价报告的标准样品或选取苯、萘、联苯等,配成合适浓度的混合样品。

ⅰ．基线平稳后，多次进样，根据分析结果的重现性，则可证明系统运转是否正常。

② 梯度系统测试。梯度系统除了对每个输液泵进行密封性能和样品分析重复性检查外，还要运行梯度曲线测试，以便了解系统的梯度性能。

a．单泵密封性能检查步骤与①相同。

b．梯度性能检查：

取两瓶 500mL 的甲醇，各标上 A 和 B。

在 A 瓶内加入 0.2mL 丙酮并超声脱气。

在 B 瓶内加入 0.8mL 丙酮并超声脱气。

在进样阀出口与检测器入口间接一根外径 1.6mm，内径 0.1mm，长度为 250mm 的不锈钢管。

设定检测波长为 254nm。

设定总流量为 1.0mL/min，A、B 泵各为 50%冲洗直到基线平稳。

设定梯度曲线。

c．运行数据采集。

d．检查各台阶曲线在变化处是否近似垂直，是否梯度混合不理想。

2. UV230$^+$紫外-可见检测器安装与调试

UV230$^+$紫外-可见检测器由光路部分、控制电路部分和数据处理软件部分组成，采用全封闭光路结构和光纤传导技术替代传统的紫外检测器的光学系统，稳定性好、分辨率高的数据采集处理系统，使检测器具有稳定性好、灵敏度高等优点。如图 6-18 所示。

（1）安装条件　为了正常和安全使用本检测器，必须注意如下要点：

① 环境条件。为了保证 UV230$^+$紫外-可见检测器良好工作状态和长期使用的稳定性，检测器必须避开腐蚀性气体和大量的灰尘。

② 温度条件。仪器运行环境的温度，要求在 4~40℃，温度波动小于±2℃/h，避免将仪器安装在阳光直射的地方，避免冷、热源对仪器产生直接影响导致基线漂移和噪声提高。

图 6-18　UV230$^+$紫外-可见检测器外观

③ 湿度条件。房间内相对湿度应低于 80%。

④ 电磁噪声。避免在能产生强磁场的仪器附近安装 UV230$^+$紫外-可见检测器；若电源有噪声，需要噪声过滤器。

⑤ 排风和防火。使用易燃或有毒溶剂时，要保证室内有良好的通风；当使用易燃溶剂时，室内禁止明火。

⑥ 安装空调。平整、无振动的坚固台面，宽度至少 80cm。

⑦ 接地。仪器必须有良好的接地。

（2）前面板　UV230$^+$紫外-可见检测器的前面板示意如图 6-19 所示。

（3）后面板　检测器的后面板如图 6-20 所示。

（4）管路连接　在液相色谱系统中，除柱系统外，管路、连接件以及进样器、检测器的柱外体积皆可能引起色谱峰展宽。管路材质选择不适也会导致谱带展宽，甚至引起样品变性，直接影响分析结果的可靠性。良好的管路连接可以充分地发挥仪器的功能，提高工作效率。

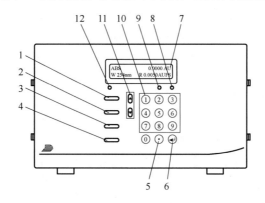

图 6-19　UV230⁺紫外-可见检测器前面板示意

1—自动回零；2—进样标记；3—时间程序；4—操作菜单；5—小数点键；6—确认键；
7—液晶显示屏；8—钨灯；9—氘灯；10—数字键0～9；11—↑↓键；12—电源指示灯

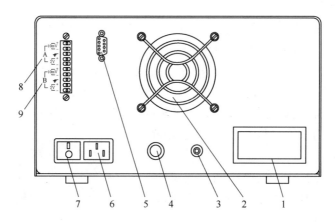

图 6-20　UV230⁺紫外-可见检测器后面板示意

1—仪器铭牌；2—风扇；3—接地端；4—保险；5—RS232接口；6—电源插座；7—电源开关；
8—A，2.0V：连接积分仪或色谱工作站的信号线端，10mV：连接记录仪信号线端；9—B，信号线端

① 连接管材料。根据承受压力和流动相、样品性质的差异，液相色谱中需要采用不同材质的管路，常用的管路材质包括不锈钢、聚醚醚酮（PEEK）、聚四氟乙烯、聚乙烯或聚丙烯，其中不锈钢管最为常用。

不锈钢管一般用于有高压的部分。在液相色谱系统中，从泵出口到色谱柱入口分属高压段，需采用不锈钢管。不锈钢管耐腐蚀性好，有精密的同轴度，选用时应注意管孔与接头孔的匹配。

液相色谱系统中从储液瓶到泵、检测器出口和进样器排液口、放空阀出口等其他低压部分皆可采用聚合物管。聚四氟乙烯对液相色谱的化学试剂呈惰性，是最常用的可塑性连接管。

PEEK管可耐30MPa以上的高压，比不锈钢管更具惰性，适宜生物样品的分离分析与制备，在生物分离泵等系统中多采用这种材质替代不锈钢。

② 连接管的清洗。新购买的管路需经过清洗后才能使用。清洗溶剂的顺序为：氯仿—甲醇（无水乙醇）—水—1mol/L硝酸—水—甲醇—氮气流吹干。聚四氟乙烯管使用前，以甲醇

冲洗即可。

③ 检测器连接。UV230⁺紫外-可见检测器的检测池靠下方的连接管是检测器的入口,这样可以方便地将检测池内的气泡排除。用连接螺钉上紧色谱柱出口和检测池入口,以防止气泡渗入检测池内。用通用接头或一体式接头,用配件包中所配内径为1.6mm的聚四氟乙烯塑料管,裁截合适长度,将检测器检测池的出口连接至废液溶剂瓶内。

3. EC2000色谱数据处理工作站安装与调试

EC2000 色谱数据处理工作站包括硬件与软件两部分,见图 6-21。硬件是由色谱数据采集卡、仪器控制卡(选购件)等组成的接口设备,被称为色谱工作站接口。色谱仪通过与色谱工作站接口及计算机应用软件、打印机相连,即可实现计算机采集色谱数据,并对它进行计算机处理,同时可以发出控制信号,用以控制仪器的操作参数。该软件是基于 Windows98 操作平台下的 32 位完全独立的双通道应用程序,采用最新的软件设计技术(0-0 技术),较其他工作站软件功能更齐全、性能更稳定、操作更方便。

图 6-21　EC2000 色谱数据处理工作站示意

(1)与色谱仪连接

① 单通道数据采集工作站安装。将 EC2000 色谱数据处理工作站接口放置在色谱仪的附近。

将带有遥控触发开关的信号线一端与色谱工作站接口上的 9 针信号连接器牢固连接。

找出信号线,它是两芯的屏蔽线,正线(+)、负线(-)分别连接到色谱检测器信号输出端的正、负端,信号线的屏蔽线接地。此种接法适用于色谱检测器输出信号为屏蔽设计时,如气相色谱的 TCD 等。

当色谱检测器信号负端为接地设计时,如气相色谱的 FID、ECD 等,液相色谱的 UV 检测器等,可将信号线的正极线连接到色谱检测器的信号输出端子的正端,屏蔽线和负极线同时接到输出端子的负端。

连接色谱工作站接口的电源线。

② 双通道数据采集工作站安装。将两套色谱仪的两台检测器或一套色谱仪的两个检测器放置在合适的位置。

将带有遥控触发开关的信号线一端与色谱工作站接口上的9针信号连接器紧密连接。

找出另一端标有"1"的信号线,按照"(1)单通道数据采集工作站安装"的连接方法与其中的一台检测器连接。此台检测器即规定为"通道1"。

找出另一端标有"2"的信号线,按照"(1)单通道数据采集工作站安装"的连接方法与其中的一台检测器连接。此台检测器即规定为"通道2"。

连接色谱工作站接口的电源线。

③ 梯度仪器控制系统安装。将仪器控制线A、B分别与对应的色谱工作站后面的9针仪器控制连接器(A、B)牢固连接。

将标有"A"和"B"的插头分别与待控的两台液相色谱恒流泵的泵控插座相连。

与"A"插头相连的泵即规定为"A泵",与"B"插头相连的泵即规定为"B泵"。

(2)与计算机连接　确保计算机电源关闭。

确保EC2000色谱数据处理工作站接口前面板的开关处于关闭状态(电源指示灯未亮)。

EC2000色谱数据处理工作站串行口电缆的连接。将串行口电缆的一端连接至色谱工作站接口后面的9针串行口连接器上。串行口电缆的另一端连接至计算机的通信端口(RS232C)上,如无此端口或该端口已被占用,请连接至其他通信端口(COM2,COM3,COM4)。连接时请注意计算机的通信端口有可能是9针的或25针的,请选择串行口电缆转换插头。

将软件加密锁插在计算机的插口上,然后再把打印机插在软件加密锁的插口上,拧紧连接螺丝。

(3)软件安装　EC2000(V1.2)色谱工作站的安装软件为CD-ROM光盘。下面将以中文Windows98操作系统下安装为例,介绍软件的安装步骤:

① 确定计算机系统已安装中文版Microsoft Windows 98。

② 确定Microsoft Windows 98正在运行中。

③ 关闭所有的Windows应用程序。

④ 将光盘插入CD-ROM驱动器中,然后依照屏幕的提示一步一步地运行,直至安装结束。

⑤ 安装结束后,在Windows 98的桌面上显示"EC2000色谱数据处理系统"及"EC200GPC系统"的快捷图标;同时在"开始"→"程序"菜单中可见到"EC2000色谱数据处理系统"及EC2000其他运行程序,如图6-22所示。

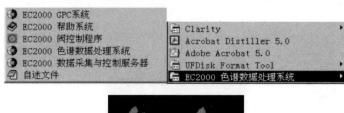

图6-22　EC2000启动程序和启动图标

(4) 启动和调试

① 开机准备。按照评价或检验色谱仪器的基本条件开启色谱仪器,并使之达到基本稳定状态。

接通 EC2000 色谱数据处理工作站接口的电源,此时接口前面板电源开关上的电源指示灯应点亮。

打开计算机,进入 Microsoft Windows 98。

② 与计算机通信。

a. 运行 EC2000 色谱数据处理工作站应用程序,关闭"EC2000 使用技巧"窗口,单击工具条按钮 创建新的数据文件。

b. 单击工具条按钮 ,此时屏幕中央显示该按钮图形,表示准备开始数据采集。

c. 按动 EC2000 色谱数据处理工作站遥控触发开关以启动数据采集。

d. 观察屏幕有无变化,请进行下列步骤之一:

如果按钮图形消失,同时出现坐标并有电压、时间等信号记录,单击工具条按钮 并关闭该数据文件,即与计算机的通信成功。

如果按钮图形不消失,则单击工具条按钮 退出数据采集,再单击工具条按钮 ,重新修改 RS232C 串口选项,按"确定"按钮后重复②~④步骤,直至通信成功。

EC2000(V1.2)色谱工作站程序内定的方法中 RS232C 串口选项为"COM2"(图 6-23),当在连接 EC2000 色谱数据处理工作站的 RS232C 串口电缆时,更改选项后(如插在 COM1 串口上),软件会自动将串口改为实际设置。

EC2000(V1.2)色谱工作站串口波特率为"19200",如果更改,将不能采集数据。

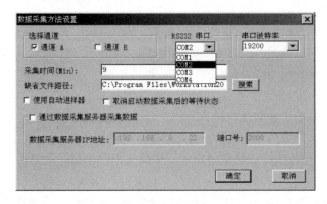

图 6-23 参数选择

③ 连接色谱仪调试。

a. 单击工具条按钮 ,创建新的数据文件。

b. 单击工具条按钮 ,选择相应的选项,如通道、采集时间等。

c. 单击工具条按钮 ,准备开始数据采集。

d. 按动 EC2000 色谱数据处理工作站遥控触发启动数据采集,调整色谱仪的零点并观察信号线是否连接正确。

e. 单击工具条按钮 ,结束数据采集。

f. 单击工具条按钮 ,准备开始数据采集。

g. 进样同时按动 EC2000 色谱数据处理工作站遥控触发启动数据采集,并得到色谱谱图。

h. 单击工具条按钮 ⊘，手动或等采集时间结束后自动结束数据采集。

i. 单击工具条按钮 ▪，保存数据文件及方法文件。

二、P230p 型液相色谱仪的维护

按适合的方法加强对仪器的日常保养与维护可适当延长仪器（包括泵体内与溶剂相接触的部件）的使用寿命，同时也可保证仪器的正常使用。

1. 液相色谱仪的维护保养

① 对高压泵应定期（如每月）进行润滑，从而减轻泵的运动部件的磨损。

② 仪器连续使用时，泵较容易启动，但在更换储液槽或者泵长期不用时，则开始分析前要采用注液启动。

③ 更换溶剂时，必须小心，在更换不混溶的溶剂时，应先用与原溶剂和欲更换溶剂都相溶的溶剂对系统冲洗两遍，然后再用新溶剂冲洗两遍。

④ 不锈钢制成的零件易受卤盐和强氧化剂（其中包括含锰、铬、镍、铜、铁和铝的水溶液）的浸蚀，这些溶液不能作为流动相。如果一定要用腐蚀性的盐类作流动相，需事先用硝酸对不锈钢零件进行钝化处理，以提高其耐腐蚀的能力。

⑤ 当仪器不使用时，为安全起见，通常需要切断主电源开关，但电源仍将继续向 RAM 电池充电，因此，不管仪器断电多久，所有的程序均可被存储下来。然而，如果使用水溶性缓冲剂（特别是含有诸如卤化物之类的腐蚀性盐类）时，泵在仪器停置的期间应保持运转。如果腐蚀性盐在系统内保持不动，则会严重减少不锈钢元件的寿命。

2. 柱子的维护

由于高效液相色谱柱制作困难，价格昂贵，因此，为了延长柱子的使用寿命，应注意以下几点。

① 应满足固定相对流动相的要求，如溶剂的化学性质、溶液的 pH 值等。

② 在使用缓冲溶液时，盐的浓度不应过高，并且在工作结束后要及时用纯溶剂清洗柱子，不可过夜。

③ 样品量不应过载，被沾污的样品应预处理，最好使用预柱以保护分析柱。

④ 当柱前压力增加或基线不稳时，往往是柱子被沾污所致，可通过改变溶剂的办法使不溶物溶解，从而使柱子再生。正相柱使用水、甲醇等极性溶剂；反相柱使用氯仿或氯仿与异丙醇的混合溶剂。

⑤ 流动相流速应缓慢调节，以使填料呈最佳分布，从而保证色谱柱的柱效，不可一次改变过大。

⑥ 柱子应该永远保存在溶剂中，键合相最好的溶剂是乙腈。水和醇或它们的混合溶剂都不是最好的选择。

【思考与交流】

1. 如何安装液相色谱仪？P230p 型液相色谱仪中各保险丝的作用是什么？
2. 反压器的作用是什么？
3. 如何对液相色谱仪进行维护保养？
4. 色谱柱在使用时应注意哪些方面？

项目六　液相色谱仪	姓名：	班级：
任务二　P230p 型液相色谱仪的使用及维护	日期：	页码：

【任务检查与评价】

1. 检查

工作任务	任务内容	完成时长
P230p 型液相色谱仪的单元模块		
P230p 型液相色谱仪的安装与调试		
P230p 型液相色谱仪的维护		

2. 评价

项目		序号	检验内容	配分	评分标准	自评	互评	得分
计划		1	制订是否符合规范、合理	10	一处不符合扣 0.5 分			
实施	组成部分	1	P230p 型液相色谱仪的单元模块	10	一处错误扣 1 分			
	安装与调试	1	高压恒流泵	10	一处错误扣 1 分			
		2	UV230$^+$紫外-可见检测器	15	一处错误扣 1 分			
		3	EC2000 色谱数据处理工作站	10	一处错误扣 1 分			
	维护	1	液相色谱仪	15	一处错误扣 1 分			
		2	色谱柱	15	一处错误扣 1 分			
职业素养		1	团结协作 自主学习、主动思考 遵守课堂纪律	10	违规 1 次扣 5 分			
安全文明及 5S 管理		1		5	违章扣分			
创新性		1		5	加分项			
检查人					总分			

项目六　液相色谱仪	姓名：	班级：
任务三　Waters515 型液相色谱仪的使用及常见故障排除	日期：	页码：

【任务描述】

通过对 Waters515 型液相色谱仪的结构、性能指标和仪器安装的学习,掌握 Waters515 型液相色谱仪的维护以及故障排除的方法。

一、学习目标

1. 熟悉 Waters515 型液相色谱仪的结构。
2. 了解 Waters515 型液相色谱仪的主要性能技术指标。
3. 能够完成 Waters515 型液相色谱仪的安装。
4. 熟悉 Waters515 型液相色谱仪的维护方法。
5. 了解 Waters515 型液相色谱仪的故障排除方法。

二、重点难点

Waters515 型液相色谱仪的维护以及故障排除。

三、参考学时

90min。

【任务实施】

任务三　Waters515 型液相色谱仪的使用及常见故障排除

Waters515 型高效液相色谱仪是一种性能较好、使用广泛的高效液相色谱仪。其采用积木式结构，配置灵活，既可单泵使用，也可多泵组成梯度色谱系统；使用高精度、宽流速范围的恒流泵，结合非圆齿轮传动方式，流速平稳精确；配置先进的 Waters2487 紫外检测器，使得波长范围达 190~700nm、测量范围为 0.0001~4.0Au、基线噪声＜±0.35×10^{-5}Au；采用功能齐全、运用灵活的色谱工作站，可方便地对色谱数据进行处理。

一、Waters515 型液相色谱仪的使用

1. Waters515 型液相色谱仪的特点

Waters515 型液相色谱仪是专业液相色谱仪器制造厂家——美国 Waters 公司的产品，其外形如图 6-24 所示。它由 515 型泵系统及 2487 型紫外检测器等部分组成，该仪器具有如下特点。

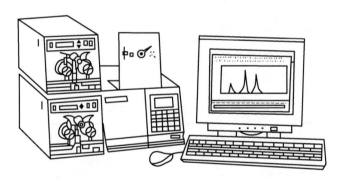

图 6-24　Waters515 型液相色谱仪

① 高精度（0.1%RSD）、宽流速范围（0.001~10mL/min）的泵系统，采用非圆齿轮传动，流速平稳精确。

② 配置灵活，既可单泵使用，也可多泵组成梯度色谱系统。

③ 采用液晶（LCD）屏幕控制，操作简便容易。

④ 系统可调整，从微柱到半制备柱实验均可很方便地实现。

⑤ 采用高灵敏、宽线性范围及测量范围的紫外可见光检测器，具有先进的编程及双通道检测能力。

2. Waters515 型液相色谱仪的使用

下面介绍高效液相色谱仪的一般使用方法，仪器操作步骤如下。

① 按合适的比例配制好作为流动相的溶剂，经超声波脱气后装入贮液瓶中，然后将恒流泵上末端带有过滤器的输液管插入。

② 打开仪器电源开关，仪器自动进入自检过程。待自检结束显示正常，仪器即处于待机状态。此时泵内电机工作，按分析要求设置流量于适当值（接通电源前，应先用专用注射器

从排液阀抽去泵前管路中可能存在的气泡)。

③ 分析样品之前应设定压力上限,以保护色谱柱。一般 15cm 长的色谱柱的压力上限可设为 $2×10^4$kPa,这样当液路堵塞,压力超过上限值时,泵即自动停止工作。若发生这种情况,应分析其原因并排除故障,然后再按"Reset"(复位)按钮,泵重新工作。

④ 开启紫外检测器电源开关,将显示选择置于"ABS"位置。进样前先将背景信号(基线)调为零,并设置合适的灵敏度范围。

⑤ 开启色谱工作站,设置各参数,待基线平直后,即可进样。

⑥ 将进样阀手柄置于"Load"(右边)位置,再将样品保持手柄置于"开启"(垂直)位置。

⑦ 用微量注射器吸取一定量的试样溶液,插入进样口(插到底)并将试样溶液缓慢推入。

⑧ 拔出微量注射器,将样品保持手柄旋回关闭(水平)位置,再将进样阀手柄置于"Inject"(进样)位置。

微量注射器的清洗

⑨ 记录色谱图,用色谱工作站对数据进行处理。

⑩ 测定结束,依次关闭计算机、检测器及高压泵等电源开关,做好整理、清洁等结束工作,盖好仪器罩。

二、液相色谱仪的常见故障排除

1. 泵及色谱过程的常见故障及排除方法

泵及色谱过程常见故障及排除方法见表 6-2。

表 6-2 泵及色谱过程常见故障及排除方法

故障	故障原因	排除方法
1. 泵不能启动或难启动	(1) 放泄阀堵塞 (2) 溶剂水平面太低 (3) 溶剂瓶选择不当 (4) 10μm 微粒过滤器有空气漏入 (5) 管子在比例阀处受挤压 (6) 保险丝断 (7) 比例阀线圈不良 (8) 比例阀阀芯被污染 (9) 溶剂不流动或流动不流畅 (10) 过滤器堵塞	疏通放泄阀门 增加溶剂,提高溶剂水平面 选择适当的溶剂瓶 当过滤器从挥发性溶剂中取出时,在过滤器的空隙中会形成气泡。这样,当过滤器再放入溶剂中,有时就很难启动泵。此时需要在超声波振荡池中除掉气泡,并将过滤器保持在液面下 更换比例阀的溶剂连接管路 更换保险丝 重绕线圈或更换比例阀 用乙醇清洗比例阀阀芯 管子在过滤器处受挤压,此时应更换过滤器液路连接部分 更换过滤器
2. 泵启动不良	(1) 溶剂水平面太低 (2) 溶剂中有气泡析出	增加溶剂,提高溶剂水平面 对溶剂进行脱气
3. 泵中途停止或失控	(1) 泵失控,压力超过了 35MPa (2) 压力控制器堵塞或失调 (3) 压力低于 35MPa,单项阀组件过滤片堵塞 (4) 压力传感器上游液路堵塞	将压力控制在 35MPa 以下 重新调整压力控制器,必要时更换密封圈或针阀座 更换过滤片 清洗不锈钢管,排除传感器挤压和弯曲的地方
4. 温度控制器无响应	(1) 温度控制开关调节不当 (2) 保险丝断	将温度控制开关拨至所需位置 更换同规格保险丝

续表

故障	故障原因	排除方法
5. 柱压为零或移动相流量为零	(1) 泵冲程为零 (2) 泵泄漏 (3) 色谱柱前管路接头处泄漏 (4) 泵内有气体 (5) 泵进液口进气 (6) 泵进液或排液单向阀之一失灵或全部失灵	调节泵冲程 找出泄漏处,排除之,必要时对泵检修 找出泄漏处,重新接好 打开泵出口分流阀(排废阀),将泵冲程置于最大,至排除液无气泡为止 检查泵进出口过滤器、管道与泵连接处,找出漏气处,排除之 拆开单项阀,清除脏物或更换阀座、球等 单向阀的清洗
6. 柱前压力表脉动变大	(1) 泵单向阀上有异物 (2) 柱前管路接头有泄漏 (3) 泵内有气泡	切断泵进出口连接,用注射器通过泵进口端注入约25mL干净溶剂。若无效应当拆开单项阀,清洗之 找出泄漏处,重新接好 打开泵出口分流阀(排废阀),将泵冲程置于最大,至排除液无气泡为止
7. 虽然有柱前压,但流量为零	(1) 系统有液体泄漏 (2) 柱进口堵塞	检查进样隔膜(橡皮垫)、进样阀及柱接头是否有液体漏出并排除之 清洗柱进口的不锈钢多孔过滤片,必要时更换色谱柱 色谱柱的更换
8. 柱前压上升,流量下降或为零	(1) 柱上端不锈钢多孔过滤片被胶皮碎屑堵塞(对隔膜进样) (2) 柱下端不锈钢多孔过滤片被填料细颗粒堵塞 (3) 柱子阻力增大,由于以水作为移动相的体系,柱子内微生物生长而使柱子堵塞 (4) 检测池或连接色谱柱与检测池的管道发生堵塞 (5) 进样阀转子处于不适合的位置(置于装样与进样之间)	拆开,用干净溶剂清洗 小心拆开柱接头,取下过滤片置于 6mol/L HNO$_3$ 中,超声波浴上清洗除去沉淀物(若过滤片不能取出,则将柱头接头接在高压泵出口,用干净溶剂反向冲洗之),清洗后,在过滤片上铺一层分析滤纸,重新接好。若无效,则要更换滤片或柱接头 更换柱填料。以水作为流动相的分离结束后,用甲醇或乙醇清洗柱子后保存 拆开,清除杂物 将其转至装样位置
9. 没有色谱峰出现	(1) 无流动相流过色谱柱 (2) 进样器发生泄漏或堵塞,造成无样品注入 (3) 注射器发生故障,无样品注入色谱柱 (4) 色谱柱发生故障 (5) 检测器发生故障 (6) 记录仪发生故障	按"柱压为零或流动相流量为零"情况处理 检查进样器故障,修理之 修理或更换好的注射器 在已知条件下检查柱子,若有问题,可能是选择的体系不合适 找出故障,排除之 找出故障,排除之
10. 峰形不好,出现平头峰或拖尾峰	(1) 色谱柱超负荷 (2) 色谱体系不合适 (3) 离子交换树脂上吸附样品 (4) 柱子填充特性不良 (5) 柱外效应 (6) 非缓冲流动相使酸性或碱性样品的色谱峰发生拖尾	减小进样量 重新选择合适的固定相和流动相 升高温度或增加溶剂强度 用标准试验混合物检查柱子特性,确认无误后更换柱子 使用体积小、响应快的检测器,体积大的柱子,体积小的柱接头及柱内径的连接管,以减小柱外效应 使用缓冲流动相或往流动相中加入甲酸、三乙胺等,以抑制离子化

续表

故障	故障原因	排除方法
11. 分离度下降	(1) 柱子超负荷 (2) 样品组分在柱子上积聚，柱子沾污，柱效变坏 (3) 离子交换柱上有强保留成分 (4) 缓冲溶液的pH不合适，pH≤2，使键合相"剥落"，pH>8，使硅胶溶解 (5) 固定相流失 (6) 柱填料与流动相未完全达到平衡	减小进样量或进样体积 用强度高的溶剂清洗，使柱子再生，若无效则要再更换 柱子再生（使用强度高的盐溶液） 更换柱子，控制2<pH≤8 更换柱子，并采取防止固定相流失措施（对涂敷柱） 用流动相彻底清洗，平衡柱子
12. 保留时间减小	(1) 柱被污染，柱效下降 (2) 固定相流失 (3) 梯度系统对色谱柱（固定相）不合适 (4) 流动相流速过大 (5) 柱温过高 (6) 流动相强度太高	清洗柱子，装设保护柱 更换柱子，采取防止固定相流失的措施 更换合适的柱子或改变梯度 调节至合适流速 调节至合适柱温 重新配制强度合适的流动相，平衡色谱柱
13. 保留时间变长	(1) 流动相流速太小 (2) 柱温过低 (3) 梯度系统不合适 (4) 溶剂带走柱上的水分，使吸附柱活性变大 (5) 固定相流失 (6) 流动相配制不准确，溶剂强度太小	增大流速 升高柱温至合适 选择有效的梯度系统，加大溶剂强度，增加溶剂强度变化的速度 将溶剂用水进行预处理 改用别的溶剂或变换柱子 配制溶剂组成准确的流动相，重新平衡柱子
14. 色谱图重现性不好（保留时间忽长忽短）	(1) 温度不稳定 (2) 温度是稳定的，可能是比例阀工作不正常 (3) 比例阀阀芯粘住 (4) 泵启动不良 (5) 比例阀线圈工作不正常或线圈不良 (6) 溶剂中有气泡	控制柱温 分别使用两个溶剂瓶及几个具有多种组分的样品的色谱图，查出发生在哪一个液路，不正常的比例阀应该产生不重现的结果，然后，交换两比例阀上的线圈 清洗阀芯 参考泵启动不良部分修理 更换线圈 将溶剂进行脱气
15. 有明显漏液	(1) 放泄阀漏液 (2) 接头漏液 (3) 进样器漏液 (4) 流量控制器密封圈漏液 (5) 进样阀口漏液 (6) 柱塞密封圈漏液	更换放泄阀针阀头 重新连接接头，必要时进行更换 更换进样器 更换密封圈 堵塞阀口漏液处 更换密封圈
16. 基线噪声大或有毛刺	(1) 溶剂中有气泡 (2) 10μm过滤片堵塞 (3) 进液阀头漏液 (4) 阀芯粘住 (5) 比例阀线圈不良 (6) 电器故障 (7) 流通池失调 (8) 进液密封圈漏液 (9) UV灯不良	当以低流量用挥发性溶剂，需要对溶剂进行脱气，以除去气泡 更换过滤片 更换进液阀头 清洗阀芯 更换线圈 修理电器部分 清洗流通池 更换密封圈 更换UV灯
17. 基线漂移	(1) 长时间的基线漂移可能是因为室温波动 (2) 池座垫圈漏液 (3) 流通池污染 (4) UV灯不亮	待室温稳定后再使用仪器 更换池座垫圈 清洗流通池 更换UV灯

续表

故障	故障原因	排除方法
18. 基线呈阶梯形；基线不能回到零，不断地降低；峰成平头形或阶梯形	（1）记录仪增益或阻尼调节得不合适 （2）仪器或记录仪接地不良 （3）输入记录仪的直流信号电平低	按说明书要求，调节记录仪增益和阻尼 改善检测器或记录仪接地状况，并保证良好 检查检测器的输出信号电平，若正常，检查记录仪的输入回路和放大电路
19. 出现假峰	（1）样品阀、进样垫或注射器被沾污 （2）溶解样品溶剂的洗脱峰 （3）样品溶液中有气泡 （4）梯度洗脱溶剂不纯（特别是水）	清洗之 将样品溶解在流动相中 将样品溶液脱气 使用纯度足够高的溶剂

2. 紫外检测器的常见故障及排除方法

紫外检测器的常见故障及排除方法见表6-3。

表6-3　紫外检测器的常见故障及排除方法

故障	故障原因	排除方法
1. 紫外灯不亮	（1）电源内部折断 （2）灯启动器有毛病 （3）UV灯泡有毛病 （4）保险丝断开	更换电源 更换启动器 更换紫外灯泡 找出保险丝断开的原因，故障排除后更换保险丝
2. 记录笔不能指到零点	（1）样品池或参考池有气泡 （2）检测池的垫圈阻挡了样品池或参考池的光路 （3）样品池或参考池被沾污 （4）柱子被沾污 （5）检测池有泄漏 （6）柱填料中有空气 （7）固定相流失过多 （8）流动相过分吸收紫外线	提高流动相流量，以驱逐气泡，或用注射器将25mL溶剂注入检测池中，排出气泡 更换新垫圈，并重新装配检测池 用注射器将25mL溶剂注入检测池中进行清洗，若无效，则需拆开清洗，然后重新装配 用合适的溶剂清洗，再生柱子或更换柱子 更换垫圈，并重新装配检测池 用大的流动相流速排除之 使用不同的色谱体系，更换柱子 改用吸光度低的合适溶剂
3. 记录仪基线噪声大	（1）记录仪或仪器接地不良 （2）样品池或参考池被沾污 （3）紫外灯输出能量低 （4）检测器的洗脱液输入和输出端接反 （5）泵系统性能不良，溶剂流量脉动大 （6）进样器隔膜垫发生泄漏 （7）小颗粒物质进入检测池 （8）隔膜垫溶解于流相中	改善接地状况 用注射器将25mL溶剂注入检测池中进行清洗，若无效，则需拆开清洗 更换新灯 恢复正确接法 对泵检修 更换隔膜垫或使用进样阀 清洗检测池，检查柱子下端的多孔过滤片处是否填料颗粒泄漏 使用对流动相合适的隔膜垫，最好用阀进样
4. 记录仪基线漂移	（1）样品池或参考池被沾污 （2）色谱柱子被沾污 （3）样品池与参考池之间有泄漏 （4）室温起变化 （5）样品池或参考池中有气泡 （6）溶剂的分层 （7）流动相流速的缓慢变化	用注射器将25mL溶剂注入检测池进行清洗，无效，则需拆开清洗 将柱子再生或更换新的柱子 更换垫圈，重新安排检测池 排除引起室温快速波动的原因 突然加大流量去除气泡，亦可用注射器注入溶剂或在检测器出口加一反压，然后突然取消以驱逐气泡 使用合适的混合溶剂 检查泵冲程调节器（柱塞泵）是否缓慢地变化

续表

故障	故障原因	排除方法
5. 出现反峰	（1）记录仪输入信号的极性接反 （2）光电池在检测池上装反 （3）使用纯度不好的流动相	改变信号输入极性或变换极性开关 反接光电池或记录仪，或者变换极性开关 改用纯度足够高的流动相
6. 有规则地出现一系列相似的峰	检测池中有气泡	加大流动相流速，赶出气泡，或暂时堵住检测池出口，使池中有一定的压力，然后突然降低压力，常可驱除难以排除的气泡。溶剂应良好脱气
7. 基线突然起变化	（1）样品池中有气泡 （2）流动相脱气不好，在池中产生气泡 （3）保留强的溶质，缓缓地从柱中流出	同上"检测池中有气泡"项 将流动相重新脱气 提高流动相流速，冲洗柱子或改用强度高的溶剂冲洗
8. 出现有规则的基线阶梯	紫外灯的弧光不稳定	将紫外灯快速开关数次，或将灯关闭，待稍冷后再点燃，若无效，则需更换新灯

3. 示差折光检测器的常见故障及排除

示差折光检测器的常见故障及排除见表 6-4。

表 6-4 示差折光检测器常见故障及其排除方法

故障	故障原因	排除方法
1. 记录仪基线出现棒状信号	气泡在检测池中逸出	对溶剂很好脱气，溶剂系统使用不锈钢管道连接
2. 基线出现短周期的漂移和杂乱的噪声	（1）室内通风的影响 （2）检测池有气泡 （3）检测池内有杂质	将仪器与通风口隔离 提高流动相流量赶走气泡 用脱气的溶剂清洗检测池，必要时拆开池子清洗
3. 基线的噪声大	（1）样品池或参考池被沾污 （2）样品池或参考池中有气泡 （3）记录仪或仪器接地不良	用 25mL 干净溶剂清洗池子，若无效，则拆开清洗 提高流动相流速以排除气泡，或者用注射器注射干净溶剂以清除气泡 检查记录仪或仪器的接地线，使其安全可靠
4. 长时间的基线漂移	（1）室温引起变化 （2）检测池被污染 （3）棱镜和光学元件被污染 （4）给定的参考值起变化	对室内或仪器装设恒温调节器 用干净溶剂清洗池子，或依次用 6mol/L HNO_3 和水清洗池子，必要时拆池子清洗 用无棉花毛的擦镜纸擦拭棱镜和光学元件，用无碱皂液和热水洗擦 用新鲜的溶剂冲洗参考池

【思考与交流】

1. 泵及色谱过程常见故障有哪些？产生的原因有哪些？如何排除？
2. 紫外检测器的常见故障有哪些？产生的原因是什么？如何排除？
3. 示差折光检测器的常见故障有哪些？产生的原因是什么？如何排除？

项目六	液相色谱仪	姓名：	班级：
任务三	Waters515型液相色谱仪的使用及常见故障排除	日期：	页码：

【任务检查与评价】

1. 检查

工作任务	任务内容	完成时长
Waters515型液相色谱仪的特点		
Waters515型液相色谱仪的使用		
Waters515型液相色谱仪的常见故障排除		

2. 评价

项目		序号	检验内容	配分	评分标准	自评	互评	得分
计划		1	制订是否符合规范、合理	10	一处不符合扣0.5分			
实施	仪器特点	1	Waters515型液相色谱仪的特点	5	一处错误扣1分			
	仪器使用	1	配制流动相	3	一处错误扣1分			
		2	开机、仪器自检	2	一处错误扣1分			
		3	设定压力上限	3	一处错误扣1分			
		4	开启紫外检测器	2	一处错误扣1分			
		5	开启色谱工作站	2	一处错误扣1分			
		6	进样	3	一处错误扣1分			
		7	数据处理	3	一处错误扣1分			
		8	关机及结束工作	2	一处错误扣1分			
	故障排除	1	泵及色谱过程的常见故障及排除	20	一处错误扣1分			
		2	紫外检测器的常见故障及排除	15	一处错误扣1分			
		3	示差折光检测器常见故障及其排除	15	一处错误扣1分			
职业素养		1	团结协作 自主学习、主动思考 遵守课堂纪律	10	违规1次扣5分			
安全文明及5S管理		1		5	违章扣分			
创新性		1		5	加分项			
检查人					总分			

项目六　液相色谱仪	姓名：	班级：
操作8　高效液相色谱仪的性能检查	日期：	页码：

【任务描述】

通过对高效液相色谱仪的输液泵泵流量设定值误差 S_S、流量稳定性误差 S_R 以及检测器的检定，掌握液相色谱仪性能检查的方法。

一、学习目标

1. 能够熟练检定泵流量设定值误差及流量稳定性误差。
2. 能够熟练检定紫外-可见检测器线性范围。

二、重点难点

输液泵以及检测器检定。

三、参考学时

90min。

项目六　液相色谱仪	姓名：	班级：
操作8　高效液相色谱仪的性能检查	日期：	页码：

【任务提示】

一、工作方法

- 回答引导问题。观看高效液相色谱仪的结构视频，掌握该仪器的性能检查注意事项等
- 以小组讨论的形式完成工作计划
- 按照工作计划，完成高效液相色谱仪的性能检查
- 与培训教师讨论，进行工作总结

二、工作内容

- 熟悉高效液相色谱仪性能检查的技术要求
- 完成输液泵泵流量设定值误差 S_S、流量稳定性误差 S_R 的检定
- 完成检测器的检定
- 利用检查评分表进行自查

三、工具

- Waters515型液相色谱仪
- 万用表
- 扳手
- 封头
- 勾针
- 镊子
- 一字螺丝刀
- 十字螺丝刀
- 乳胶手套

四、知识储备

- 安全用电
- 电工知识
- 高效液相色谱仪使用

五、注意事项与工作提示

- 注意高效液相色谱仪的零部件

六、劳动教育

- 参照劳动安全的内容
- 第一次进行高效液相色谱仪的性能检查必须听从指令和要求
- 禁止佩戴首饰
- 工作时应穿工作服，劳保鞋
- 操作前应对设备功能进行检测
- 禁止带电操作
- 发生意外时，应使用急停按钮
- 发生意外时应及时报备

七、环境保护

- 参照环境保护与合理使用能源内容

【任务实施】

操作 8　高效液相色谱仪的性能检查

一、技术要求（方法原理）

1. 输液泵泵流量设定值误差 S_S、流量稳定性误差 S_R 的检定

本法适用于新制造、使用中和修理后的带有紫外-可见（固定波长或可调波长）等检测器的液相色谱仪的检定。检定结果：泵流量设定值误差 S_S 应<±（2%～5%）；流量稳定性误差 S_R<±（2%～3%）。

仪器的检定周期为两年，若更换部件或对仪器性能有所怀疑，应随时检定。

2. 检测器的检定

检测器基线噪声和基线漂移的测定。

检测器最小检测浓度的测定。

二、检定步骤

1. 输液泵泵流量设定值误差 S_S、流量稳定性误差 S_R 的检定

将仪器的输液系统、进样器、色谱柱和检测器连接好，以甲醇为流动相，流量设为 1.0mL/min，按说明书启动仪器，待压力平稳后保持 10min，按表 6-5 设定流量，待流速稳定后，在流动相排出口用事先清洗称重过的容量瓶收集流动相，同时用秒表计时，准确地收集，称重。按式（6-2）、式（6-3）计算 S_S 和 S_R。

表 6-5　流动相流量的设定

流量设定值/（mL/min）	0.5	1.0	2.0
测量次数	3	3	3
流动相收集时间/min	10	5	5

$$S_S=(F_m-F_S)/F_S\times100\% \qquad (6\text{-}2)$$

$$S_R=(F_{max}-F_{min})/F\times100\% \qquad (6\text{-}3)$$

式中　S_S——流量设定值误差，%；

　　　S_R——流量稳定性误差，%；

　　　F_S——流量设定值，mL/min；

　　　F_{max}——同一组测量中流量最大值，mL/min；

　　　F_{min}——同一组测量中流量最小值，mL/min；

　　　F——同一组测量值的算术平均值，mL/min；

　　　F_m——流量实测值，mL/min。

$$F_m=(W_2-W_1)t/\rho_T \qquad (6\text{-}4)$$

式中　W_2——容量瓶＋流动相的质量，g；

W_1——容量瓶的质量,g;
ρ_T——实验温度下流动相的密度,g/cm^3;
t——收集流动相的时间,min。

由测试结果可知输液泵泵流量设定值误差 S_S、流量稳定性误差 S_R,判断是否符合规定。

2. 检测器的检定

(1) 检测器基线噪声和基线漂移的测定　取 C_{18} 色谱柱,以 100%甲醇为流动相,流量为 1.0mL/min,检测器波长设定为 254nm,开机预热,待仪器稳定后(约 60min)记录基线 60min,从 30min 内基线上读出噪声值;从 60min 基线上读出基线漂移值。

由测试结果可知:基线噪声为 0.265×10^{-5}Au,基线漂移为 0.312×10^{-4}Au/h。

结论:符合规定。

(2) 检测器最小检测浓度的测定　取 C_{18} 色谱柱,以 100%甲醇为流动相,流量为 1.0mL/min,检测器波长设定为 254nm,开机预热,待仪器稳定后取 1×10^{-7}g/mL 的萘/甲醇溶液进样 20μL,记录色谱图,由色谱峰峰高和基线噪声峰峰高计算最小检测浓度 c_L。公式如下:

$$c_L=(2N_d c)/H \tag{6-5}$$

式中　c_L——最小检测浓度,g/mL;
　　　N_d——基线噪声峰峰高,mm;
　　　c——标准溶液浓度,g/mL;
　　　H——标准溶液峰峰高,mm。

由测试结果可知:检测器最小检测浓度为 0.0925×10^{-7}g/mL(萘的甲醇溶液)。

三、验证结果分析和综合评价

验证结果分析和综合评价表如表 6-6。

表 6-6　验证结果分析和综合评价表

验证部件	验证项目	合格标准	验证结果	结论
输液泵	流量设定值误差 S_S	0.5mL/min:<5% 1.0mL/min:<3% 2.0mL/min:<2%	0.04% 0.3% 0.02%	符合规定 符合规定 符合规定
	流量稳定性误差 S_R	0.5mL/min:<3% 1.0mL/min:<2% 2.0mL/min:<2%	0.6% 0.4% 0.04%	符合规定 符合规定 符合规定
检测器	柱箱控温稳定性 T_C	≤1℃	0.1℃	符合规定
	基线噪声	≤2×10^{-5}Au	0.265×10^{-5}Au	符合规定
	最小检测浓度	≤1×10^{-7}g/mL(萘的甲醇溶液)	0.0925×10^{-7}g/mL	符合规定
	基线漂移	≤5×10^{-4}Au/h	0.312×10^{-4}Au/h	符合规定

四、数据记录及检定结果

1. 输液泵泵流量设定值误差 S_S、流量稳定性误差 S_R 的检定

输液泵泵流量设定值误差 S_S、流量稳定性误差 S_R 的检定结果可填入表 6-7。

表 6-7 输液泵泵流量设定值误差 S_S、流量稳定性误差 S_R 的检定结果

耐压/MPa	流动相				密度			
F_S/(mL/min)	$F_{S1}=$		$t_1=$		$F_{S2}=$	$t_2=$	$F_{S3}=$	$t_3=$
W_1/g								
W_2/g								
(W_2-W_1)/g								
$(W_2-W_1)/\rho_T$/cm³								
F_m/(mL/min)								
F/(mL/min)								
S_S/%								
S_R/%								

此项检定结论：

泵流量设定值误差 $S_S=$

泵流量稳定性误差 $S_R=$

2. 检测器的检定

液相色谱仪型号：　　　　　　　检测器型号：

流动相：　　　　　流速：　　　　色谱柱：

萘甲醇标准溶液浓度 c：　　　　配制人：　　　　配制日期：

基线噪声：$N_d=$

基线漂移：$H=$

最小检测浓度的计算 $c_L=$

此项检定结论：

检定人：　　　　复核人：　　　　检定日期：

五、操作注意事项

① 检定液相色谱仪高压泵的流量设定值误差及流量稳定性误差要规范。

② 注意检定液相色谱仪中紫外-可见检测器的线性范围。

【思考与交流】

1. 如何检定液相色谱仪高压泵的流量设定值误差及流量稳定性误差？
2. 如何检定液相色谱仪中检测器？

项目六 液相色谱仪	姓名：	班级：
操作8 高效液相色谱仪的性能检查	日期：	页码：

【任务检查与评价】

1. 检查

工作任务	任务内容	完成时长
高效液相色谱仪的性能检查技术要求		
高效液相色谱仪的检定步骤		
验证结果分析和综合评价		
数据记录及检定结果		

2. 评价

	项目	序号	检验内容	配分	评分标准	自评	互评	得分
	计划	1	制订是否符合规范、合理	10	一处不符合扣0.5分			
实施	安装与调试	1	实验室建设及仪器安装	5	错误扣5分			
		2	仪器的调试	5	错误扣5分			
	仪器维修操作技能	1	泵及色谱过程常见故障的排除	10	未排除扣10分			
		2	紫外检测器常见故障的排除	10	未排除扣10分			
		3	示差折光检测器常见故障的排除	10	不正确扣10分			
	仪器性能鉴定	1	液相色谱仪泵流量设定值误差及流量稳定性误差的检定	10	不正确扣10分			
		2	液相色谱仪中紫外-可见检测器线性范围的检定	10	不正确扣10分			
	工具的正确使用	1	正确使用钳子、扳手、万用表、电烙铁等相关工具，并做好维护、保管这些工具的工作	5	不正确扣5分			
	安全操作	1	安全用电，相关部件及元件的保护	3	不正确扣3分			
		2	安全使用各种工具	2	不正确扣2分			
	总时间	1	完成时间	5	超时扣5分			
职业素养		1	团结协作 自主学习、主动思考 遵守课堂纪律	10	违规1次扣5分			
安全文明及5S管理		1		5	违章扣分			
创新性		1		5	加分项			
检查人					总分			

【知识拓展】

液相色谱-质谱联用仪器发展

自 20 世纪 70 年代初,人们开始致力于液相色谱-质谱联用(简称液-质联用)接口技术的研究。在开始的 20 年中处于缓慢的发展阶段,研制出了许多种联用接口,但均没有应用于商业化生产。直到大气压离子化(atmospheric-pressure ionization,API)接口技术的问世,液-质联用才得到迅猛发展,广泛应用于实验室内分析和应用领域。

液-质联用接口技术主要是沿着三个分支发展的:

(1)流动相进入质谱直接离子化,形成了连续流动快原子轰击(continuous-flow fast atom bombardment,CFFAB)技术等。

(2)流动相雾化后除去溶剂,分析物蒸发后再离子化,形成了"传送带式"接口(moving-belt interface)和离子束接口(particle-beam interface)等。

(3)流动相雾化后形成的小液滴解溶剂化,气相离子化或者离子蒸发后再离子化,形成了热喷雾接口(thermospray interface)、电喷雾离子化(electrospray ionization,ESI)技术和大气压化学离子化(atmospheric pressure chemical ionization,APCI)等。

电喷雾离子化(ESI)技术作为质谱的一种进样方法起源于 20 世纪 60 年代末 Dole 等人的研究,直到 1984 年 Fenn 实验组对这一技术的研究取得了突破性进展。1985 年,将电喷雾进样与大气压离子源成功连接。1987 年,Bruins 等人发展了空气压辅助电喷雾接口,解决了流量限制问题,随后第一台商业化生产的带有 API 源的液-质联用仪问世。电喷雾离子化技术的主要优点是:离子化效率高;离子化模式多,正负离子模式均可以分析;对热不稳定化合物能够产生高丰度的分子离子峰;可与大流量的液相联机使用;通过调节离子源电压可以控制离子的断裂,给出结构信息。

大气压化学离子化(APCI)技术应用于液-质联用仪是由 Horning 等人于 20 世纪 70 年代初发明的,直到 20 世纪 80 年代末才真正得到突飞猛进的发展,与 ESI 源的发展基本上是同步的。但是 APCI 技术不同于传统的化学电离接口,它是借助于电晕放电启动一系列气相反应以完成离子化过程的,因此也称为放电电离或等离子电离。从液相色谱流出的流动相进入一具有雾化气套管的毛细管,被氮气流雾化,通过加热管时被汽化。在加热管端进行电晕尖端放电,溶剂分子被电离,充当反应气,与样品气态分子碰撞,经过复杂的反应后生成准分子离子。然后经筛选狭缝进入质谱计。整个电离过程在大气压条件下完成。

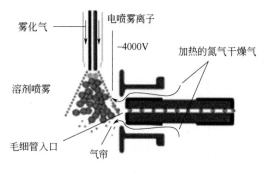

APCI 的优点:形成的是单电荷的准分子离子,不会发生 ESI 过程中因形成多电荷离子而发生信号重叠、降低图谱清晰度的问题;适应高流量的梯度洗脱的流动相;采用电晕放电使流动相离子化,能大大增加离子与样品分子的碰撞频率,比化学电离的灵敏度高 3 个数量级;液相色谱-大气压化学电离串联质谱成为精

确、细致分析混合物结构信息的有效技术。

【项目小结】

高效液相色谱是一种以液体作为流动相的新颖、快速的色谱分离技术。高效液相色谱的仪器和装备也日趋完善和"现代化",高效液相色谱仪必将和气相色谱仪一起成为用得最多的分析仪器。高效液相色谱仪的种类很多,本项目中介绍了 P230p 型和 Waters515 型液相色谱仪使用及维护,学习内容归纳如下:

1. 液相色谱仪的基本结构(原理、分类、结构、型号性能和主要技术指标)。
2. P230p 型液相色谱仪的使用及维护。
3. Waters515 型液相色谱仪的使用及常见故障排除。

【练一练测一测】

一、单项选择题

1. 高效液相色谱流动相脱气稍差造成(　　)。
   A. 分离不好,噪声增加　　　　　　B. 保留时间改变,灵敏度下降
   C. 保留时间改变,噪声增加　　　　D. 基线噪声增大,灵敏度下降
2. 高效液相色谱用水必须使用(　　)。
   A. 一级水　　　B. 二级水　　　C. 三级水　　　D. 天然水
3. 液相色谱流动相过滤必须使用(　　)粒径的过滤膜。
   A. 0.5μm　　　B. 0.45μm　　　C. 0.6μm　　　D. 0.55μm
4. 液相色谱中通用型检测器是(　　)。
   A. 紫外检测器　　　　　　　　　　B. 示差折光检测器
   C. 热导检测器　　　　　　　　　　D. 火焰离子化检测器
5. 在高效液相色谱流程中,试样混合物在(　　)中被分离。
   A. 检测器　　　　　　　　　　　　B. 记录器
   C. 色谱柱　　　　　　　　　　　　D. 进样器
6. 在各种液相色谱检测器中,紫外检测器的使用率约为(　　)。
   A. 90%　　　B. 80%　　　C. 70%　　　D. 60%
7. 在液相色谱法中,提高柱效最有效的途径是(　　)。
   A. 提高柱温　　　　　　　　　　　B. 降低塔板高度
   C. 降低流动相流速　　　　　　　　D. 减小填料粒度
8. 在液相色谱中用作制备目的的色谱柱内径一般在(　　)mm 以上。
   A. 3　　　B. 4　　　C. 5　　　D. 6
9. 流动相极性大于固定相极性时,称之为(　　)。
   A. 正向色谱　　　B. 反向色谱　　　C. 亲和色谱　　　D. 手性色谱
10. 贮液罐是存放洗脱液的容器,要求其对洗脱液具有化学惰性,下列(　　)不适合

用作高效液相色谱仪的贮液罐。
  A．玻璃瓶   B．聚乙烯塑料瓶
  C．聚四氟乙烯瓶   D．喷涂聚四氟乙烯的不锈钢瓶

11．在高效液相色谱仪中使用最多的泵是（　　）。
  A．恒压泵   B．单柱塞泵   C．双柱塞泵   D．气动放大泵

12．洗脱操作不能改变的是（　　）。
  A．样品中组分的个数   B．分离效果
  C．分析速度   D．系统压力

13．梯度洗脱分析时不能采用的检测器是（　　）。
  A．紫外检测器   B．二极管阵列检测器
  C．示差折光检测器   D．蒸发光散射检测器

14．液相色谱柱由柱管、（　　）、压紧螺钉、密封衬套、柱子堵头和滤片等部件组成。
  A．固定液   B．固定相   C．担体   D．硅胶

15．高效液相色谱柱管内壁必须经过抛光或精整，否则会（　　）。
  A．缩短保留时间   B．降低柱效
  C．增加保留时间   D．提高柱效

16．紫外检测器是（　　）。
  A．选择性质量检测器   B．通用性质量检测器
  C．选择性浓度型检测器   D．通用性浓度型检测器

17．二极管阵列检测器所获得的三维谱图，除了色谱分离曲线外，还能得到（　　）。
  A．混合样品的吸收曲线   B．流动相的吸收曲线
  C．单个组分的吸收曲线   D．定量校正曲线

18．下列高效液相色谱检测器中，（　　）不是电化学检测器。
  A．电导检测器   B．库仑检测器
  C．安培检测器   D．示差折光检测器

19．在进样器后面的管路中加装流路过滤器，其目的是保护（　　）。
  A．高压泵   B．色谱柱   C．六通阀   D．检测器

20．反向色谱柱不用或贮藏时，需要用（　　）封闭储存。
  A．甲醇   B．2,2,4-三甲基戊烷
  C．环己烷   D．水

二、多项选择题

1．高效液相色谱流动相必须进行脱气处理，主要有下列（　　）等几种形式。
  A．加热脱气法   B．抽吸脱气法
  C．吹氦脱气法   D．超声波振荡脱气法

2．高效液相色谱流动相使用前要进行（　　）处理。
  A．超声波脱气   B．加热去除絮凝物
  C．过滤去除颗粒物   D．静置沉降
  E．紫外线杀菌

3. 高效液相色谱仪与气相色谱仪比较增加了（   ）。
   A．贮液器   B．恒温器   C．高压泵   D．程序升温
4. 高效液相色谱仪中的三个关键部件是（   ）。
   A．色谱柱   B．高压泵   C．检测器   D．数据处理系统
5. 高效液相色谱柱使用过程中要注意保护，下面（   ）是正确的。
   A．最好用预柱
   B．每次做完分析，都要进行柱冲洗
   C．尽量避免反冲
   D．普通 C_{18} 柱尽量避免在 40℃ 以上的温度下分析
6. 给液相色谱柱加温，升高温度的目的一般是为了（   ），但一般不要超过 40℃。
   A．降低溶剂的黏度   B．增加溶质的溶解度
   C．改进峰形和分离度   D．加快反应速度
7. 旧色谱柱柱效低分离不好时，可采用的方法有（   ）。
   A．用强溶剂冲洗
   B．刮除被污染的床层，用同型的填料填补柱效可部分恢复
   C．污染严重，则废弃或重新填装
   D．使用合适的流动相或使用流动相溶解样品
8. 使用液相色谱仪时需要注意下列几项（   ）。
   A．使用预柱保护分析柱
   B．避免流动相组成及极性的剧烈变化
   C．流动相使用前必须经脱气和过滤处理
   D．压力降低是需要更换预柱的信号
9. 在高效液相色谱分析中使用的折光指数检测器属于下列何种类型检测器？（   ）
   A．整体性质检测器   B．溶质性质检测器
   C．通用型检测器   D．非破坏性检测器
10. 常用的液相色谱检测器有（   ）。
    A．火焰离子化检测器   B．紫外-可见检测器
    C．折光指数检测器   D．荧光检测器
11. HPLC 输液系统主要由（   ）组成。
    A．高压输液泵   B．流量控制装置
    C．梯度洗脱装置   D．贮液罐
12. 高压输液泵应该具备（   ）。
    A．输出压力稳定，且耐压高   B．能进行梯度洗脱操作
    C．死体积小，耐腐蚀   D．易于溶剂的更换和清洗
13. 关于梯度洗脱描述正确的是（   ）。
    A．能将两种或两种以上的溶剂按照一定的程序和比例混合
    B．通过调节溶剂的比例获得良好的分离效果
    C．通过调节溶剂的比例缩短分析时间
    D．溶剂的混合过程必须在高压泵后进行

14. 使用高压六通阀可以完成的进样操作有（   ）。
    A．满环进样 B．全自动进样 C．半环进样 D．气体进样
15. 关于 HPLC 色谱柱描述正确的是（   ）。
    A．分析型色谱柱的内径越小，柱效能越高
    B．一般分析型色谱柱内径为 5～10mm，长度为 10～50cm
    C．通常制备型色谱柱的内径为 20～50mm，长度较长
    D．色谱柱内管必须经过抛光和精整处理，否则柱效不高
16. 关于紫外检测器正确的是（   ）。
    A．只能检测对紫外线有吸收的物质
    B．对流动相组成变化不敏感
    C．吸收池的体积越小灵敏度越高
    D．不能用于梯度洗脱操作
    E．二极管阵列检测器更为先进
17. 关于荧光检测器描述正确的是（   ）。
    A．将样品被紫外线激发后产生荧光的强度转变为电信号
    B．只对荧光类物质有响应
    C．对非荧光类物质可以通过与荧光试剂反应后进行检测
    D．属于选择性浓度型检测器
18. 对高压输液泵进行流量稳定性检定时进行的操作有（   ）。
    A．设定高压泵的流量为 1mL/min   B．设定梯度程序
    C．在溶剂流入容量瓶时准确计时   D．准确称量容量瓶装液前后的质量
19. 运行输液泵时正确的操作有（   ）。
    A．开机后运行泵头清洗   B．流动相必须进行过滤和脱气处理
    C．应定期检查和更换密封圈   D．泵头无液体也能开机运行
20. 高效液相色谱仪关机操作时正确的是（   ）。
    A．分析完毕先关闭检测器   B．用适当的溶剂充分清洗色谱柱
    C．进样器用相应的溶剂进行清洗   D．关机后填写仪器使用记录
21. 对输液泵保养正确的是（   ）。
    A．使用的流动相要尽量清洁，必须过滤
    B．进液处的砂芯过滤头要经常进行清洗
    C．流动相交换时要防止生成沉淀
    D．避免泵内堵塞或有气泡
22. 关于色谱柱保养正确的是（   ）。
    A．任何情况下不能碰撞、弯曲或强烈振动
    B．最好使用预柱延长色谱柱寿命
    C．避免使用高黏度的流动相
    D．若长期不用可以用任意的有机溶剂保存并封存
    E．进样的样品要过滤
23. 色谱柱损坏或性能下降的标志是（   ）。

A．理论塔板数下降 　　　　　　B．峰形严重变宽
C．压力增加 　　　　　　　　　D．保留时间变化
E．流量发生变化

24．保留时间缩短可能的原因是（　　　）。
A．流速增加 　　B．样品超载 　　C．温度增加 　　D．柱填料流失

25．基线噪声可能的原因是（　　　）。
A．气泡（尖锐峰） 　　　　　　B．污染（随机噪声）
C．检测器中有气泡 　　　　　　D．流动相组成变化

26．色谱峰拖尾可能的原因是（　　　）。
A．柱超载 　　　　　　　　　　B．死体积过大或柱外体积过大
C．柱效下降 　　　　　　　　　D．色谱柱受碰撞产生短路

27．色谱峰展宽可能的原因是（　　　）。
A．流动相黏度过高 　　　　　　B．流动相速度过大
C．样品过载 　　　　　　　　　D．柱外体积过大
E．保留时间过长

28．液相色谱分析过程中常用的定量分析方法有（　　　）。
A．标准曲线法 　　B．内标法 　　C．归一化法 　　D．标准加入法

29．液相色谱分析实验室对环境条件要求是（　　　）。
A．环境温度 4~40℃，波动较小 　　B．相对湿度小于 80%
C．保证室内有良好的通风 　　　　　D．防腐蚀性气体，防尘
E．接地良好，附近没有强磁场

30．液相色谱分析工作结束后应该（　　　）。
A．关闭检测器 　　　　　　　　B．清洗平衡色谱柱
C．关闭仪器电源 　　　　　　　D．填写仪器使用记录

三、判断题

1．反相键合液相色谱法中常用的流动相是水-甲醇。（　　　）
2．高效液相色谱分析中，固定相极性大于流动相极性称为正相色谱法。（　　　）
3．高效液相色谱仪的工作流程同气相色谱仪完全一样。（　　　）
4．高效液相色谱仪的流程为：高压泵将储液器中的流动相稳定输送至分析体系，在色谱柱之前通过进样器将样品导入，流动相将样品依次带入预柱和色谱柱，在色谱柱中各组分被分离，并依次随流动相流至检测器，检测到的信号送至工作站记录、处理和保存。（　　　）
5．高效液相色谱中，色谱柱前面的预置柱会降低柱效。（　　　）
6．高效液相色谱专用检测器包括紫外检测器、折光指数检测器、电导检测器、荧光检测器。（　　　）
7．液相色谱的流动相配置完成后应先进行超声，再进行过滤。（　　　）
8．液相色谱中，分离系统主要包括柱管、固定相和色谱柱箱。（　　　）
9．在液相色谱分析中选择流动相比选择柱温更重要。（　　　）
10．在液相色谱中，试样只要目视无颗粒即不必过滤和脱气。（　　　）

参考答案

项目一

一、单项选择题

1. B；2. C；3. A；4. B；5. A

二、填空题

1. 光学分析法；电化学分析法；色谱法
2. 信号发生器；检测器；信号处理器；读出装置
3. 与分析仪器的工作条件有关；与分析仪器的"响应值"有关
4. 分析仪器正常工作期间的定期检定或校验；分析仪器由于某种原因短期或长期不使用时的日常维护
5. 微机化；自动化；智能化；微型化

项目二

一、单项选择题

1. B；2. B；3. D；4. B；5. A；6. C；7. D；8. B；9. B；10. B

二、填空题

1. 光源；单色器；吸收池；检测器
2. 1；2；1
3. 入射狭缝；色散元件；准直镜；出射狭缝
4. 波长准确度检验；透射比准确度检验；吸收池配套性检验
5. 玻璃或石英；石英

三、判断题

1. √；2. ×；3. √；4. ×；5. √；6. ×；7. √；8. ×；9. ×；10. √

项目三

一、单项选择题

1. D；2. D；3. B；4. A；5. B；6. C；7. C；8. B；9. C；10. D

二、填空题

1. 吸收；原子吸收；分子吸收；锐线光源；连续光源
2. 雾化器；雾化室；燃烧器
3. 先开助燃气后开燃气；先关燃气，后关助燃气
4. 钨棒；待测元素；低压惰性气体
5. 光源发射出的分析线，其中心频率与吸收线要一致且半宽度小于吸收线的半峰宽（即锐线光源），辐射强度大，稳定性高，背景小；空心阴极灯，高频无极放电灯

三、判断题

1. √；2. √；3. √；4. ×；5. √；6. √；7. √；8. ×；9. ×；10. √

项目四

一、单项选择题

1. A；2. C；3. C；4. A；5. C；6. B；7. C；8. C；9. C；10. B

二、填空题

1. 色散；干涉
2. 远红外区；中红外区；近红外区
3. 热检测器；光检测器
4. 压片法；石蜡糊法；薄膜法

三、判断题

1. ×；2. √；3. √；4. ×；5. √；6. √；7. √；8. ×；9. ×；10. √

项目五

一、单项选择题

1. C；2. D；3. B

二、填空题

1. 气路系统；进样系统；色谱柱；检测器；温度控制系统；信号记录和数据处理系统
2. 死时间
3. 气源装置；气体流速的控制；测量装置

三、判断题

1. ×；2. √；3. √

四、简答题

1. 气相色谱仪四个特点如下：

①高效能；②高灵敏度；③高速度；④应用范围广。

2. 气相色谱仪器开关机的注意事项：

要求必须打开载气并使其通入色谱柱后才能打开仪器电源开关与加热开关，同理，必须关闭仪器电源开关与加热开关之后才能关载气钢瓶与减压阀

3. 噪声是指仪器在没有加入被测物质的时候，仪器输出信号的波动或变化。

有三种形式：以零为中心的无规则抖动；长期噪声或起伏，即以某一中心作大的往返波动，但中心始终不变；漂移，即作单方向的缓慢移动。提高仪器的灵敏度，噪声也会成比例增加。

4. 气相色谱的分离原理如下：

气相色谱是一种物理的分离方法。利用被测物质各组分在不同两相间分配系数（溶解度）的微小差异，当两相作相对运动时，这些物质在两相间进行反复多次的分配，使原来只有微小的性质差异产生很大的效果，而使不同组分得到分离。

5.

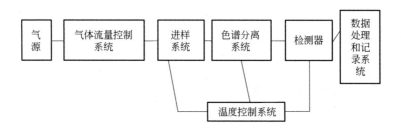

高压钢瓶提供载气，由气体流量控制系统经减压阀减压后，通过净化干燥管干燥、净化，用气流调节阀或针形阀调节，并控制载气流速至实验所需值，然后稳定通过色谱柱和检测器并排出。

待分析的样品组分由进样器系统注入，瞬间汽化后被载气带入色谱柱中进行分离。被带入色谱柱的样品混合物的不同组分将在色谱柱以不同速度移动，在不同的时间到达色谱柱的末端，色谱柱中就逐渐形成了不同单组分和分段。

这些单独的组分随着载气先后进入检测器，检测器将组分及其浓度随时间的变化转变为易测量的电信号（比如电压或者电流），必要时将信号放大，由计算机工作站或者自动记录仪记录这些信号随时间的变化量，就获得了一组峰形曲线，也就是我们的色谱峰图。通过对这些色谱峰图的分析就可以对混合物的各组分有所了解，从而完成了一次色谱分析。

进样系统、色谱分离系统和检测器的温度变化均由温度控制系统分别控制。

6. 在气相色谱分析中，两相邻组分分开的依据是分离度的不同。在气-固色谱柱内，各组分的分离是基于组分在吸附剂上的吸附、脱附能力的不同，而在气液色谱中，分离是基于各组分在固定液中溶解、挥发的能力。

7. 色谱柱的温度必须低于柱子固定相允许的最高使用温度；色谱柱若暂时不用时，应将两端密封，以免被污染；当柱效开始降低时，会产生严重的基线漂移、拖尾峰、多余峰的洗提等现象，此时应低流速、长时间地用载气对其老化再生，待性能改善后再正

常使用，若性能改善不佳，则应重新制备色谱柱。

项目六

一、单项选择题

1. D；2. A；3. B；4. B；5. C；6. C；7. D；8. D；9. B；10. B；11. C；12. A；13. C；14. B；15. B；16. C；17. C；18. D；19. B；20. A

二、多项选择题

1. ABCD；2. AC；3. AC；4. ABC；5. ABCD；6. ABC；7. ABC；8. ABC；9. ACD；10. BCD；11. ABCD；12. ABCD；13. ABC；14. AC；15. ACD；16. ABCE；17. ACD；18. ACD；19. ABC；20. ABCD；21. ABCD；22. ABCE；23. ABCD；24. ABCDE；25. ABC；26. ABCD；27. ACDE；28. ABC；29. ABCDE；30. ABCD

三、判断题

1. √；2. √；3. ×；4. √；5. √；6. ×；7. ×；8. √；9. √；10. ×

参考文献

[1] 王化正,李玉生. 实用分析仪器检修手册. 北京:石油工业出版社,2002.

[2] 穆华荣. 分析仪器维护. 3版. 北京:化学工业出版社,2015.

[3] 孙义,金党琴. 分析仪器结构及维护. 北京:化学工业出版社,2019.

[4] 中华人民共和国国家计量检定规程. JJG 178—2007. 紫外、可见、近红外分光光度计检定规程. 国家质量监督检验检疫总局.

[5] 中华人民共和国国家标准. GB/T 26798—2011. 单光束紫外可见分光光度计. 国家质量监督检验检疫总局.

[6] 中华人民共和国国家计量检定规程. JJG 694—2009. 原子吸收分光光度计. 国家质量监督检验检疫总局.

[7] 中华人民共和国国家计量检定规程. JJG 700—2016. 气相色谱仪检定规程. 国家质量监督检验检疫总局.

[8] 中华人民共和国国家计量检定规程. JJG 705—2014. 液相色谱仪检定规程. 国家质量监督检验检疫总局.